Nowottny
Mathematik am Computer

Springer
Berlin
Heidelberg
New York
Barcelona
Hongkong
London
Mailand
Paris
Singapur
Tokio

Dietrich Nowottny

Mathematik
am Computer

Mit 63 Abbildungen

Springer

Dipl.-Math. Dietrich Nowottny
Universität Stuttgart
Mathematisches Institut A
Pfaffenwaldring 57
D-70569 Stuttgart
e-mail: nowottny@mathematik.uni-stuttgart.de

Die Deutsche Bibliothek – CIP-Einheitsaufnahme

Nowottny, Dietrich:
Mathematik am Computer / Dietrich Nowottny.-Berlin; Heidelberg; New York; Barcelona; Hongkong;
London; Mailand; Paris; Santa Clara; Singapur; Tokio: Springer, 1999

Maple® ist ein eingetragenes Warenzeichen der Waterloo Maple Inc. Dieses Warenzeichen wird mit
freundlicher Genehmigung von Maple Inc. verwendet.

MATLAB® ist ein eingetragenes Warenzeichen von The MathWorks Inc. Dieses Warenzeichen wird
mit freundlicher Genehmigung von The MathWorks Inc. verwendet.

Mathematics Subject Classification (1991): 65-01, 65D05, 65D30, 65F05, 65L05, 68-01,
68Q40, 68U15

ISBN-13: 978-3-540-66058-3   e-ISBN-13: 978-3-642-60222-1
DOI: 10.1007/978-3-642-60222-1

Einbandgestaltung: Künkel + Lopka, Heidelberg
Satz: Datenerstellung durch den Autor unter Verwendung eines Springer LaTeX- Makropakets
Druck: Weihert-Druck GmbH, Darmstadt
Bindearbeiten: Fa. Schäffer, Grünstadt
SPIN 10731174   44/3143-5 4 3 2 1 0 – Printed on acid-free paper

Vorwort

Das vorliegende Buch „Mathematik am Computer" hat zum Ziel, die notwendigen Grundkenntnisse zu vermitteln, um einen Computer in der Mathematik „gewinnbringend" zur Berechnung, Visualisierung und Dokumentation einzusetzen. Es entstand begleitend zur gleichnamigen Vorlesung, die ich im Wintersemester 1997/98 und 1998/99 an der Universität Stuttgart gehalten habe.

Mit modernen Computersystemen wie MATLAB® oder Maple®, die inzwischen einen Standard für numerisches und symbolisches Rechnen darstellen, stehen leistungsfähige Programme zur Verfügung, mit denen sich mathematische Problemstellungen am Computer lösen und auch viele Ergebnisse ansprechend visualisieren lassen. Nach einer kurzen Einführung in diese Systeme wird dies anhand typischer Beispiele gezeigt. Darüber hinaus ist es auch wichtig, mathematische Ergebnisse wie Seminar- oder Diplomarbeiten geeignet zu dokumentieren. Hierzu wird mit LaTeX ein frei verfügbares Textsatzsystem vorgestellt, mit dem auch dieses Buch geschrieben wurde.

Das Buch richtet sich einerseits an Mathematikstudenten im Vordiplom, ist aber andererseits auch für Physik-, Ingenieur- und Informatikstudenten geeignet, die im Selbststudium oder begleitend zu einer Vorlesung in Höherer Mathematik daran interessiert sind, den dort behandelten Stoff am Computer nachzuvollziehen. Hier eignet sich besonders die Verwendung von Maple.

Die behandelten Beispiele sind weitgehend bereits für Erstsemester geeignet. Lediglich bei einigen Beispielen zur Differentialrechnung im $\mathbb{R}^p$ und zu gewöhnlichen Differentialgleichungen sind etwas weiterreichende Vorkenntnisse nötig. Diese beiden Abschnitte können jedoch auch gegebenenfalls übergangen werden, ohne den eigentlichen Zweck, den Leser mit dem Arbeiten an einem Computer vertraut zu machen, zu beeinträchtigen.

Begleitend zur Lektüre des Buches empfehle ich dringend, den vermittelten Stoff selbständig am Rechner „in die Tat" umzusetzen und eigene weitere Beispiele auszuprobieren. Dazu sollen auch zahlreiche Übungsaufgaben motivieren, wobei die meisten Übungen im Anhang ausführlich gelöst werden.

Sämtliche Programme wurden in MATLAB® Version 5.2 bzw. Maple V® Release 5 implementiert und auf einem PC unter LINUX gerechnet. Sie sind, zusammen mit den MATLAB-Diarys, den Maple-Worksheet sowie den Lösungen ausgewählter Übungen, über ftp vom Ftp-Server der Fakultät Mathematik an der Universität Stuttgart[1] erhältlich. Die meisten im Buch enthaltenen Bilder wurden ebenfalls direkt aus MATLAB und Maple erzeugt.

Mein Dank gilt Herrn Prof. Dr. K. Höllig für die Motivation zu diesem Buch, für viele wertvolle Ideen zu Beispielen und Übungen und für zahlreiche Verbesserungsvorschläge. Ich danke allen Mitarbeitern des 2. Lehrstuhls am Mathematischen Institut A der Universität Stuttgart für die gute Zusammenarbeit, insbesondere J. Hörner, der wertvolle Anregungen für den Anhang gab, J. Koch, der die Vorlesung in früheren Semestern gehalten hat und aus dessen Feder zahlreiche Themen für Computerpraktika stammen, sowie A. Fuchs, der weitere Themen für Praktika mit überlegte und die Studenten bei der Bearbeitung betreute. Mein Dank gilt auch dem Springer-Verlag für die gute Zusammenarbeit. Nicht zuletzt danke ich meiner Frau Karin für ihre verständnisvolle Geduld.

Stuttgart, im Mai 1999   *Dietrich Nowottny*

---

[1] URL: `ftp://ftp.mathematik.uni-stuttgart.de/pub/Mathe_am_Computer/`

Inhaltsverzeichnis

1. **Einführung** 1

2. **LaTeX** 7
  2.1 Einführung in LaTeX 7
     2.1.1 Was bietet LaTeX? 7
     2.1.2 Erstellung eines LaTeX-Dokuments 8
     2.1.3 Praktische Tips 8
  2.2 Gestaltung eines Textes 9
     2.2.1 Grundstruktur eines LaTeX-Files................... 9
     2.2.2 Dokument-Untergliederung 10
     2.2.3 Hervorhebungen und Schriftgröße 10
     2.2.4 Aufzählungen 11
     2.2.5 Regelsätze 12
     2.2.6 Boxen 12
     2.2.7 Tabellen 13
     2.2.8 Bilder.. 13
  2.3 Mathematische Formeln 15
     2.3.1 Mathematische Umgebungen...................... 15
     2.3.2 Mathematische Symbole.......................... 15
     2.3.3 Konstruktionselemente 16
     2.3.4 Ein abschließendes Beispiel 18
  2.4 Weitere Konstruktionselemente........................... 18
     2.4.1 Textbezüge („labels") 19
     2.4.2 Benutzereigene Befehle und Strukturen............. 19
     2.4.3 latex2html....................................... 20

3. **MATLAB** 25
  3.1 Motivation 25
  3.2 Grundzüge von MATLAB 27
     3.2.1 Eingabe von Matrizen............................ 27
     3.2.2 Matrix-Elemente 28
     3.2.3 Variablen und Arbeitsspeicher 29
     3.2.4 Zahlen und Ausgabeformate 30
     3.2.5 Online-Hilfe 31

	3.2.6	Speichern und Verlassen	32
	3.2.7	Betriebssystem-Befehle	32
3.3		Matrix-Arithmetik	32
	3.3.1	Transponieren	32
	3.3.2	Addition und Subtraktion	33
	3.3.3	Multiplikation	34
	3.3.4	Matrix-Potenz	34
	3.3.5	Matrix-Division	34
	3.3.6	Elementare Matrix-Funktionen	35
3.4		Matrix-Operationen	36
	3.4.1	Vektoren erzeugen	37
	3.4.2	Vergrößern von Matrizen	37
	3.4.3	Indizierung	38
	3.4.4	Indizierung mit 0–1 und Löschen	39
	3.4.5	Spezielle Matrizen	40
	3.4.6	Manipulation	40
3.5		Komponentenweise und spaltenweise Operationen	41
	3.5.1	Array- oder .-Operatoren	42
	3.5.2	Boolesche Variablen	42
	3.5.3	Logische Operatoren &, |, ∼	43
	3.5.4	Sortieren und Suchen	44
	3.5.5	Mathematische Funktionen	45
	3.5.6	Spaltenweise Funktionen	47
3.6		Polynome	48
3.7		Grafik	49
	3.7.1	Plots	50
	3.7.2	3D-Grafik	51
	3.7.3	Ausgabe auf den Drucker	52
3.8		Programme in MATLAB	53
	3.8.1	Kontrollfluß	53
	3.8.2	Skript-Files	55
	3.8.3	m-Files und MATLAB-Funktionen	56
3.9		Zusätze	58
	3.9.1	Eingabe von Daten	58
	3.9.2	Datei-Ausgabe	59
	3.9.3	Globale Variablen	60
	3.9.4	Übergabe von Funktionen, `feval`	61
4.		**Beispiele zu MATLAB**	67
4.1		FIBONACCI-Zahlen	67
4.2		Primzahlen: Sieb des ERATOSTHENES	70
4.3		Funktionen für Polynome	71
4.4		Stromstärke in einem Netzwerk	73
4.5		Deformation eines Stabtragwerks	75
4.6		Approximation eines Geländeprofils	79

4.7 GAUSS-Algorithmus 83
    4.7.1 Der GAUSS-Algorithmus für reguläres A 83
    4.7.2 Der GAUSS-Algorithmus für beliebiges A 84
4.8 Integration 88
4.9 Minimierung einer Funktion 94
    4.9.1 Minimierung von Funktionen einer Veränderlicher 94
    4.9.2 Erweiterung: Minimierung von $f : \mathbb{R}^n \to \mathbb{R}$ 96

5. Maple 101
5.1 Elementare Einführung 101
    5.1.1 Aufrufen, Hilfesystem, Ausgabe, Beenden 102
    5.1.2 Zahlen 103
    5.1.3 Variablen und Konstanten 104
    5.1.4 Elementare mathematische Funktionen 106
    5.1.5 Vereinfachungen und Manipulation 107
    5.1.6 Listen und Mengen 108
5.2 Einfache Berechnungen 109
    5.2.1 Gleichungen lösen 110
    5.2.2 Funktionen 112
5.3 Grafik mit Maple 114
    5.3.1 2D-Grafiken 114
    5.3.2 3D-Grafiken 114
    5.3.3 Parametrisierte Plots 115
5.4 Lineare Algebra 116
    5.4.1 Matrizen und Vektoren 117
    5.4.2 Matrix–Operationen 119
    5.4.3 Lineare Gleichungssysteme 121
5.5 Analysis einer Veränderlichen 122
    5.5.1 Grenzwerte und Differentiation 122
    5.5.2 Entwicklung in eine TAYLOR-Reihe 125
    5.5.3 Integration 126
    5.5.4 Achtung Fehler 128
5.6 Differentialrechnung im $\mathbb{R}^p$ 129
    5.6.1 Partielle Ableitungen 129
    5.6.2 TAYLOR-Entwicklung 132
    5.6.3 Lokale Extrema 134
    5.6.4 Extrema mit Nebenbedingungen 137
5.7 Gewöhnliche Differentialgleichungen 139
    5.7.1 Der Befehl `dsolve` 140
    5.7.2 Numerische Lösungen 142
    5.7.3 Phasendiagramme 144
    5.7.4 Stabilität kritischer Punkte 145
5.8 Programme in Maple 148
    5.8.1 Kontrollfluß 148
    5.8.2 Maple-Prozeduren 152

5.8.3   Weitere Beispiele 155

6.   Beispiele zu Maple 163
  6.1   Roboter-Kinematik 163
  6.2   Mathematisches Pendel 167
  6.3   Der Hund und die Wurst 169
  6.4   Das Billard-Problem 176

7.   Weiterführende Aufgaben 187

A.   UNIX 195
  A.1   Erste Gehversuche an Workstations 195
    A.1.1   Anmelden am Computer – Login 195
    A.1.2   Der Window-Manager 196
    A.1.3   Abmelden vom System – Logout 196
  A.2   Kurzeinführung in UNIX 196
    A.2.1   Was ist UNIX? 197
    A.2.2   Datei-Verwaltung 197
    A.2.3   Hilfesystem 199
    A.2.4   Weitere nützliche UNIX-Befehle 200
    A.2.5   Einige hilfreiche Programme 201
  A.3   Editoren 202
    A.3.1   Der vi-Editor 202
    A.3.2   Emacs – mehr als ein Editor 203

B.   Lösungen ausgewählter Übungen 207
  B.1   Lösungen der Übungen zu LaTeX 207
  B.2   Lösungen der Übungen zu MATLAB 209
  B.3   Lösungen der Übungen zu Maple 220

C.   Befehlsübersicht 239
  C.1   LaTeX-Befehlsübersicht 239
  C.2   MATLAB-Befehlsübersicht 243
  C.3   Maple-Befehlsübersicht 247

Kontaktadressen 251

Literaturverzeichnis 253

Sachverzeichnis 255

1. Einführung

In der heutigen Zeit gibt es immer mehr Gebiete, in die der Computer Einzug hält, so auch in der Mathematik. Zu denken sind beispielsweise an die folgenden Bereiche:

- Berechnungen
  - Näherungslösungen: z. B. Berechnung von $f(x) = 0$ für $f(x) = \exp(x) - \sin(x) - 10$ mit dem NEWTON-Verfahren
  - Approximation von Lösungen: z. B. bei der numerischen Lösung von Differentialgleichungen
  - (mehr oder weniger) stupide Rechnereien: z. B. Berechnung von $f^{(100)}(x)$ für $f(x) = \sin(x)/\exp(x)$
  - Lösen großer linearer Gleichungssysteme
- Visualisierung: z. B. Darstellung einer Approximation der Mandelbrot-Menge $\mathcal{M}$ als der Menge aller $c \in \mathbb{C}$, für die die Iteration $z_{\ell+1} := z_\ell^2 + c$, $z_0 := 0$, beschränkt bleibt (siehe Abb. 1.1, die $\mathcal{M}$ auf einem Gitter mit Gitterweite $h = 0.01$ approximiert, und vergleiche Übung 3.22).
- Dokumentation mathematischer Ergebnisse

Dieses Buch gibt eine Einführung in die oben genannten Bereiche. Dazu wird in Kap. 2 zunächst LaTeX als eine Textverarbeitung vorgestellt, mit der mathematische Formeln in bestechender Qualität gesetzt werden können. An Büchern zur Vertiefung sind [6], [7], [8] und [3] sehr zu empfehlen.

Mit MATLAB wird in Kap. 3 ein Programmpaket vorgestellt, das einerseits sehr gut zur Visualisierung verwendet werden kann, das aber vor allem geeignet ist, mathematische Problemstellungen in Form kleiner Programme zu lösen. Hierfür werden zahlreiche Beispiele gegeben, und zahlreiche weitere Problemstellungen sind in den Übungen zu finden. Kapitel 4 zeigt anhand ausgewählter Beispiele, wie sich MATLAB zur Lösung von Aufgaben aus den verschiedensten Gebieten einsetzen läßt. Für MATLAB steht mit [10] eine Studentenversion zur Verfügung.

Anschließend folgt in Kap. 5 eine Einführung in Maple, das im Gegensatz zu MATLAB ein System zum symbolischen Rechnen (*Computeralgebra*) ist. Für Variablen sind dort nicht nur numerische Werte zulässig, was z. B. bedeutet, daß Funktionen und Ausdrücke Parameter haben dürfen. In Maple kann sogar symbolisch differenziert oder integriert werden. Dies wird an zahlreichen Beispielen demonstriert. Auch hier gibt es eine Studentenversion [11],

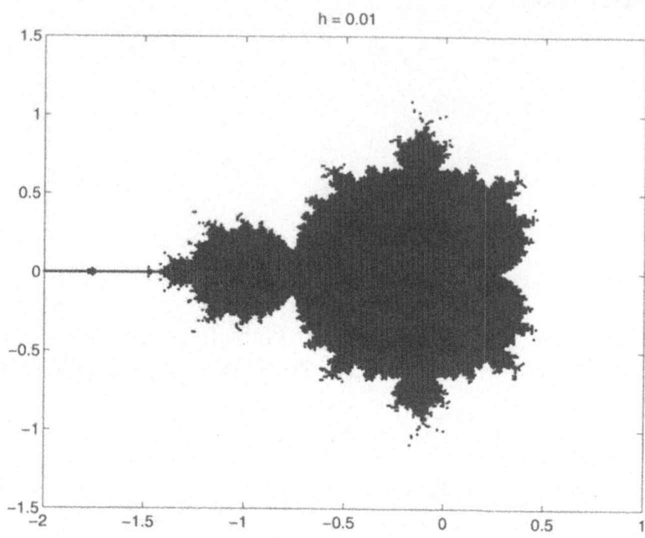

Abb. 1.1. Visualisierung: Mandelbrot-Menge $\mathcal{M}$

und ein sehr empfehlenswertes Buch ist [5]. Weitere Beispiele zum Arbeiten mit Maple findet man in Kap. 6.

An jedes der einführenden Kapitel zu LaTeX, MATLAB und Maple findet sich eine große Anzahl von Übungen. Sie beinhalten zumeist kleine mathematische Problemstellungen aus den unterschiedlichsten Anwendungsbereichen. Das Bearbeiten der Übungen soll dazu dienen, den Umgang mit den erlernten Befehlen und Konzepten zu vertiefen.

Am Ende ist noch ein Kapitel mit weiteren, etwas komplexeren Aufgabenstellungen angefügt, die etwa im Rahmen eines Computerpraktikums behandelt werden können.

Häufig erfolgt der Umgang mit „Mathematik am Computer" an Fakultäten oder Instituten, in denen als Rechner in der Regel Workstations Verwendung finden, die häufig unter dem Betriebssystem UNIX laufen. Aus diesem Grund erfolgt im Anhang eine kleine Einführung in Workstations und UNIX, wobei lediglich einige „überlebenswichtige" Konzepte und Befehle des Betriebssystems sowie zwei Editoren vorgestellt werden können.

Am Ende dieses Buches findet man ausführliche Lösungen zu einem Großteil der über 70 Übungen dieses Buches. Eine tabellarische Übersicht der wichtigsten und in diesem Buch vorgestellten Befehle in LaTeX, MATLAB und Maple soll als Nachschlagehilfe und zur schnelleren Orientierung dienen.

Als ergänzendes Buch bietet [2] eine Fülle weiterer Beispiele. Schließlich werden in der *Numerischen Mathematik* die mathematischen Grundlagen vieler Beispiele dieses Buches besprochen. Hierzu ist [4] sehr empfehlenswert.

Beispiel: GAUSS-Algorithmus

Als erstes Beispiel soll der berühmte GAUSS-Algorithmus behandelt werden, mit dem ein lineares Gleichungssystem $A\mathbf{x} = \mathbf{b}$ zuerst auf Dreiecksform gebracht und dann durch Rückwärtseinsetzen gelöst wird.

Hierbei soll gezeigt werden, wie ein mathematisches Verfahren in einen Algorithmus umgesetzt wird, der hier noch in einer „Pseudo-Notation" formuliert wird (d. h. noch ohne Verwendung einer bestimmten Programmiersprache).

Das Vorgehen wird an folgendem Beispiel deutlich: Man löse das lineare Gleichungssystem

$$\begin{aligned}
3x_1 + 6x_2 \phantom{{}- 8x_3} &= 6 \\
2x_1 + 4x_2 - 8x_3 &= -12 \\
x_1 + 7x_2 + 5x_3 &= 17
\end{aligned} \tag{1.1}$$

Um das System auf Dreiecksform zu bringen, zieht man zunächst das 2/3-fache (bzw. das 1/3-fache) der 1. Zeile von der 2. (bzw. 3.) Zeile ab, um x_1 aus der 2. und 3. Gleichung zu eliminieren. Man erhält:

$$\begin{aligned}
3x_1 + 6x_2 \phantom{{}- 8x_3} &= 6 \\
- 8x_3 &= -16 \\
5x_2 + 5x_3 &= 15
\end{aligned}$$

Vertauscht man die 2. und 3. Zeile, so erhält man die Dreiecksform:

$$\begin{aligned}
3x_1 + 6x_2 \phantom{{}- 8x_3} &= 6 \\
5x_2 + 5x_3 &= 15 \\
- 8x_3 &= -16
\end{aligned}
\qquad
\begin{pmatrix} * & \cdots & * \\ & \ddots & \vdots \\ & & * \end{pmatrix}$$

Rückwärts-Einsetzen liefert:

$$\begin{aligned}
x_3 &= (-16)/(-8) = 2 \\
x_2 &= (15 - 5 \cdot 2)/5 = 1 \\
x_1 &= (6 - 6 \cdot 1)/3 = 0
\end{aligned}$$

und somit ist die Lösung $\mathbf{x} = [0\,1\,2]^t$.

Aus dem Beispiel leitet man folgenden *Algorithmus* für die Dreiecksform ab, wobei in jedem Schritt eine weitere Spalte auf Dreiecksform gebracht wird:

$$\begin{pmatrix}
* & \cdots & \cdots & \cdots & \cdots & \cdots & \cdots & * \\
0 & \ddots & & & & & & \vdots \\
\vdots & \ddots & \ddots & * & \cdots & \cdots & \cdots & * \\
\vdots & & & 0 & * & * & \cdots & * \\
\vdots & & & \vdots & * & * & \cdots & * \\
\vdots & & & \vdots & \vdots & \vdots & & \vdots \\
0 & \cdots & & 0 & * & * & \cdots & *
\end{pmatrix}
\;\Longrightarrow\;
\begin{pmatrix}
* & \cdots & \cdots & \cdots & \cdots & \cdots & \cdots & * \\
0 & \ddots & & & & & & \vdots \\
\vdots & \ddots & \ddots & * & \cdots & \cdots & \cdots & * \\
\vdots & & & 0 & * & * & \cdots & * \\
\vdots & & & \vdots & \mathbf{0} & * & \cdots & * \\
\vdots & & & \vdots & \vdots & \vdots & & \vdots \\
0 & \cdots & & 0 & \mathbf{0} & * & \cdots & *
\end{pmatrix}$$

Dabei wird die rechte Seite $\mathbf{b}$ simultan mittransformiert. Hat die Matrix A n Zeilen bzw. Spalten, so ist nach $n-1$ Schritten Dreiecksform erreicht.

Die *Transformation* des unten rechts stehenden Blocks der Matrix wird jetzt genauer untersucht:

$$
\begin{matrix}
a_{\ell,\ell} & a_{\ell,\ell+1} & \cdots & a_{\ell,n+1} \\
a_{\ell+1,\ell} & a_{\ell+1,\ell+1} & \cdots & a_{\ell+1,n+1} \\
\vdots & \vdots & & \vdots \\
a_{n,\ell} & a_{n,\ell+1} & \cdots & a_{n,n+1}
\end{matrix}
\quad \Longrightarrow \quad
\begin{matrix}
a_{\ell,\ell} & a_{\ell,\ell+1} & \cdots & a_{\ell,n+1} \\
0 & \tilde{a}_{\ell+1,\ell+1} & \cdots & \tilde{a}_{\ell+1,n+1} \\
\vdots & \vdots & & \vdots \\
0 & \tilde{a}_{n,\ell+1} & \cdots & \tilde{a}_{n,n+1}
\end{matrix}
$$

Dabei wird Zeile i $(\ell+1 \leq i \leq n)$ wie folgt transformiert, um in der vordersten Spalte die 0 zu erzeugen:

$$
\text{Zeile } i \longrightarrow \text{Zeile } i - \frac{a_{i,\ell}}{a_{\ell,\ell}} \cdot \text{Zeile } \ell
$$

Nun ist noch zu beachten, daß $a_{\ell,\ell} = 0$ möglich ist (wie im obigen Beispiel). Deshalb verwendet man folgende *Pivotisierung*: finde das betragsmäßig größte Element der vordersten Spalte (*Pivotelement*) und vertausche die entsprechende Zeile mit der obersten Zeile. Damit kann der GAUSS-Algorithmus in Pseudo-Notation angegeben werden (siehe Algorithmus 1.1).

Algorithmus 1.1 GAUSS

Eingabe: $n \times n$-Matrix A, n-Vektor $\mathbf{b}$
Ausgabe: n-Vektor $\mathbf{x}$ mit $A\mathbf{x} = \mathbf{b}$

 % Dreiecksform erstellen
 erweitere die Matrix A um die Spalte $\mathbf{b}$
 <u>for</u> $\ell = 1$ <u>to</u> $n-1$ <u>do</u>
  % Pivot-Strategie:
  finde k mit $|a_{k,\ell}| = \max\{|a_{\ell,\ell}|, |a_{\ell+1,\ell}|, \ldots, |a_{n,\ell}|\}$
  vertausche Zeilen ℓ und k von A
  % Dreiecksform für Spalte ℓ:
  <u>for</u> $i = \ell+1$ <u>to</u> n <u>do</u>
   $c_i = a_{i,\ell}/a_{\ell,\ell}$
   subtrahiere $c_i \cdot$ Zeile ℓ von Zeile i
  <u>endfor</u>
 <u>endfor</u>
 % Lösen durch Rückwärtseinsetzen:
 $\mathbf{b} =$ Spalte $n+1$ von A
 $A =$ Spalten $1, \ldots, n$ von A
 <u>for</u> $\ell = n$ <u>downto</u> 1 <u>do</u>
  $x_\ell = (b_\ell - \sum_{i=\ell+1}^{n} a_{\ell,i} \cdot x_i)/a_{\ell,\ell}$
 <u>endfor</u>

Problem: Der Algorithmus funktioniert bislang nur, wenn bei der Pivotisierung in Spalte ℓ noch ein Element $\neq 0$ gefunden wird. Dies ist genau für reguläre Matrizen A (d. h. $\text{Rang}(A) = n$) der Fall. Dann ist das lineare Gleichungssystem $A\mathbf{x} = \mathbf{b}$ eindeutig lösbar, und die Lösung wird durch den Algorithmus GAUSS bestimmt.

Modifikation für singuläre Matrizen A: Ist A singulär (was bedeutet, daß A nicht vollen Rang hat), so ergeben sich zwei Möglichkeiten: entweder ist das System $A\mathbf{x} = \mathbf{b}$ unlösbar, oder es hat unendlich viele Lösungen.

Beispiel: Wir betrachten eine Matrix mit Rang 2:

$$A = \begin{pmatrix} 1 & 1 & 1 \\ 1 & 1 & 0 \\ 0 & 0 & 1 \end{pmatrix}, \quad \mathbf{b}_1 = \begin{pmatrix} 1 \\ 1 \\ 1 \end{pmatrix}, \quad \mathbf{b}_2 = \begin{pmatrix} 2 \\ 1 \\ 1 \end{pmatrix} \tag{1.2}$$

Die Transformation auf Dreiecksform liefert im ersten Schritt

$$\begin{aligned} x_1 + x_2 + x_3 &= b_1 \\ x_1 + x_2 &= b_2 \\ x_3 &= b_3 \end{aligned} \quad \Longrightarrow \quad \begin{aligned} x_1 + x_2 + x_3 &= b_1 \\ -x_3 &= b_2 - b_1 \\ x_3 &= b_3 \end{aligned}$$

und schließlich

$$\begin{aligned} x_1 + x_2 + x_3 &= b_1 \\ -x_3 &= b_2 - b_1 \\ 0 &= b_3 + b_2 - b_1 \end{aligned} \quad .$$

Die Bedingung für die Lösbarkeit steht in der letzten Zeile: ist $0 = b_2 - b_1 + b_3$, so ist $A\mathbf{x} = \mathbf{b}$ lösbar, ansonsten unlösbar. Somit ist $A\mathbf{x} = \mathbf{b}_1$ unlösbar, $A\mathbf{x} = \mathbf{b}_2$ ist lösbar. Für $\mathbf{b}_2$ liefert Rückwärtseinsetzen $x_3 = (b_2 - b_1)/(-1) = 1$. Der Sprung in der Dreiecksform von der dritten Spalte in Zeile 2 zur ersten Spalte in Zeile 1 besagt, daß x_2 beliebig ist. Schließlich ist $x_1 = b_1 - x_2 - x_3 = 1 - x_2$. Somit erhält man als Lösung für $\mathbf{b}_2$:

$$\mathbf{x} = \begin{pmatrix} 1 - x_2 \\ x_2 \\ 1 \end{pmatrix} = \begin{pmatrix} 1 \\ 0 \\ 1 \end{pmatrix} + c \cdot \begin{pmatrix} -1 \\ 1 \\ 0 \end{pmatrix}$$

Dabei ist $[-1\,1\,0]^t$ ein Element von $\text{Kern}(A)$: $A \cdot [-1\,1\,0]^t = [0\,0\,0]^t$.

Für singuläre Matrizen wird also auf eine modifizierte Dreiecksform der Gestalt

$$\begin{pmatrix}
* & \cdots\cdots\cdots\cdots\cdots\cdots\cdots\cdots\cdots\cdots & * \\
0 \cdots\; 0 & * \;\cdots\cdots\cdots\cdots\cdots\cdots\cdots & \vdots \\
\vdots & 0 \;\cdots\; 0 \;\; * \;\cdots\cdots\cdots\cdots & \vdots \\
\vdots & 0 \;\cdots\; 0 \;\;\; \ddots & \vdots \\
\vdots & \ddots \;\; * \;\cdots\; * \\
\vdots & 0 \;\cdots 0 \\
\vdots & \vdots \\
0 & \cdots\cdots\cdots\cdots\cdots\cdots\cdots\cdots\cdots\cdots & 0
\end{pmatrix}$$

transformiert, die für reguläre Matrizen genau die bekannte Dreiecksform ist. Hat die Matrix Rang $n - k$, so stehen unten k Nullzeilen. Steht dort im transformierten $\mathbf{b}$ ein von 0 verschiedener Eintrag, ergibt sich ein Widerspruch, und $A\mathbf{x} = \mathbf{b}$ ist nicht lösbar. Ein Sprung zwischen zwei benachbarten Zeilen von Spalte p nach Spalte q mit $q - p > 1$ zeigt an, daß $x_{p+1}, \ldots, x_{q-1}$ beliebig sind.

Modifikation des Algorithmus:

1. Bei der Transformation auf die modifizierte Dreiecksform werden die Zeilensubtraktionen nur durchgeführt, falls das Pivotelement $\neq 0$ ist. Andernfalls muß im nächsten Schritt noch einmal dieselbe Anzahl von Zeilen transformiert werden.

2. Beim Rückwärtseinsetzen wird eine Fallunterscheidung gemacht:

> <u>if</u> Zeile ℓ ist eine Nullzeile
>> <u>then if</u> $b_\ell \neq 0$ <u>then</u> System unlösbar, <u>stop</u>, <u>endif</u>
>> <u>else</u> finde minimales j mit $a_{\ell,j} \neq 0$
>>> löse nach x_j auf: $x_j = b_\ell - \sum_{i=j+1}^{n} a_{\ell,i} x_i$
>
> <u>endif</u>

Zusätzlich müssen die Sprünge in der modifizierten Dreiecksform erkannt werden, die anzeigen, daß gewisse x_ℓ beliebig sind. Insbesondere die korrekte Umsetzung von „x_ℓ beliebig" in einem Programm ist nicht ganz trivial ... Das komplette Beispiel wird in Abschn. 4.7 in MATLAB implementiert.

2. LaTeX

Zur „Mathematik am Computer" gehört, wie eingangs erwähnt, auch die Dokumentation mathematischer Ergebnisse mit Hilfe einer Textverarbeitung. Mit LaTeX hat ein System weite Verbreitung gefunden, das sich ideal für naturwissenschaftliche und speziell mathematische Texte eignet und Formeln in bestechender Qualität setzt.

2.1 Einführung in LaTeX

LaTeX basiert auf dem Satzprogramm TeX, das seit Mitte der 70er Jahre von Donald E. Knuth entwickelt wurde. LaTeX geht auf Leslie Lamport zurück und enthält zusätzlich viele Formatierungshilfen, um erleichtert Texte darzustellen.

2.1.1 Was bietet LaTeX?

LaTeX ist ein Text-Formatierungs-Programm. Es bietet im Gegensatz zu vielen anderen Textverarbeitungsprogrammen kein WYSIWYG (what you see is what you get). Ein LaTeX-Dokument enthält neben dem eigentlichen Text zahlreiche Formatierungsbefehle, die beispielsweise die Gliederung eines Textes vornehmen.

Die großen Vorteile von LaTeX sind, daß es auf (fast) allen Rechnern lauffähig ist, daß das Programm public domain ist, und insbesondere daß es ideal für wissenschaftlich-technische Texte, speziell bei vielen mathematischen Formeln ist. LaTeX sollte im Normalfall auf jeder Workstation installiert sein und gehört auch zur Grundausstattung der gängigen Linux-Distributionen. Es kann jedoch bei Bedarf auch aus dem Internet[1] bezogen werden.

---

[1] Die „Deutschsprachige Anwendervereinigung TeX e.V." (DANTE) hat unter `http://www.dante.de` einen eigenen Server eingerichtet, über den man Informationen und Dateien zur Installation von LaTeX erhält.

2.1.2 Erstellung eines LaTeX-Dokuments

Die Erstellung eines LaTeX-Dokuments umfaßt drei Komponenten: einen Editor, in dem das Dokument erstellt wird, das Programm `latex`, mit dem das Dokument „übersetzt" wird, und ein Programm, mit dem der formatierte Text angeschaut werden kann (*Previewer*). Hierzu wird `xdvi` verwendet. Das Vorgehen ist in Abb. 2.1 dargestellt.

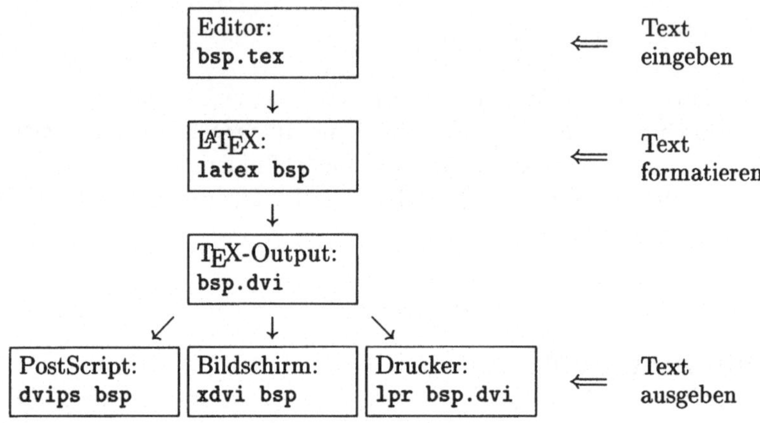

Abb. 2.1. Erstellung eines LaTeX-Dokuments

Ist das LaTeX-Dokument noch fehlerhaft oder soll es erweitert werden, so muß es im Editor verändert und dann erneut mit `latex` bearbeitet werden.

2.1.3 Praktische Tips

Als Editor eignet sich Emacs (vgl. Abschn. A.3.2) besonders gut. Emacs verfügt über einen eigenen LaTeX-Modus, der beispielsweise durch unterschiedliche Farben die Struktur eines Dokuments verdeutlicht. Weiter gibt es ein eigenes Pull-Down-Menü „LaTeX", das bei der Erstellung eines Dokuments und bei einer eventuell notwendigen Fehlersuche hilft.

Den „Previewer" `xdvi` sollte man im Hintergrund laufen lassen, indem man ihn durch „`xdvi` *FileName* `&`" aufruft. Dadurch genügt es, nach einem weiteren Durchlauf von `latex` in das Xdvi-Fenster zu wechseln, um die überarbeitete Version angezeigt zu bekommen.

Die folgende Einführung kann nur einen groben Einblick in LaTeX bieten. Eine sehr gute Beschreibung von LaTeX, die auch für Einsteiger geeignet ist, findet man in [6] (mit umfassenden Erweiterungen in [7] und [8]). Eine wahre Fundgrube, die auch neuere Standards berücksichtigt, ist [3]. Neuerdings findet man sogar Literatur zu LaTeX im Internet, sowohl in LaTeX als auch als PostScript-Dokumente oder sogar in HTML-Form[2].

---

[2] z. B. ebenfalls unter der URL `http://www.dante.de`

2.2 Gestaltung eines Textes

In diesem Abschnitt werden wesentliche Formatierungsbefehle besprochen,
mit denen ein Text mit LaTeX erzeugt werden kann.

2.2.1 Grundstruktur eines LaTeX-Files

Ein LaTeX-Dokument besteht aus zwei Teilen: dem Vorspann und dem Textteil. Der *Vorspann* beinhaltet die globale Bearbeitungsstruktur des Dokumentes. Hier kann folgendes eingestellt werden:

- Dokumentklasse (`book`, `report`, `article`, `letter`)
  Hier wird der „Typ" des Dokumentes geregelt, also ob es sich um ein Buch,
  einen Aufsatz oder Brief handelt. Für kleinere Texte ist `article` empfeh-
  lenswert.
- Verwendung weiterer Pakete (= Erweiterungen) [optional]
  Hier können z. B. Pakete für die Grafik-Einbindung eingebunden werden.
- Seitenlayout (Ränder, ...) [optional]
- Definition neuer Befehle und Makros [optional]

Anhand eines Beispiels wird ein typischer Vorspann beschrieben:

```
\documentclass[12pt,a4paper]{article} % Dokumentklasse article,
                                       % Schrift- u. Papiergroesse
\usepackage[german]{babel}             % dt. Trennung verwenden
\usepackage[latin1]{inputenc}          % dt. Sonderzeichen
\usepackage[dvips]{epsfig}             % EPSF-Grafik (PostScript)
\parindent0cm                          % kein Absatz-Einzug
\parskip1.5ex plus0.3ex minus0.3ex     % Absatz-Abstand (dehnbar)
\addtolength{\textwidth}{2cm}          % Textbreite vergroessern
\addtolength{\oddsidemargin}{-1cm}     % linken Rand verschieben
\addtolength{\textheight}{2cm}         % Texthoehe vergroessern
\addtolength{\topmargin}{-1cm}         % oberen Rand verschieben
```

Hinter einem %-Zeichen kann man übrigens bis zum Zeilenende einen Kommentar einfügen, der von `latex` nicht übersetzt wird.   Der *Textteil* enthält
den eigentlichen Text des Dokuments und ist eingeschlossen in die Umgebung

```
\begin{document}
   ...
\end{document}
```

Anhand eines kleinen (und sinnlosen) Beispiels wird gezeigt, wie ein
LaTeX-Dokument, das nur über den minimalen Vorspann verfügt, aussehen
kann:

```
\documentclass{article}
\begin{document}
   Hello, World!
\end{document}
```

Um dieses Beispiel zu reproduzieren, erzeugt man in einem Editor eine Datei mit dem obigen Inhalt und legt sie etwa unter dem Namen `hello.tex` ab. Der Aufruf `latex hello` erzeugt dann die Datei `hello.dvi`, die man durch `xdvi hello &` auf dem Bildschirm anschauen kann.

Deutsche Sonderzeichen (wie ä, ö, ß) kann man jederzeit, auch mit einer amerikanischen Tastatur, durch die Befehle `\"a` = ä, `\"o` = ö oder `{\ss}` = ß erzeugen. Verwendet man das Paket `\usepackage[german]{babel}`, das man auch für eine korrekte Silbentrennung verwenden sollte, so kann man die Eingabe zu `"a` = `\"a` = ä, `"o` = `\"o` = ö oder `"s` = `{\ss}` = ß vereinfachen. In Emacs erhält man `"` häufig durch zweimaliges Drücken der Taste `"`. Hat man jedoch eine deutsche Tastatur, dann kann man die Umlaut-Tasten verwenden, falls man zusätzlich im Vorspann `\usepackage[latin1]{inputenc}` einbindet.

2.2.2 Dokument-Untergliederung

Dokumente sind in der Regel in Kapitel, Abschnitte, Unterabschnitte, etc. untergliedert. LaTeX stellt hierfür Befehle zur Verfügung, die dem englischen Gliederungsnamen entsprechen:

`\chapter`, `\section`, `\subsection`, `\subsubsection`, ...,
wobei die Gliederung für die Dokumentklasse `article` erst mit `\section` beginnt.

LaTeX übernimmt die fortlaufende Numerierung der jeweiligen Kapitel oder Abschnitte, schaltet für die Überschrift auf eine passende Schriftgröße um und erstellt automatisch ein Inhaltsverzeichnis, das durch den Befehl `\tableofcontents` an der gewünschten Stelle ausgegeben werden kann. Beispielsweise wurde der augenblickliche Unterabschnitt mit dem Befehl `\subsection{Dokument-Untergliederung}` angelegt.

Weiter können mit LaTeX Titelseite, Abstrakt, Anhang oder verschiedenartige Verzeichnisse für ein Dokument erstellt werden.

2.2.3 Hervorhebungen und Schriftgröße

Die folgenden Befehle und Umgebungen dienen dazu, einzelne Worte oder Textteile durch Schriftart, Größe oder Zentrierung hervorzuheben.

1. **Hervorhebungen:**
   Durch Voranstellen von `\em` (*emphasize*) kann ein Textteil durch Änderung der Schriftart hervorgehoben werden. Diese Hervorhebung gilt innerhalb einer Umgebung, die am einfachsten durch ein geschweiftes Klammerpaar { } erzeugt wird.
   Beispielsweise wird „Ein *hervorgehobenes* Wort." erzeugt durch
   `Ein {\em hervorgehobenes} Wort.`

2. **Textverschiebungen:**
   Zentrierter Text kann durch die `center`-Umgebung erzeugt werden. Eine Umgebung ist dabei eingeschlossen in `\begin{`*Umgebungsname*`}` ... `\end{`*Umgebungsname*`}`. In der `center`-Umgebung werden die einzelnen Zeilen durch `\\` getrennt:

   ```
   \begin{center} Zeile 1 \\ ... \\ Zeile n
   \end{center}
   ```

   Soll nur eine einzelne Zeile zentriert werden, kann man den Befehl `\centerline{Text}` verwenden.

   Einseitig bündiger Text wird durch eine der folgenden Umgebungen erzeugt:

   ```
   \begin{flushleft}  Zeile 1 \\ ... \\ Zeile n
   \end{flushleft}
   \begin{flushright} Zeile 1 \\ ... \\ Zeile n
   \end{flushright}
   ```

3. **Verfügbare Schriftarten:**
   Die in LaTeX verfügbaren Schriftarten sind in der folgenden Tabelle zusammengestellt:

`\textrm{...}`	`{\rmfamily ...}`	Roman
`\textsf{...}`	`{\sffamily ...}`	Sans Serif
`\texttt{...}`	`{\ttfamily ...}`	Typewriter
`\textbf{...}`	`{\bfseries ...}`	**Bold Face**
`\textit{...}`	`{\itshape ...}`	*Italic*
`\textsl{...}`	`{\slshape ...}`	*Slanted*
`\textsc{...}`	`{\scshape ...}`	SMALL CAPS
`\emph{...}`	`{\em ...}`	*Hervorgehoben*

4. **Verfügbare Schriftgrößen:**
   In LaTeX sind die folgenden Schriftgrößen möglich, wobei zwischen `\huge` und `\Huge` nicht immer ein Unterschied sein muß:

`\tiny`	Winzig	`\Large`	Größer
`\scriptsize`	Sehr Klein	`\LARGE`	Noch Größer
`\footnotesize`	Fußnote	`\huge`	Riesig
`\small`	Klein	`\Huge`	Gigantisch
`\normalsize`	Normal		
`\large`	Groß		

2.2.4 Aufzählungen

Aufzählungen sind in eine Umgebung eingeschlossen. Jeder neue Eintrag wird durch `\item` gekennzeichnet. LaTeX kennt drei verschiedene Aufzählungsumgebungen, die einzeln oder wechselseitig geschachtelt werden können und die durch `\begin{...}` und `\end{...}` begrenzt werden:

1. **itemize:** Die Markierung erfolgt durch einen schwarzen Punkt: •
2. **enumerate:** Die einzelnen Einträge werden durchnumeriert.
3. **description:** Wie `itemize`, nur erhält der `\item[opt]` Befehl einen optionalen Parameter, der in Fettdruck als Markierung erscheint.

Es folgt ein kleines Beispiel für eine Aufzählung, wobei die rechte Spalte das Ergebnis der Eingabe auf der linken Seite zeigt:

<table>
<tr><td>

```
Hier kommt eine Aufzählung:
\begin{itemize}
\item Das ist der erste Eintrag.
\item Und dies der zweite.
\end{itemize}
Text hinter der Aufzählung.
```

</td><td>

Hier kommt eine Aufzählung:

• Das ist der erste Eintrag.
• Und dies der zweite.

Text hinter der Aufzählung.

</td></tr>
</table>

2.2.5 Regelsätze

Regelsätze wie Theoreme, Lemmata oder Definitionen kommen gerade in mathematischen Arbeiten häufig vor. LaTeX bietet hierfür eine eigene Struktur an, die zunächst im Vorspann, etwa durch `\newtheorem{satz}{Satz}` definiert werden muß. Dabei ist `satz` der Umgebungsname des Regelsatzes, und `Satz` wird im Dokument bei einem Auftreten dieser Umgebung vorangestellt.

Ein Lehrsatz kann damit beispielsweise so formuliert werden:

```
\begin{satz}[Bolzano-Weierstraß] Jede beschränkte unendliche
   Punktmenge besitzt mindestens einen Häufungspunkt.
\end{satz}
```

LaTeX numeriert die Regelsätze automatisch durch und stellt auf eine andere Schriftart um. Das Ergebnis des Beispiels sieht so aus:

Satz 1 (Bolzano-Weierstraß) *Jede beschränkte unendliche Punktmenge besitzt mindestens einen Häufungspunkt.*

2.2.6 Boxen

Eine *Box* ist ein Stück Text, das von LaTeX als Einheit betrachtet wird. LaTeX kennt verschiedene Arten von Boxen:

- **LR-Box:** Durch `\mbox{`*text*`}` oder `\fbox{`*text*`}` wird eine LR-Box erzeugt, die im zweiten Fall noch eingerahmt ist (*framebox*).

  Beispielsweise läßt sich „Ein ⃞eingerahmtes⃞ Wort.“ erzeugen durch:

  ```
  Ein \fbox{eingerahmtes} Wort.
  ```

- **Absatz-Box:** Durch die `minipage`-Umgebung werden Absatz-Boxen erzeugt:

  ```
  \begin{minipage}{breite}
     Text
  \end{minipage}
  ```

Das folgende Beispiel soll die Bedeutung veranschaulichen:

```
\begin{minipage}{3.5cm}
   Eine 3.5 cm breite Minipage. Sie ist zentriert zur
\end{minipage}
\hfill laufenden Zeile. \hfill
\begin{minipage}{5cm}
   Rechts steht noch eine weitere Minipage. Sie ist
   5 cm breit.
\end{minipage}
```

<table>
<tr><td>Eine 3.5 cm breite Minipage. Sie ist zentriert zur</td><td>laufenden Zeile.</td><td>Rechts steht noch eine weitere Minipage. Sie ist 5 cm breit.</td></tr>
</table>

2.2.7 Tabellen

LaTeX bietet durch die `tabular`-Umgebung die Möglichkeit, Tabellen zu erstellen. Die Syntax hierfür lautet:

```
\begin{tabular}{Spaltenform}
   Zeilen, getrennt durch \\
\end{tabular}
```

Dabei gibt *Spaltenform* durch l, r oder c an, ob die Einträge der Spalte links- oder rechtsbündig oder zentriert sein sollen, und durch | werden senkrechte Striche zwischen den Spalten vereinbart. In den Zeilen der Tabelle wird durch & in die nächste Spalte gewechselt, \\ beendet die Zeile. Horizontale Linien werden durch `\hline` erzeugt.

Als Beispiel erzeugt der folgende Abschnitt eines Dokumentes die nachstehende Tabelle:

```
\begin{tabular}{|l||r|c|}
   Name             & Mat.Nr. & Fach \\ \hline\hline
   Max Müller       & 12345   & Dipl.Math. \\ \hline
   Frieda Fröhlich  & 98765   & LA Mathe/Physik \\ \hline
   James Bond       & 007     & ??? \\ \hline
\end{tabular}
```

Das Ergebnis ist:

Name	Mat.Nr.	Fach
Max Müller	12345	Dipl.Math
Frieda Fröhlich	98765	LA Mathe/Physik
James Bond	007	???

Darüber hinaus gibt es noch zahlreiche Gestaltungsmöglichkeiten für Tabellen, auf die hier nicht weiter eingegangen werden kann.

2.2.8 Bilder

In LaTeX kann man eigene Grafiken erstellen oder Bilder einbinden. Hier soll nur gezeigt werden, wie PostScript-Bilder im EPS-Format eingebunden werden. (Solche Bilder können mit MATLAB, oder Maple leicht erzeugt werden.)

Dazu muß einmalig im Vorspann durch

    \usepackage[dvips]{epsfig}

das entsprechende Paket eingebunden werden. Dann kann man an der gewünschten Stelle mit dem Befehl

    \epsfig{file=*Bildname*, width=$x$cm, height=$y$cm}

ein Bild einfügen.

PostScript ist eine geräte- und auflösungsunabhängige Sprache, um Text, Linien und Grafiken zu beschreiben. Das EPS-Format definiert einen Standard, um PostScript-Dateien in verschiedene Umgebungen, etwa in LaTeX-Dokumente, einzubinden. Der Anwender muß sich in der Regel nicht mit der PostScript-Syntax auseinandersetzen, sondern kann direkt die erzeugten EPS-Bilder einbinden.

Eine gute Möglichkeit, um Bilder im Text zu positionieren, stellt die figure-Umgebung dar. Mit ihrer Hilfe können Bilder an eine geeignete Stelle „gleiten" und eine Bildunterschrift erhalten, wie das Beispiel in Abb. 2.2 zeigt.

Abb. 2.2. Die Koch-Kurve

Das Bild wurde durch folgendes Segment eingebunden:

    \begin{figure}[ht]
        \centerline{\epsfig{file=kochkurv.eps, width=4.5cm}}
        \caption{Die Koch-Kurve}
    \end{figure}

Durch einen Positionierungsparameter, hier [ht], versucht LaTeX, das Bild an der aktuellen Stelle unterzubringen (here) oder es oben auf die nächste Seite (top) zu setzen. Weitere optionale Parameter sind b und p, die das Gleitobjekt unten auf die Seite (bottom) oder auf eine eigene Seite mit Bildern (page) setzen.

Anhand der Übungen 2.1 bis 2.5 können Sie das Erstellen einfacher LaTeX-Texte mit Gliederungen, Aufzählungen, Tabellen und Bildern üben.

2.3 Mathematische Formeln

Wir wenden uns nun den Befehlen zu, die eine große Stärke von LaTeX sind, nämlich das Setzen mathematischer Formeln.

2.3.1 Mathematische Umgebungen

LaTeX unterscheidet zwischen Formeln, die innerhalb einer Textzeile auftreten, und abgesetzten Formeln.

Formeln im Text werden durch $ *Formel* $ gekennzeichnet. Beispielsweise wird der Ausdruck „Die Funktion $f(x) = x^2$ ist stetig." erzeugt durch:

```
Die Funktion $f(x)=x^2$ ist stetig.
```

Für abgesetzte Formeln gibt es die beiden Umgebungen `displaymath` und `equation`, wobei durch `equation` zusätzlich eine Formelnummer erzeugt wird (siehe unten). Ein Beispiel:

```
\begin{displaymath}
  (x+y)^2 = x^2 + 2xy + y^2
\end{displaymath}
```

liefert die abgesetzte Formel

$$(x + y)^2 = x^2 + 2xy + y^2$$

Für die `displaymath`-Umgebung darf man auch kürzer \[*Formel* \] oder $$ *Formel* $$ schreiben, also für das obige Beispiel:

```
\[ (x+y)^2 = x^2 + 2xy + y^2 \]   oder
$$ (x+y)^2 = x^2 + 2xy + y^2 $$
```

2.3.2 Mathematische Symbole

In LaTeX erhält man mathematische Symbole in der Regel durch das Voranstellen des \-Symbols vor die englische Bezeichnung. Einige wichtige Symbole werden im folgenden gezeigt:

- **Griechische Buchstaben**, z. B.:

α \alpha	β \beta	γ \gamma	λ \lambda	μ \mu
π \pi	ξ \xi	Γ \Gamma	Φ \Phi	Ω \Omega

- **Vergleichssymbole**, z. B.:

$\leq$ \leq	$\geq$ \geq	$\ll$ \ll	$\gg$ \gg
$\subset$ \subset	$\supset$ \supset	$\in$ \in	$\ni$ \ni
$\neq$ \neq	$\approx$ \approx	$\equiv$ \equiv	$\parallel$ \parallel

- **Weitere Symbole**, z. B.:

$\forall$ \forall	$\exists$ \exists	$\neg$ \neg	∞ \infty
$\Re$ \Re	$\Im$ \Im	∂ \partial	$\emptyset$ \emptyset
$\pm$ \pm	$\to$ \to	$\leftarrow$ \leftarrow	$\Rightarrow$ \Rightarrow

- **Funktionsnamen**

  Funktionsnamen wie „sin" oder „cos" werden im mathematischen Modus durch Voranstellen von \ gekennzeichnet, also:

  `$y = \sin(x)$` $\implies$ $y = \sin(x)$, und nicht:

  `$y = sin(x)$` $\implies$ $y = sin(x)$.

  Weitere Funktionsnamen sind \cos, \arctan, \exp, \log, \max, \lim, ...

- **Die Symbole $\mathbb{N}$, $\mathbb{Z}$, $\mathbb{Q}$, $\mathbb{R}$ und $\mathbb{C}$:**

  Da diese Symbole nicht in Standard-LaTeX enthalten sind, muß man die Erweiterung von AMS-LaTeX[3] verwenden. Dazu bindet man im Vorspann zwei Pakete ein:

  `\usepackage{amsmath,amssymb}`

  Dann erhält man im mathematischen Modus $\mathbb{R}$ durch `\mathbb{R}`. Man erzeugt also beispielsweise „Sei $n \in \mathbb{N}$." durch:

  `Sei $n \in \mathbb{N}$.`

  Zur Erleichterung kann man diesen Befehl abkürzen durch:

  `\newcommand{\N}{\mathbb{N}}`

  Dann ist das obige Beispiel äquivalent zu:

  `Sei $n \in \N$.`

2.3.3 Konstruktionselemente

Außer diesen einzelnen Symbolen tauchen in Formeln noch größere Strukturen wie Integrale oder Brüche auf:

- **Summen und Integrale**

  Das Summenzeichen $\sum$ wird durch \sum erzeugt. Beispielsweise wird „$\sum_{k=1}^{n} k = n(n+1)/2$" erzeugt durch:

  `$\sum_{k=1}^n k = n(n+1)/2$`

  Als abgesetzte Formel, also etwa mit der **equation**-Umgebung statt **$**, erhält man:

$$\sum_{k=1}^{n} k = n(n+1)/2 \tag{2.1}$$

In der abgesetzten Formel wird also der Summationsindex unter und nicht neben die Summe gesetzt. (Wegen der Verwendung der **equation**-Umgebung wird eine Formelnummer erzeugt.) Durch den Befehl \limits kann man dies auch für Textformeln erzwingen: die Anweisung

  `$\sum\limits_{k=1}^n k = n(n+1)/2$`

liefert als Textformel $\sum\limits_{k=1}^{n} k = n(n+1)/2$, wodurch jedoch die betreffende Zeile einen größeren Abstand von den Nachbarzeilen erhält.

Das Integralzeichen $\int$ erhält man durch \int. Beispielsweise erhält man

---

[3] AMS steht für American Mathematical Society.

$$\int_0^\pi \sin(x)\,dx = 2$$

in LaTeX durch

```
\[ \int_0^\pi \sin(x)\, dx = 2 \]
```

- **Brüche und Wurzeln**
Brüche haben die Form:

```
\frac{ Zähler }{ Nenner }
```

Beispielsweise liefert die Anweisung

```
\[ \frac{1+\frac{x-1}{2}}{\exp(x)} \]
```

das rechts stehende Ergebnis.

$$\frac{1+\frac{x-1}{2}}{\exp(x)}$$

Wurzeln haben die Form:

```
\sqrt{ Radikand }
```

Demnach erzeugt der Ausschnitt

```
\sqrt{\sum_{k=1}^n f^{(k)}(x)}
```

die rechtsstehende Wurzel.

$$\sqrt{\sum_{k=1}^n f^{(k)}(x)}$$

- **Vektoren und Matrizen**
Für Vektoren und Matrizen benötigt man zunächst Klammersymbole in beliebiger Größe. Sie werden in LaTeX durch Vorstellen von `\left` bzw. `\right` erzeugt, wodurch die benötigte Größe automatisch berechnet wird. Die Struktur der Matrix selbst wird dann ähnlich einer Tabelle aufgebaut. Mit AMS-LaTeX können Matrizen einfacher eingegeben werden. Das Beispiel zeigt, wie die rechts stehende Matrix ohne bzw. mit AMS-LaTeX erzeugt wird.

Ohne AMS-LaTeX: Mit AMS-LaTeX:

```
\[ A = \left(              \[ A =
   \begin{array}{ccc}         \begin{pmatrix}
      1 &  2 & 3\\              1 &  2 & 3\\
     45 & -3 & 8\\             45 & -3 & 8\\
      7 &  2 & 1               7 &  2 & 1
   \end{array}\right)        \end{pmatrix}
\]                         \]
```

$$A = \begin{pmatrix} 1 & 2 & 3 \\ 45 & -3 & 8 \\ 7 & 2 & 1 \end{pmatrix}$$

- **Fortsetzungspunkte**
Bei Aufzählungen wie $x_1,\dots,x_n$ oder bei der Beschreibung großer Matrizen tauchen häufig Fortsetzungspunkte auf. LaTeX unterscheidet hierbei folgende Typen:

```
\ldots  ...  low dots        \cdots  ···  center dots

\vdots  :  vertical dots     \ddots  ·.·  diagonal dots
```

- **Text in Formeln**
Taucht in einer abgesetzten Formel „normaler" Text auf, so muß er durch `\mbox{ Text }` eingeschlossen werden. Bei Verwendung von AMS-LaTeX kann man auch besser die Variante `\text{ Text }` wählen. Beispielsweise liefert

```
\[ f(x) > 0, \;\text{falls}\; x \geq 0 \]
```

die folgende abgesetzte Formel, in der durch die Anweisung \; ein kleiner Zwischenraum erzeugt wurde:

$$f(x) > 0, \text{ falls } x \geq 0$$

2.3.4 Ein abschließendes Beispiel

Obwohl LaTeX noch viele weitere Möglichkeiten zur Gestaltung mathematischer Formeln bietet, kann hier nur noch ein größeres Beispiel angegeben werden, das wesentliche Elemente nochmals zusammenstellt. Dazu betrachten wir die (hoffentlich bekannte) CAUCHY-SCHWARZsche Ungleichung.

Satz 2 (CAUCHY-SCHWARZsche Ungleichung) *Sind die beiden unendlichen Reihen $\sum_{k=0}^\infty a_k^2$ und $\sum_{k=0}^\infty b_k^2$ konvergent, so konvergiert $\sum_{k=0}^\infty a_k b_k$ absolut, und es gilt:*

$$\left| \sum_{k=0}^\infty a_k b_k \right| \leq \sum_{k=0}^\infty |a_k b_k| \leq \left(\sum_{k=0}^\infty a_k^2 \right)^{1/2} \left(\sum_{k=0}^\infty b_k^2 \right)^{1/2}$$

Dieser Satz wurde erzeugt durch:

```
\begin{satz}[{\sc Cauchy-Schwarz}sche Ungleichung]
   Sind die beiden Reihen unendlichen $\sum_{k=0}^\infty
   a_k^2$ und $\sum_{k=0}^\infty b_k^2$ konvergent, so
   konvergiert $\sum_{k=0}^\infty a_k b_k$ absolut, und
   es gilt:
   \[ \left| \sum_{k=0}^\infty a_k b_k \right| \leq
      \sum_{k=0}^\infty |a_k b_k|
      \leq \left( \sum_{k=0}^\infty a_k^2 \right)^{1/2}
      \left( \sum_{k=0}^\infty b_k^2 \right)^{1/2}
   \]
\end{satz}
```

Wichtig ist hierbei, daß im Vorspann durch \newtheorem{satz}{Satz} die neue Struktur für Sätze definiert wurde.

Die Übungen 2.6 und 2.7 dienen dazu, das Setzen mathematischer Ausdrücke zu vertiefen.

2.4 Weitere Konstruktionselemente

Abschließend werden noch einige Zusätze besprochen, mit deren Hilfe man auf Textstellen Bezug nehmen oder neue Umgebungen definieren kann. Es gibt sogar die Möglichkeit, LaTeX-Dokumente in die im Internet verwendete HTML-Sprache zu konvertieren.

2.4.1 Textbezüge („labels")

Durch \label{*markierung*} wird an einer Stelle, typischerweise nach einem Gliederungsbefehl oder in einer Abbildung, eine unsichtbare Markierung angebracht. Mit den Befehlen \ref{*markierung*} oder \pageref{*markierung*} kann dann darauf Bezug genommen werden. Ein Beispiel soll dieses Konzept verdeutlichen. Durch die Anweisung

```
\subsection{Textbezüge (''labels'')} \label{marke}
```
wurde der aktuelle Unterabschnitt mit einer Markierung versehen. Nimmt man durch

```
Dies ist der Abschn.~\ref{marke} auf S.~\pageref{marke}.
```
darauf Bezug, so erhält man: „Dies ist der Abschn. 2.4.1 auf S. 19." Dabei wird ~ anstelle des Leerzeichens verwendet, um einen normalen Zwischenraum zu erzeugen, bei dem zusätzlich keine Zeilentrennung auftreten darf. (Nach einem Punkt wird von LaTeX im Normalfall zusätzlicher Zwischenraum eingefügt.)

Auch auf mathematische Formeln, die durch die equation-Umgebung eine Formelnummer erhalten haben, kann im Text Bezug genommen werden, wie das Beispiel zeigt:

```
Betrachte die quadratische Gleichung
\begin{equation} \label{quad_gl}
  ax^2 + bx + c = 0
\end{equation}
Die Lösungen von (\ref{quad_gl}) sind gegeben durch \ldots
```

$\Longrightarrow$ Betrachte die quadratische Gleichung

$$ax^2 + bx + c = 0 \tag{2.2}$$

Die Lösungen von (2.2) sind gegeben durch …

Bemerkung: Da die Referenzen beim ersten Durchlauf von LaTeX erst angelegt werden, kann es notwendig sein, latex ein zweites Mal aufzurufen, um die Bezüge richtig zu setzen. Dies wird jedoch von LaTeX durch die Meldung „LaTeX Warning: Label(s) may have changed. Rerun to get cross-references right." angezeigt.

2.4.2 Benutzereigene Befehle und Strukturen

LaTeX bietet die Möglichkeit, eigene Makros und Umgebungen zu definieren. Die allgemeine Syntax zur Definition eines eigenen Befehls lautet:

```
\newcommand{\befehl} [arg] {definition}
```
Dabei steht in dem optionalen Argument *arg*, wie viele Parameter der neue Befehl hat.

Im einfachsten Fall definiert man einen neuen Befehl ohne Parameter, etwa so:

```
\newcommand{\xvec}{x_1,\ldots,x_n}
```
Dann führt die Eingabe
```
Der Vektor $\xvec$ sei gegeben.
```
zum Ergebnis: „Der Vektor $x_1,\ldots,x_n$ sei gegeben."

Um diesen Befehl flexibler zu machen, kann man den Bezeichner x sowie die obere Indexgrenze n des Vektors variabel gestalten. Dazu verwendet man einen neuen Befehl, der jetzt von zwei Parametern abhängt:
```
\newcommand{\nvec}[2]{#1_1,\ldots,#1_#2}
```
Dabei spricht man durch #i den i-ten Parameter an. Man kann dann „Die Vektoren $a_1,\ldots,a_n$ und $b_1,\ldots,b_k$ sind gegeben." erzeugen durch
```
Die Vektoren $\nvec{a}{n}$ und $\nvec{b}{k}$ sind gegeben.
```
Nun wird noch gezeigt, wie man eine eigene Umgebung aufbaut. Dazu gibt es den Befehl
```
\newenvironment{umgebung }[arg]{begdef }{enddef }
```
Dabei steht *arg* wieder für die Anzahl der Parameter, die (je in ein { }-Klammerpaar eingeschlossen) an die Umgebung übergeben werden können. Mit *begdef* und *enddef* werden Anweisungen bezeichnet, die am Anfang bzw. am Ende der Umgebung ausgeführt werden.

Möchte man etwa eine eigene Umgebung für Kommentare aufbauen, die auf kleinere kursive Schrift umschaltet und die einzelnen Kommentare mit einer fortlaufenden Nummer versieht, so benötigt man zunächst einen eigenen Zähler für die Kommentarnummer. Dies geschieht durch:
```
\newcounter{zaehler} \setcounter{zaehler}{1}
```
Dann kann man die Kommentar-Umgebung mit obigen Eigenschaften wie folgt definieren:
```
\newenvironment{comment}
   {\par\textbf{Kommentar \arabic{zaehler}:}\small\itshape}
   {\stepcounter{zaehler}\par}
```
Dabei wird der Zählerstand durch \arabic{...} ausgegeben und durch den Befehl \par in der Anfangs- und End-Definition ein neuer Absatz erzeugt. Dann liefert
```
\begin{comment}
   Dies ist ein Beispiel für einen Kommentar.
\end{comment}
```
im Text den folgenden Kommentar:

Kommentar 1: *Dies ist ein Beispiel für einen Kommentar.*

Durch den Befehl \stepcounter{zaehler} in der Definition wird der entsprechende Zähler um 1 erhöht. Folglich bekommt der nächste Kommentar die Nummer 2.

2.4.3 latex2html

Mit `latex2html` gibt es ein Programm, das mit LaTeX erstellte Dokumente in die Sprache HTML (Hypertext Markup Language) transformiert, die im

Internet in Browsern wie Netscape der Standard ist. Dies bietet eine einfache
Möglichkeit, LaTeX-Dokumente im Internet zu veröffentlichen. Ein Beispiel
für ein solches Dokument ist die HM-Aufgabendatenbank der Fakultät Mathematik an der Universität Stuttgart, die man im Internet unter der Adresse

```
http://www.mathematik.uni-stuttgart.de/HM/HMD/
```

findet. Die Erzeugung eines solchen HTML-Dokumentes ist denkbar einfach.
Hat man etwa eine LaTeX-Datei `test.tex`, dann genügt der Aufruf:

```
latex2html test
```

Dadurch wird im aktuellen Verzeichnis ein Unterverzeichnis `test/` angelegt, worin zahlreiche Hilfsfiles und die Datei `test.html` stehen. Diese Datei
`test.html` kann in Netscape geladen werden.

Leider kann man in HTML Formeln (noch) nicht so schön setzen wie in
LaTeX. `latex2html` behilft sich dadurch, daß die Formeln als GIF-Bilder er-
zeugt und in das Dokument eingebunden werden. Ein Beispiel für ein solches
HTML-Dokument, das auch eine Formel enthält, findet man in Abb. 2.3.

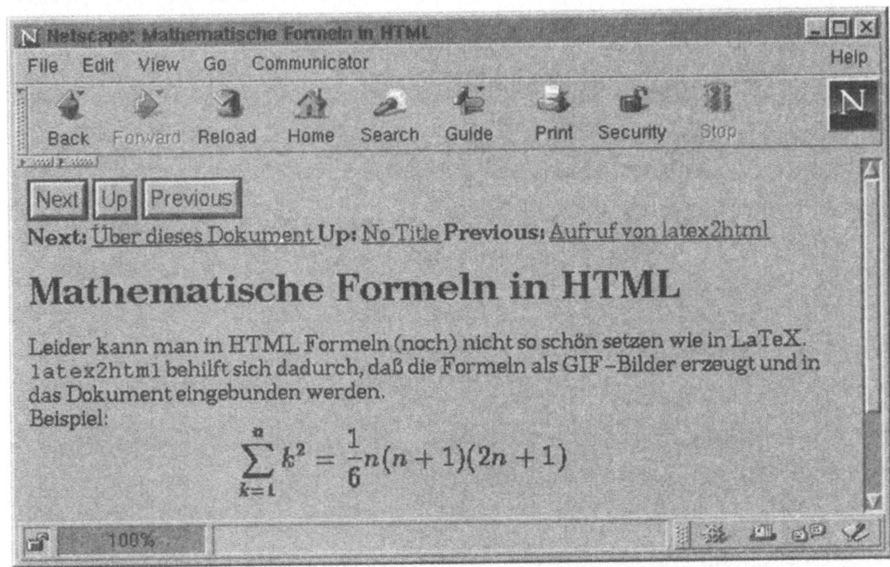

Mathematische Formeln in HTML

$$\sum_{k=1}^{n} k^2 = \frac{1}{6}n(n+1)(2n+1)$$

Abb. 2.3. HTML-Übersetzung eines LaTeX-Dokuments

Übungen

2.1 Reproduzieren Sie das „Hello World"–Beispiel.

2.2 Schreiben Sie mit LaTeX einen Text, den Sie in Kapitel und Abschnitte
gliedern. Lassen Sie automatisch ein Inhaltsverzeichnis erstellen. Heben Sie
einzelne Worte oder Absätze durch eine andere Schriftart oder -größe hervor.

2.3 Schreiben Sie ein LaTeX-Dokument, das Aufzählungen enthält, und verwenden Sie dazu die `itemize`- und `enumerate`-Umgebungen. Wie ändern sich die Markierungen, wenn Sie diese Umgebungen einzeln oder wechselseitig ineinander schachteln?

2.4 Erzeugen Sie mit LaTeX eine Tabelle, etwa einen Stundenplan:

Zeit	Montag	Dienstag	Mittwoch	Donnerstag	Freitag
8^{00}–9^{30}	Analysis Hörsaal 3		Analysis Hörsaal 3		Analysis Hörsaal 3
9^{45}–11^{15}		Numerik Hörsaal 2	Algebra Hörsaal 2	Mathe am Comp. Hörsaal 4	Algebra Hörsaal 2
11^{30}–13^{00}	Informatik Hörsaal 1		Informatik Hörsaal 1	Numerik Hörsaal 2	
14^{00}–15^{30}	Übungen Analysis			Übungen Informatik	Übungen Numerik
15^{45}–17^{15}		Übungen Algebra			

2.5 Binden Sie ein PostScript-Bild in ein LaTeX-Dokument ein. (Falls Ihnen kein Bild vorliegt, können Sie im nächsten Kapitel erfahren, wie man mit MATLAB EPS-Bilder erzeugt.) Verwenden Sie die `figure`-Umgebung und probieren Sie aus, wohin das Bild durch eine Änderung in der Reihenfolge der Positionierungsparameter `h`, `t`, `b` und `p` gleitet.

2.6 Man setze den folgenden Text in LaTeX um:
Berechne den folgenden Grenzwert:

$$\lim_{x \to \infty} \frac{\left(1 + \dfrac{1}{x}\right)^x \left(2 - \dfrac{3}{\sqrt{x}}\right)^3 - 1}{1 + \dfrac{1}{2^x} - \dfrac{2}{\sqrt[4]{x}}}$$

2.7 Unter Verwendung der Bezeichnung $\langle a, b \rangle := [\min(a,b), \max(a,b)]$ setze man den Satz von TAYLOR in LaTeX um:

Satz 3 (Satz von TAYLOR**)** *Die Funktion f besitze auf dem kompakten Intervall $I := \langle x_0, x \rangle$ eine stetige Ableitung n-ter Ordnung, während $f^{(n+1)}$ wenigstens im Innern I° von I vorhanden sei. Dann gibt es in I° mindestens eine Zahl ξ, so daß*

$$f(x) = \sum_{k=0}^{n} \frac{f^{(k)}(x_0)}{k!} (x - x_0)^k + \frac{f^{(n+1)}(\xi)}{(n+1)!} (x - x_0)^{n+1}$$

ist.

2.8 Erzeugen Sie ein LaTeX-Dokument, worin sie auf die Gliederungsbefehle mit Hilfe von `\label` und `\ref` Bezug nehmen. Fügen Sie noch eine abgesetzte Formel mit einer Formelnummer ein, und nehmen Sie auch darauf Bezug. Überprüfen Sie, ob sich dieses Konzept auch bei Regelsätzen anwenden läßt.

2.9 Erzeugen Sie einen neuen Befehl \kasten{ ... }, der den übergebenen
Text kursiv in einer zentrierten gerahmten Box ausgibt. Beispielsweise sollte

```
\kasten{Dieser Text steht in einer gerahmten Box und soll
   die Wirkung des neuen Befehls zeigen.}
```

folgendes Ergebnis liefern:

> *Dieser Text steht in einer gerahmten Box und soll die Wirkung*
> *des neuen Befehls zeigen.*

2.10 Erzeugen Sie einen neuen Befehl `hinweis` für Hinweise, der einen eigenen fortlaufenden Zähler verwaltet und den übergebenen Text kursiv, zentriert und mit doppeltem Rahmen ausgibt. Die Anweisung

```
\hinweis{Dies ist ein Beispiel für einen Hinweis, das die
   Auswirkung des neuen Befehls zeigen soll.}
```

soll die dargestellte Wirkung haben.

> **Hinweis 1:** *Dies ist ein Beispiel für einen Hinweis, das die Aus-*
> *wirkung des neuen Befehls zeigen soll.*

Ein weiterer Hinweis sollte dann das folgende Ergebnis liefern:

> **Hinweis 2:** *Und noch ein Hinweis ...*

2.11 Schreiben Sie eine neue Umgebung `info`, die als Parameter den „Typ"
der Information (z. B. Kommentar, Tip) und den Autor übergeben bekommt.
Innerhalb der Umgebung soll die eigentliche Information stehen. Das Beispiel

Tip (D. Nowottny): *Das Bearbeiten der Übungsaufgaben fördert das Ver-*
ständnis des behandelten Stoffes enorm. Deshalb ist es wichtig, anhand der
Aufgaben eigene Erfahrungen zu sammeln.

sollte durch folgenden Aufruf entstehen:

```
\begin{info}{Tip}{D. Nowottny}
   Das Bearbeiten ... Erfahrungen zu sammeln.
\end{info}
```

2.12 Schreiben Sie ein kleines LaTeX-Dokument und verwenden Sie das Pro-
gramm `latex2html`, um es in HTML zu übersetzen. Starten Sie einen Web-
Browser (z. B. Netscape) und laden Sie das erzeugte .html-File. Wie wirken
sich die LaTeX-Gliederungsbefehle und das Inhaltsverzeichnis in HTML aus?
(Falls der Aufruf von `latex2html` nicht funktioniert, erfragen Sie bitte in der
Benutzerberatung, ob das Programm in Ihrem Rechnerpool installiert ist.)

3. MATLAB

MATLAB steht kurz für *matrix laboratory* und wurde ursprünglich von Cleve Moler entwickelt, um einfache Zugriffsmöglichkeiten auf Matrizen-Software wie LINPACK oder EISPACK zu haben. Inzwischen bietet MATLAB zusätzlich mächtige Visualisierungsmöglichkeiten, eignet sich aber nach wie vor bestens, um Probleme aus der Linearen Algebra oder aus der Numerischen Mathematik am Computer zu lösen. Für MATLAB steht mit [10] eine Studentenversion zur Verfügung.

Mit Octave gibt es auch ein public domain-Programm, das weitgehend dieselbe Funktionalität und Syntax wie MATLAB hat, in der Grafikfähigkeit jedoch etwas eingeschränkt ist. Es kann bei Bedarf im Internet für verschiedene Rechnerarchitekturen bezogen werden.

In diesem Kapitel soll das grundlegende Arbeiten mit MATLAB erlernt werden, wobei wesentliche Befehle und Konzepte dieses Programmsystems vorgestellt werden. Dabei wird in den Übungen anhand zahlreicher Beispiele gezeigt, wie sich das bereits Gelernte mathematisch nutzen läßt. Für eine vollständige Befehlsübersicht sei der Leser auf das Handbuch [10] oder das umfangreiche Online-Hilfesystem verwiesen.

3.1 Motivation

Warum MATLAB und nicht FORTRAN, PASCAL, C, oder eine andere Programmiersprache? Eine Antwort auf diese Frage sollen die folgenden Beispiele motivieren. Ohne an dieser Stelle genau auf die verwendete Syntax einzugehen, sollen sie zeigen, wie einfach der „Einstieg" in MATLAB ist. Zunächst eignet sich MATLAB gut, wenn man mit Matrizen arbeitet. Sie können einfach eingegeben werden, und es existieren viele Funktionen zum Transponieren ('), Multiplizieren (*) oder zur Berechnung der Eigenwerte oder Determinante.

```
>> A = [9 8 7; 6 5 4; 3 2 1]
A =
     9     8     7
     6     5     4
     3     2     1
```

```
>> B = A*A'              >> eig(A)           >> det(A)
B =                      ans =               ans =
     194    122     50       16.1168              0
     122     77     32       -1.1168
      50     32     14       -0.0000
```

Mit MATLAB kann man einfach Grafiken erstellen, wie die beiden folgenden Beispiele zeigen. Zuerst betrachten wir die PASCALsche Schnecke, eine Kurve, die durch

$$t \mapsto c(t) = \begin{pmatrix} 2\cos^2 t + \cos t \\ 2\sin t \cos t + \sin t \end{pmatrix}$$

parametrisiert werden kann. Folgende MATLAB-Befehle definieren die Kurve für $t \in [0, 2\pi]$ und erzeugen das in Abb. 3.1 links dargestellte Bild:

```
>> t = 0:0.01:2*pi;
>> x = 2*cos(t).^2 + cos(t);
>> y = 2*sin(t).*cos(t) + sin(t);
>> plot(x,y)
```

Auch komplizierte 3D-Grafiken lassen sich mit wenig Aufwand erstellen. Der abgebildete „Sombrero" entsteht, wenn man die Funktion $f(r) = \sin(r)/(r+1)$ in Polarkoordinaten $r = \sqrt{x^2 + y^2}$ ausdrückt (siehe Abb. 3.1 rechts).

```
>> [X,Y] = meshgrid(-15:15,-15:15);
>> R = sqrt(X.^2+Y.^2);
>> mesh(sin(R)./(R+1));
```

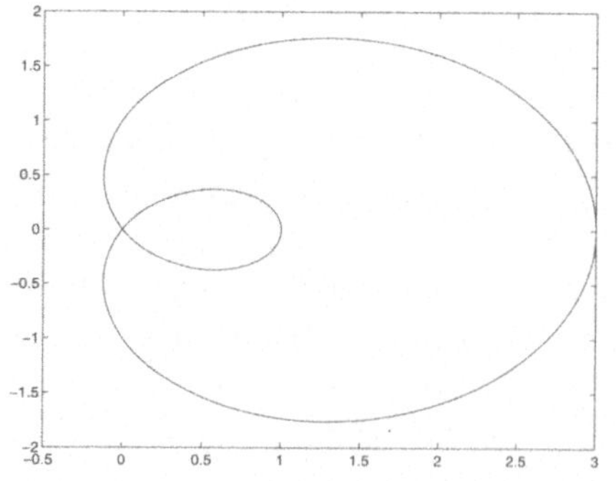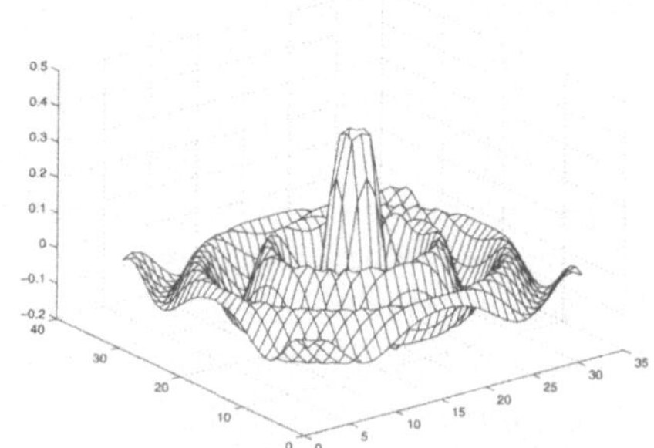

Abb. 3.1. PASCALsche Schnecke und „Sombrero"

Die Beispiele zeigen schon, daß man in MATLAB keine Variablen deklarieren muß (wie etwa in PASCAL oder C), und daß interaktiv Befehle eingegeben werden können.

Im weiteren Verlauf werden Details von MATLAB vorgestellt, wobei die Wirkung zunächst anhand interaktiver Eingaben und der resultierenden Ergebnisse gezeigt wird.

3.2 Grundzüge von MATLAB

Nach dem Aufruf, der durch das Eingeben von `matlab` erfolgt, meldet sich MATLAB mit dem *Prompt* >> und wartet auf eine Eingabe des Benutzers. Anstelle von MATLAB kann auch das public domain Programm Octave verwendet werden, das durch `octave` aufgerufen wird.

3.2.1 Eingabe von Matrizen

Die Matrix stellt den wichtigsten Datentyp in MATLAB dar. Matrizen und Vektoren werden wie folgt in MATLAB eingegeben:

```
>> A = [9 8 7; 6 5 4; 3 2 1]
A =
     9     8     7
     6     5     4
     3     2     1

>> A = [9,8,7
        6,5,4
        3,2,1];
```

Beide Zuweisungen an A sind gleichwertig. Die Zuweisung an eine Variable erfolgt also durch das =-Zeichen. Die Matrizen werden durch eckige Klammern [ ] begrenzt, die Eingabe der Elemente erfolgt zeilenweise, wobei Einträge in einer Zeile durch Komma oder Leerzeichen und die Zeilen durch Semikolon oder die Eingabetaste getrennt werden. In der zweiten Zuweisung unterbleibt die MATLAB-Ausgabe aufgrund des Semikolons am Ende der Eingabe.

Durch Aufrufen einer schon definierten Variable kann man ihren Inhalt anschauen:

```
>> A
A =
     9     8     7
     6     5     4
     3     2     1
```

Bei der Eingabe können auch gleichzeitig einfache Berechnungen durchgeführt werden (`sqrt` berechnet die Quadratwurzel):

```
>> x = [1.5 -sqrt(2),(9+8+7)*6/5]
x =
    1.5000   -1.4142   28.8000
```

Ist eine Eingabezeile zu lang, kann man sie durch ... trennen und in der folgenden Zeile fortfahren:

```
>> c = 1/2 - 1/3 + 1/4 - 1/5 + 1/6 ...
       - 1/7 + 1/8
c =
    0.3655
```

3.2.2 Matrix-Elemente

Auf die Elemente eines Vektors greift man durch Indizierung mit *runden* Klammern ( ) zu. Dabei hat das erste Element die Nummer 1:

```
>> x(2)
ans =
   -1.4142
```

Ebenso kann auch einer bestimmten Komponente eines Vektors ein neuer Wert zugewiesen werden. Achtung: Der Vektor x hat bisher nur 3 Elemente. Was passiert, wenn wir versuchen, der sechsten Komponente $x(6)$ den Betrag der zweiten Komponente zuzuweisen?

```
>> x(6) = abs(x(2))
x =
    1.5000   -1.4142   28.8000        0        0   1.4142
```

Zunächst würde man mit einer Fehlermeldung rechnen. MATLAB verlängert jedoch den Vektor x auf die Länge 6, damit die Zuweisung an diese Komponente sinnvoll wird, und weist unbekannten Komponenten den Wert 0 zu.

Matrizen werden in der Regel doppelt indiziert:

```
>> A(3,1)
ans =
    3
>> A(3,1) = 16
A =
     9     8     7
     6     5     4
    16     2     1
```

In MATLAB können auch mehr als eine Komponente gleichzeitig angesprochen werden; dazu steht „:" für Bereiche bzw. für „alle":

```
>> A = A(1:2,:)
A =
     9     8     7
     6     5     4
```

Die unterschiedlichen Möglichkeiten der Indizierung werden ausführlich in Abschn. 3.4.3 diskutiert.

3.2.3 Variablen und Arbeitsspeicher

Für *Variablennamen* muß das erste Zeichen ein Buchstabe sein, insgesamt
werden maximal 31 Zeichen berücksichtigt, und es dürfen Buchstaben, Ziffern
und _ verwendet werden. Möglich, aber nicht empfehlenswert, wäre somit:

```
>> s_1234567890123456789012345678901234567890123 = 17
s_1234567890123456789012345678901234567890123456789 =
    17
```

Variablen und Funktionsnamen sind *case-sensitive*, d. h. Groß- und Klein-
buchstaben werden unterschieden. Es wurde zwar oben eine Variable c definiert, aber C ist unbekannt. Ebenso werden selbst Funktionsnamen wie **abs**
nicht erkannt, wenn sie mit Großbuchstaben geschrieben werden:

```
>> C
??? Undefined function or variable 'C'.

>> ABS(-4)
??? Undefined variable or capitalized internal function ABS;
Caps Lock may be on.
```

Die spezielle Variable ans: Weist man das Ergebnis einer Berechnung
keiner eigenen Variablen zu, so verwendet MATLAB die interne Variable
ans, mit deren Wert sogar weitergerechnet werden kann (auch wenn das ein
„fürchterlicher Stil" ist):

```
>> 17/4
ans =
    4.2500

>> ans + 1
ans =
    5.2500
```

Inf und NaN: MATLAB kennt zwei Ergebniswerte, die bei Division durch
Null auftreten. Dabei steht **Inf** für ∞ und **NaN** für einen nicht definierten
Ausdruck („Not a Number") .

```
>> s = 1/0
Warning: Divide by zero.
s =
   Inf

>> s = 0/0
Warning: Divide by zero.
s =
   NaN
```

Variablen anzeigen und löschen: In MATLAB kann man sich durch die Befehle who oder whos anzeigen lassen, welche Variablen definiert wurden. Dabei gibt whos noch zusätzliche Angaben wie die Größe einer Matrix an.

Mit clear löscht man einzelne oder alle Variablen. So löscht der Befehl

```
>> clear s_12345678901234567890123456789
```

nur diese Variable, und who liefert:

```
>> who
Your variables are:
A          ans       c        s        x
```

Wir löschen nun die Variablen c und s und erhalten mit whos detaillierte Informationen über die verbleibenden Variablen:

```
>> clear c s
>> whos
  Name       Size          Bytes  Class
  A          3x3              72  double array
  ans        1x1               8  double array
  x          1x6              48  double array
Grand total is 16 elements using 128 bytes
```

Schließlich löscht clear alle Variablen:

```
>> clear
>> who
```

3.2.4 Zahlen und Ausgabeformate

Wir untersuchen, wie Zahlen, Vektoren und Matrizen von MATLAB dargestellt werden.

Ganze Zahlen, Brüche und Maschinenzahlen: Brüche und Wurzeln werden automatisch durch Maschinenzahlen dargestellt:

```
>> M = [1 2/3; 1.2345e-6 sqrt(2)]
M =
    1.0000    0.6667
    0.0000    1.4142
```

Selbstverständlich treten dabei Rundungsfehler auf, so daß beispielsweise $\sqrt{2}$ nur approximiert dargestellt werden kann.

Komplexe Zahlen: Eine komplexe Zahl wird in MATLAB üblicherweise in der Form $a + ib$ geschrieben. Beim Aufruf sind i, j, I und J als $\sqrt{-1}$ vordefiniert.

```
>> sqrt(-1)
ans =
        0 + 1.0000i
```

```
>> z = 3 + 4*i
z =
   3.0000 + 4.0000i
```

Befehle zum Arbeiten mit komplexen Zahlen findet man in Kapitel 3.5.5.

Ausgabeformate: Intern wird stets mit einem „langen" 16-stelligen Zahlenformat gerechnet, wobei auch alle Ziffern dargestellt werden können:

```
>> format long
>> M
M =
   1.00000000000000   0.66666666666667
   0.00000123450000   1.41421356237310

>> format short e, M
M =
   1.0000e+00   6.6667e-01
   1.2345e-06   1.4142e+00

>> format short
```

Ferner gibt es noch Formate wie `format bank`, `format hex`, oder `format +`.

3.2.5 Online-Hilfe

MATLAB und Octave verfügen über ein umfangreiches Hilfesystem; MATLAB bietet zusätzlich noch eine exzellente Online-Einführung sowie in den neueren Versionen mit `helpdesk` eine Einführung im HTML-Format unter Verwendung eines Web-Browsers. Eine Übersicht über mögliche Befehle zur Online-Hilfe findet man in Tabelle 3.1.

Tabelle 3.1. Aufruf der Online-Hilfe in MATLAB

Aufruf	Bedeutung
`demo`, `tour`	interaktive Einführung
`help`	Hilfesystem: allgemeine Hilfe
`help` *Befehl*	Hilfe zu einem bestimmten Befehl, z. B. `help eig`
`helpwin`	Fenster, in dem man ein Thema auswählen kann, zu dem man Hilfe wünscht
`helpdesk`	Umfangreiches HTML-Hilfesystem im Web-Browser

3.2.6 Speichern und Verlassen

Vor dem Verlassen von MATLAB durch quit kann man mit save (bzw. save *Filename*) noch seine Daten abspeichern.

```
>> save                        >> %M,z in daten.mat speichern
Saving to: matlab.mat          >> save daten M z

>> clear
>> who

>> load                        >> % aus daten.mat laden
Loading from: matlab.mat       >> load daten

>> who
   ...
>> quit
```

Hinter dem %-Zeichen kann man übrigens wie oben Kommentare eingeben, die von MATLAB nicht bearbeitet werden.

3.2.7 Betriebssystem-Befehle

In MATLAB und Octave können Befehle wie ls, cd oder pwd mit derselben Bedeutung wie im Betriebssystem, etwa UNIX (siehe Kap. A im Anhang), direkt eingegeben werden. MATLAB bietet die Möglichkeit, auch komplizierte Betriebssystem-Befehle durch Voranstellen von ! einzugeben. In Octave muß dazu der Befehl in den Funktionsaufruf system „eingepackt" werden. Als Beispiel soll dateiA nach dateiB kopiert werden:

```
MATLAB:      !cp dateiA dateiB
Octave:      system("cp dateiA dateiB")
```

In Aufgabe 3.1 können Sie das Gelernte nochmals zusammenfassend üben.

3.3 Matrix-Arithmetik

In diesem Abschnitt werden Operationen wie die Matrixmultiplikation und -addition, das Berechnen von Eigenwerten und -vektoren und das Lösen linearer Gleichungssysteme eingeführt.

3.3.1 Transponieren

Matrizen und Vektoren werden in MATLAB durch ' transponiert. Die Matrix *A*, die unten definiert wird, wird im gesamten Abschnitt verwendet werden.

```
>> A = [1 2 3; 4 5 6; 7 8 0]
A =
     1     2     3
     4     5     6
     7     8     0

>> B = A'
B =
     1     4     7
     2     5     8
     3     6     0

>> x = [-2 -1 3]'
x =
    -2
    -1
     3
```

Für komplexe Zahlen bedeutet ' das Konjugieren der Zahl, also $z' = \bar{z}^t$. In Kapitel 3.5.5 findet man mehr zu komplexen Zahlen.

3.3.2 Addition und Subtraktion

Die Grundrechenarten können mit den üblichen Operator-Symbolen aufgerufen werden, wobei selbstverständlich die Matrix-Dimensionen kompatibel sein müssen:

```
>> C = A + B
C =
     2     6    10
     6    10    14
    10    14     0

>> A + x
??? Error using ==> +
Matrix dimensions must agree.

>> y = x + 1
y =
    -1
     0
     4
```

Das letzte Beispiel zeigt, daß eine Zahl (komponentenweise) zu Vektoren und analog auch zu Matrizen addiert werden darf.

3.3.3 Multiplikation

Matrix∗Matrix und Matrix∗Vektor:

```
>> A*B                          >> v = A*x
ans =                           v =
    14    32    23                   5
    32    77    68                   5
    23    68   113                 -22
```

Skalarprodukt: Das Skalarprodukt zweier Vektoren $\langle \mathbf{x}, \mathbf{y} \rangle = \sum_i x_i y_i$ wird in MATLAB durch die Matrixmultiplikation $\mathbf{x}^t \mathbf{y}$ realisiert:

```
>> x'*y
ans =
    14
```

Für das Kreuzprodukt $\mathbf{x} \times \mathbf{y}$ gibt es keine eigene MATLAB-Funktion; man vergleiche jedoch Übung 3.19.

Dyadisches Produkt: Das dyadische Produkt ist die Multiplikation eines Spalten- mit einem Zeilenvektor und erzeugt Matrizen mit Rang 1. Es wird häufig verwendet, um bestimmte Matrizen aufzubauen.

```
>> x*y'                         >> y*x'
ans =                           ans =
     2     0    -8                   2     1    -3
     1     0    -4                   0     0     0
    -3     0    12                  -8    -4    12
```

3.3.4 Matrix-Potenz

Für Produkte der Form $A * \cdots * A$ darf kurz A^k geschrieben werden:

```
>> A*A*A                        >> A^3
ans =                           ans =
   279   360   306                 279   360   306
   684   873   684                 684   873   684
   738   900   441                 738   900   441
```

3.3.5 Matrix-Division

Die Bedeutung der Operatoren +, - und * ist offensichtlich. Was bedeutet jedoch `A/b` oder `A\b`? Matrix-Division bedeutet das Lösen eines linearen Gleichungssystems (LGS) im folgenden Sinne:

> **Merke:** $\mathbf{x}$ = `A\b` *ist Lösung von* $A\mathbf{x} = \mathbf{b}$.
> $\mathbf{x}$ = `b/A` *ist Lösung von* $\mathbf{x}A = \mathbf{b}$.

Oben wurde $\mathbf{v} = A\mathbf{x}$ definiert. Das LGS $A\mathbf{z} = \mathbf{v}$ muß also die Lösung $\mathbf{z} = \mathbf{x}$ haben:

```
>> z = A\v
z =
   -2.0000
   -1.0000
    3.0000
```

Bemerkung: Für nicht-quadratische $m \times n$-Matrizen A berechnet MATLAB eine „least squares"-Lösung des über- oder unterbestimmten Gleichungssystems $Ax = \mathbf{b}$, d. h. für die Lösung $\mathbf{x}_*$ gilt: $\mathbf{x}_* = \arg\min \|Ax - \mathbf{b}\|_2$.

3.3.6 Elementare Matrix-Funktionen

Charakteristisches Polynom: Das charakteristische Polynom einer Matrix, $p(\lambda) := \det(A - \lambda E)$, wird durch den Befehl `poly` berechnet:

```
>> poly(A)
ans =
    1.0000   -6.0000   -72.0000   -27.0000
```

Diesen Vektor muß man als Koeffizienten des charakteristischen Polynoms in der Monombasis auffassen:

$$p(\lambda) = 1 \cdot \lambda^3 - 6 \cdot \lambda^2 - 72 \cdot \lambda - 27$$

Determinante und Spur einer Matrix: Mit den Befehlen `det` und `trace` werden Determinante und Spur einer Matrix berechnet, wobei $\mathrm{Spur}(A) := \sum_i a_{i,i}$.

```
>> det(A)              >> trace(A)
ans =                  ans =
    27                     6
```

Inverse einer Matrix: Die Inverse einer Matrix wird mit Hilfe des Befehls `inv` berechnet, wobei MATLAB eine Warnung für singuläre Matrizen ausgibt. Wegen $A \cdot A^{-1} = E$ sollte auch in MATLAB `A*inv(A)` die Einheitsmatrix ergeben:

```
>> inv(A)
ans =
   -1.7778    0.8889   -0.1111
    1.5556   -0.7778    0.2222
   -0.1111    0.2222   -0.1111

>> A*inv(A)
ans =
    1.0000    0.0000         0
    0.0000    1.0000    0.0000
    0.0000   -0.0000    1.0000
```

Eigenwerte und Eigenvektoren: Der Befehl `eig` kann entweder mit nur einem oder mit zwei Ausgabeparametern aufgerufen werden. Er liefert dann entweder nur einen Vektor, der die Eigenwerte enthält, oder zwei Matrizen, die die normierten Eigenvektoren in den Spalten beziehungsweise die zugehörigen Eigenwerte auf der Diagonale enthalten.

```
>> [EV,EW] = eig(A)
EV =
    0.7471   -0.2998   -0.2763
   -0.6582   -0.7075   -0.3884
    0.0931   -0.6400    0.8791
EW =
   -0.3884         0         0
         0   12.1229         0
         0         0   -5.7345
```

Rang und Kern: Die bisherige Matrix A hatte vollen Rang und somit nur den trivialen Kern **0**. Deshalb wird zunächst ein Element geändert, um den Rang zu verkleinern und gleichzeitig die Dimension des Kerns zu erhöhen. Dabei ist $\mathrm{Kern}(A) := \{\mathbf{x} : A\mathbf{x} = \mathbf{0}\}$. In MATLAB wird der Rang mit `rank` und der normierte Kern (englisch: nullspace) mit `null` berechnet:

```
>> A(3,3) = 9
A =
    1    2    3
    4    5    6
    7    8    9

>> rank(A)   % Rang
ans =
    2

>> null(A)   % Kern           >> A*[1;-2;1]
ans =                         ans =
    0.4082                        0
   -0.8165                        0
    0.4082                        0
```

Die Probe zeigt, daß die Elemente von $\mathrm{Kern}(A)$ tatsächlich auf den Nullvektor abgebildet werden.

In Übung 3.2 bis 3.5 finden Sie Anwendungen zu den bisher vorgestellten Befehlen.

3.4 Matrix-Operationen

Wir stellen nun einige Befehle zusammen, um Matrizen zu erzeugen, zu indizieren und Einträge zu löschen.

3.4.1 Vektoren erzeugen

Zwar wurde schon zu Beginn auf die Eingabe von Matrizen und Vektoren eingegangen, hier werden aber weitere Möglichkeiten vorgestellt. So kann durch „:" ein Bereich, sogar mit variabler Schrittweite, eingegeben werden. Geht die Schrittweite „in die falsche Richtung", so wird ein leerer Vektor erzeugt:

```
>> v = 1:6
v =
     1     2     3     4     5     6

>> w = -pi:pi/2:pi
w =
   -3.1416   -1.5708        0   1.5708   3.1416

>> x = 3:-0.5:1
x =
    3.0000    2.5000    2.0000    1.5000    1.0000

>> y = 6:-1:10              >> y = 10:6
y =                        y =
   Empty matrix: 1-by-0       Empty matrix: 1-by-0
```

Der Befehl `linspace` erzeugt einen äquidistanten Vektor, für den Anfangs- und Endwert sowie die Anzahl der Werte vorgegeben werden. (Im Gegensatz hierzu generiert der Befehl `logspace` einen Vektor, dessen Einträge logarithmischen Abstand haben.)

```
>> z = linspace(0,pi/2,4)
z =
        0    0.5236    1.0472    1.5708
```

3.4.2 Vergrößern von Matrizen

Neue Matrizen können aus alten zusammengesetzt werden, falls die Dimensionen kompatibel sind. Im Beispiel wird neben eine 3×3-Matrix ein Spaltenvektor mit 3 Komponenten gesetzt. Neu angefügte Zeilen müssen dadurch genau 4 Spalten erhalten:

```
>> A = [1 2 3;4 5 6;7 8 9]; b = [-1;-2;-3]; c = [0 0 0];
>> M = [ A b ; -4 c ]
M =
     1     2     3    -1
     4     5     6    -2
     7     8     9    -3
    -4     0     0     0
```

3.4.3 Indizierung

Üblicherweise wird auf Matrizen durch doppelte Indizierung zugegriffen, etwa auf unsere Matrix A:

```
>> A(3,3) = A(1,3)*A(3,1)
A =
     1     2     3
     4     5     6
     7     8    21
```

Die Indizierung einer Matrix kann auch durch einen Vektor erfolgen, der angibt, welche Zeilen oder Spalten in welcher Reihenfolge ausgewählt werden:

```
>> A(:,2:3)              >> A(2:3,:)
ans =                    ans =
     2     3                  4     5     6
     5     6                  7     8    21
     8    21
```

```
>> B = A(:,[3 2 1])     % tausche Reihenfolge der Spalten
B =
     3     2     1
     6     5     4
    21     8     7
```

```
>> C = A(1:2,[1 1 2 3 2 3])   % verdopple Spalten
C =
     1     1     2     3     2     3
     4     4     5     6     5     6
```

Eine weitere Möglichkeit ist, Matrizen (wie in FORTRAN) nur einfach zu indizieren. Dazu muß man sich die Matrix als langen Vektor der aneinandergesetzten Spalten vorstellen. (In Octave muß man hierzu die Variable `do_fortran_indexing` auf 1 setzen.) Mit der Anweisung `A(:)` kann man zwischen der Darstellung als Matrix und Vektor hin- und herschalten.

```
>> A(7)
ans =
     3
```

```
>> b = A(:)             >> A(:) = 5:-1:-3
b =                     A =
     1                       5     2    -1
     4                       4     1    -2
     7                       3     0    -3
     2
     5
```

```
         8
         3
         6
        21
```

Mit Hilfe der Befehle `size` und `length` kann man die Größe von Matrizen und Vektoren abfragen. Für Matrizen liefert `length` dabei das Maximum der Zeilen- und Spaltenanzahl.

```
>> [m,n] = size(C)
m =
     2
n =
     6
```

```
>> length(C)              >> length(C')
ans =                     ans =
     6                         6
```

Schließlich dient **end** dazu, vereinfacht bis zum letzten Element zu indizieren:

```
>> C(:,3:end)             >> % statt b(7:length(b)):
ans =                     >> b(7:end)
     2    3    2    3     ans =
     5    6    5    6          3    6   21
```

3.4.4 Indizierung mit 0–1 und Löschen

Eine weitere Möglichkeit ist, durch einen booleschen Vektor zu indizieren. Dabei wird eine Variable x durch den Befehl `logical(x)` zu einem booleschen Vektor, bei dem 0 für „falsch" (*false*) und 1 für „wahr" (*true*) stehen. Indiziert man beispielsweise die Zeilen einer $m \times n$-Matrix mit einem booleschen Vektor der Länge m, werden genau die Zeilen ausgewählt, für die im Vektor eine 1 steht. Die Indizierung mit `logical([1 0 1])` bedeutet somit, daß die erste und dritte Zeile ausgewählt werden sollen, während die zweite Zeile gestrichen wird. Ein explizites Streichen kann auch mit Hilfe des leeren Vektors `[ ]` vorgenommen werden.

```
>> A = [1 2 3;4 5 6;7 8 9];
>> A(logical([1 0 1]),:)     >> A(2,:) = []
ans =                        A =
     1    2    3                  1    2    3
     7    8    9                  7    8    9
```

In Abschn. 3.5.2 findet man mehr zu booleschen Variablen.

3.4.5 Spezielle Matrizen

Die Befehle **zeros**, **ones**, **rand** und **eye** erzeugen Matrizen aus Nullen bzw. Einsen, Zufallsmatrizen oder Einheitsmatrizen in der vorgeschriebenen Größe. Die Zufallszahlen liegen dabei im Intervall $[0, 1)$.

```
>> zeros(3,4)              >> ones(3)
ans =                      ans =
     0     0     0     0        1     1     1
     0     0     0     0        1     1     1
     0     0     0     0        1     1     1

>> R = rand(3)             >> eye(4,3)
R =                        ans =
    0.2190  0.6789  0.4621     1     0     0
    0.0470  0.6793  0.9725     0     1     0
    0.1218  0.2416  0.3501     0     0     1
                               0     0     0
```

Mit **diag** kann auf die Hauptdiagonale einer Matrix zugegriffen werden. Erhält **diag** ein zweites Argument, so können auch Nebendiagonalen angesprochen werden. Dabei bezeichnet +k (-k) die k-te Nebendiagonale oberhalb (unterhalb) der Hauptdiagonalen:

```
>> diag(R)        >> diag(R,1)        >> diag(R,-1)
ans =             ans =               ans =
    0.2190            0.6789              0.0470
    0.6793            0.9725              0.2416
    0.3501
```

Umgekehrt kann mit dem Befehl **diag** aus einem Vektor eine Diagonalmatrix aufgebaut werden:

```
>> diag([1 2 3])          >> diag([1 2 3],1)
ans =                     ans =
     1     0     0            0     1     0     0
     0     2     0            0     0     2     0
     0     0     3            0     0     0     3
                             0     0     0     0
```

3.4.6 Manipulation

Schließlich gibt es noch einige Befehle, mit denen die Struktur einer Matrix verändert werden kann. Der Befehl **rot90** dreht die Matrix um 90 Grad in mathematisch positiver Richtung:

```
>> A = [1 2 3;4 5 6;7 8 9]      >> rot90(A)
A =                             ans =
     1      2      3                 3      6      9
     4      5      6                 2      5      8
     7      8      9                 1      4      7
```

Die Befehle `fliplr` bzw. `flipud` invertieren die Reihenfolge der Spalten bzw.
Zeilen einer Matrix:

```
>> fliplr(A)                    >> flipud(A)
ans =                           ans =
     3      2      1                 7      8      9
     6      5      4                 4      5      6
     9      8      7                 1      2      3
```

Mit den Befehlen `tril` bzw. `triu` wird lediglich der Teil der Matrix unter bzw.
über der Hauptdiagonalen ausgewählt und der Rest mit Nullen aufgefüllt.
Auch hier kann durch ein zweites Argument eine Nebendiagonale statt der
Hauptdiagonalen verwendet werden:

```
>> tril(A)                      >> tril(A,-1)
ans =                           ans =
     1      0      0                 0      0      0
     4      5      0                 4      0      0
     7      8      9                 7      8      0

>> triu(A)                      >> triu(A,1)
ans =                           ans =
     1      2      3                 0      2      3
     0      5      6                 0      0      6
     0      0      9                 0      0      0
```

Mit **reshape** kann man eine Matrix in eine andere Form bringen, wobei die
Elemente spaltenweise nacheinander betrachtet werden:

```
>> reshape(A,1,9)
ans =
     1    4    7    2    5    8    3    6    9
```


3.5 Komponentenweise und spaltenweise Operationen

In diesem Abschnitt untersuchen wir Operatoren und Befehle, die komponentenweise auf den Einträgen von Matrizen und Vektoren oder spaltenweise
auf den Spaltenvektoren von Matrizen arbeiten.

3.5.1 Array- oder .-Operatoren

Im Gegensatz zur Matrix-Operation * wirkt die Array-Operation .* komponentenweise, wobei die Formate auch hier kompatibel sein müssen.

```
>> x = [1 3 5];
>> y = [2 4 6];
>> z = x.*y
z =
     2    12    30
```

Analog können auch Vektoren und Matrizen elementweise dividiert und potenziert werden, wobei bei der Division noch durch die Wahl von / oder \ bestimmt werden kann, die Elemente welches Vektors im Zähler stehen.

```
>> z = x./y    % Vektor x als Zähler
z =
    0.5000    0.7500    0.8333

>> z = x.\y    % Vektor y als Zähler
z =
    2.0000    1.3333    1.2000

>> z = x.^y
z =
         1        81     15625

>> z = x.^2
z =
     1     9    25

>> z = 2.^[x y]
z =
     2     8    32     4    16    64
```

3.5.2 Boolesche Variablen

Das Ergebnis einer logischen Abfrage (wie etwa durch <) ist ein boolescher Aussagewert: eine Aussage ist wahr oder falsch. In MATLAB wird dies durch Zahlenwerte wiedergegeben. Dabei wird in MATLAB „wahr" (*true*) durch 1 und „falsch" (*false*) durch 0 dargestellt. An Vergleichsoperatoren stehen dabei <, <=, >, >=, == und ~= zur Verfügung. Die logische Abfrage auf Gleichheit erfolgt dabei durch ==, auf Ungleichheit durch ~=, und das Ergebnis ist jeweils eine logische Variable:

```
>> 1+4 == 5               >> 1+4 ~= 5
ans =                     ans =
     1                         0
```

Diese Operatoren wirken komponentenweise, wenn sie auf Matrizen angewendet werden. Dies soll anhand eines Beispiels verdeutlicht werden: wir suchen alle Komponenten einer „zufälligen" Matrix, die durch 4 teilbar sind. Dabei wird die Funktion **rem** verwendet, die den Rest (*remainder*) bei einer Division ausgibt. (Durch **magic** wird ein „magisches Quadrat" mit gleichen Spalten- und Zeilensummen erzeugt.)

```
>> A = magic(4)
A =
    16     2     3    13
     5    11    10     8
     9     7     6    12
     4    14    15     1

>> P = rem(A,4)    % Rest bei Division durch 4
P =
     0     2     3     1
     1     3     2     0
     1     3     2     0
     0     2     3     1

>> Q = (P == 0)    % Wo ist dieser Rest 0?
Q =
     1     0     0     0
     0     0     0     1
     0     0     0     1
     1     0     0     0
```

An den Indexpaaren (i, j), an denen $Q(i, j) = 1$ ist, stehen in A Einträge, die durch 4 teilbar sind.

3.5.3 Logische Operatoren &, |, $\sim$

Die booleschen Werte können durch die Operatoren „und" (&), „oder" (|) und „nicht" ($\sim$) verknüpft werden. Dabei liefert die &-Verknüpfung genau dann wahr, wenn beide Teilaussagen wahr sind; bei der |-Verknüpfung ist das Ergebnis wahr, wenn mindestens eine Teilaussage wahr ist.

```
>> 1==1 & 1==2            >> 1==1 | 1==2
ans =                     ans =
    0                         1
```

Durch Klammerung kann eine Auswertungsreihenfolge erzwungen werden, wobei ohne Klammern von links nach rechts ausgewertet wird:

```
>> 1==2 & 2==3 | 1<2      >> 1==2 & (2==3 | 1<2)
ans =                     ans =
    1                         0
```

Auch diese Operatoren können komponentenweise verwendet werden, wozu wir wieder die obige Matrix A verwenden. Wir suchen diejenigen Matrixeinträge, die > 12 oder ≤ 4 sind:

```
>> A                          >> (A > 12) | (A <= 4)
A =                           ans =
    16     2     3    13           1     1     1     1
     5    11    10     8           0     0     0     0
     9     7     6    12           0     0     0     0
     4    14    15     1           1     1     1     1
```

3.5.4 Sortieren und Suchen

Wir betrachten im folgenden zusätzlich den Vektor **x**:

```
>> x = [-2 3 2 3 -4 0]
x =
    -2     3     2     3    -4     0
```

Mit dem Befehl **sort** läßt sich **x** sortieren, wobei zusätzlich noch der Index im unsortierten Vektor ausgegeben werden kann. Wendet man **sort** auf eine Matrix A an, so operiert der Befehl auf den Spaltenvektoren von A.

```
>> sort(x)                    >> sort(A)
ans =                         ans =
    -4  -2   0   2   3   3          4     2     3     1
                                    5     7     6     8
>> [s,IND] = sort(x)                9    11    10    12
s =                                16    14    15    13
    -4  -2   0   2   3   3
IND =
     5   1   6   3   2   4
```

Mit **find** bekommt man die Indizes von Elementen, auf die eine gewisse Eigenschaft zutrifft. Dabei steht **find(x)** kurz für **find(x~=0)**. Die Befehle **any** und **all** repräsentieren die Quantoren $\exists$ und $\forall$ und liefern als Ergebnis wieder einen booleschen Wert.

```
>> find(x == 3)               >> find(x)
ans =                         ans =
     2   4                         1   2   3   4   5

>> any(x < 0)                 >> all(x >= 0)
ans =                         ans =
     1                             0
```

Dabei liefert der **any**-Befehl hier ein wahres Ergebnis, da es in **x** Elemente < 0 gibt. Somit ist die Aussage: „Alle Komponenten von **x** sind > 0" falsch, und der **all**-Befehl liefert 0.

3.5.5 Mathematische Funktionen

Elementare mathematische Funktionen: An elementaren Funktionen stehen in MATLAB z. B. `sin, cos, tan, asin,` ... , `sinh,` ... , `asinh,` ... , `sqrt, exp, log` und `log10` zur Verfügung. Sie arbeiten komponentenweise auf Matrizen, etwa auf einer 2×3 Zufallsmatrix mit Werten in $[\,0, 2\pi\,)$:

```
>> A = rand(2,3)*2*pi
A =
      3.2636      0.2172      3.3282
      5.2211      0.3359      4.2170

>> sin(A)
ans =
     -0.1217      0.2155     -0.1855
     -0.8734      0.3296     -0.8798
```

Funktionen zum Runden: Wir betrachten den Vektor `x`:

```
>> x = -2:1.4:3
x =
     -2.0000     -0.6000      0.8000      2.2000
```

Neben der Ausgabe des Vorzeichens (`sign`) kann `x` gezielt zur nächsten ganzen Zahl, nach unten oder nach oben gerundet werden (`round`, `floor`, `ceil`). Auch ein Abschneiden der Nachkommastellen ist möglich (`fix`).

```
>> sign(x)
ans =
    -1   -1    1    1
```

```
>> round(x)              >> fix(x)
ans =                    ans =
    -2   -1    1    2        -2    0    0    2
```

```
>> floor(x)              >> ceil(x)
ans =                    ans =
    -2   -1    0    2        -2    0    1    3
```

Komplexe Zahlen: Einige Bemerkungen zu komplexen Zahlen, die in Abschn. 3.2.4 schon kurz eingeführt wurden, schließen diesen Abschnitt ab. Zunächst geben wir eine komplexe Zahl ein:

```
>> z = 5 + 2*i
z =
      5.0000 + 2.0000i
```

Man beachte, daß die Voreinstellung von `i` als $\sqrt{-1}$ überschrieben werden kann. Sie kann aber jederzeit als `sqrt(-1)` wieder hergestellt werden:

```
>> i = 2;
>> z = 5 + 2*i
z =
     9


>> z = 5 + 2*sqrt(-1)
z =
   5.0000 + 2.0000i
```

Die Funktionen für komplexe Zahlen, wie abs oder imag, arbeiten komponentenweise. Deshalb wird zuerst ein komplexer Zufallsvektor definiert:

```
>> z = rand(1,2) + sqrt(-1)*rand(1,2)
z=
     0.6868 + 0.9304i   0.5890 + 0.8462i
```

```
>> real(z)  % Realteil          >> imag(z)  % Imaginaerteil
ans =                           ans =
   0.6868    0.5890                0.9304    0.8462

>> abs(z)   % Betrag            >> angle(z) % Winkel
ans =                           ans =
   1.1564    1.0310                0.9349    0.9627

>> sqrt(z)  % Wurzel
ans =
   0.9600 + 0.4846i   0.9000 + 0.4701i
```

Für eine komplexe Zahl $z = a + ib$ liefert das Transponieren mit ' die konjugiert komplexe Zahl $\bar{z} = a - ib$, analog für komplexe Vektoren. Soll ein Vektor mit den konjugiert komplexen Elementen erzeugt werden, ist der Befehl conj zu verwenden. Soll hingegen aus einem komplexen Zeilenvektor ein Spaltenvektor gemacht werden (oder umgekehrt), ohne zu konjugieren, kann dies mit .' erreicht werden. Für unseren Vektor $z = [0.6868+0.9304i, 0.5890+0.8462i]$ liefern diese Befehle:

```
>> conj(z)
ans =
   0.6868 - 0.9304i   0.5890 - 0.8462i


>> z'                           >> z.'
ans =                           ans =
   0.6868 - 0.9304i                0.6868 + 0.9304i
   0.5890 - 0.8462i                0.5890 + 0.8462i
```

3.5.6 Spaltenweise Funktionen

Die Funktionen, die in diesem Abschnitt vorgestellt werden, arbeiten im Normalfall auf den Spalten einer Matrix. Wir geben zwei Zufallsmatrizen A und B vor:

```
>> A = round(10*rand(3,4))      >> B = round(10*rand(3,4))
A =                             B =
     2     7     4     1              5     5     8     4
     0     9     8     5              4     2     0     8
     7     4     0     7              8     7     7     5
```

Die Befehle max und min ermitteln das Maximum bzw. Minimum jeder Spalte:

```
>> max(A)                       >> min(A)
ans =                           ans =
     7     9     8     7              0     4     0     1
```

Mit max(A,B) und min(A,B) erhält man komponentenweise das Maximum bzw. Minimum beider Matrizen:

```
>> max(A,B)                     >> min(A,B)
ans =                           ans =
     5     7     8     4              2     5     4     1
     4     9     8     8              0     2     0     5
     8     7     7     7              7     4     0     5
```

Benötigt man diese Funktionen für die Zeilen anstelle der Spalten, so muß man den Befehl durch max(A,[],2) auf die zweite Dimension anwenden. Der Befehl max(A,2) wirkt hingegen nicht auf die zweite Dimension, sondern ermittelt komponentenweise das Maximum von A und der Zahl 2:

```
>> max(A,[],2)                  >> max(A,2)
ans =                           ans =
     7                               2     7     4     2
     9                               2     9     8     5
     7                               7     4     2     7
```

Es gibt noch weitere spaltenweise Funktionen: während mean das arithmetische Mittel berechnet, ermittelt median den mittleren der Werte (bei ungerader Anzahl) bzw. das arithmetische Mittel der beiden mittleren Werte (bei gerader Anzahl). Für die Spalten verwendet man diese Funktionen, indem man als zweites Argument die Dimension übergibt, in deren Richtung gerechnet werden soll, also 2 für die Spalten. (In MATLAB können auch „Matrizen" erzeugt werden, die mehr als zwei Dimensionen haben. Darauf soll hier aber nicht weiter eingegangen werden.) Beispielsweise berechnet mean(A,2) das arithmetische Mittel der Spalten:

```
>> mean(A)
ans =
    3.0000    6.6667    4.0000    4.3333
```

```
>> median(A)
ans =
     2    7    4    5
```

```
>> mean(A,2)                    >> median(A,2)
ans =                          ans =
    3.5000                         3.0000
    5.5000                         6.5000
    4.5000                         5.5000
```

Mit **sum** und **prod** wird die Summe bzw. das Produkt in einer Spalte berechnet; **cumsum** und **cumprod** liefern die jeweils kumulierten Größen. Alle Befehle lassen sich analog auch auf die Spalten anwenden:

```
>> sum(A)                       >> prod(A)
ans =                          ans =
     9   20   12   13              0  252    0   35
```

```
>> sum(A,2)                     >> prod(A,2)
ans =                          ans =
    14                             56
    22                              0
    18                              0
```

```
>> cumsum(A)                    >> cumprod(A)
ans =                          ans =
     2    7    4    1              2    7    4    1
     2   16   12    6              0   63   32    5
     9   20   12   13              0  252    0   35
```

Schließlich bildet **diff** die Differenz zweier Zeilen einer Matrix.

```
>> diff(A)
ans =
    -2    2    4    4
     7   -5   -8    2
```

Die Befehle **sort**, **any** und **all**, die in Abschn. 3.5.4 eingeführt wurden, operieren auch spaltenweise, wenn Sie auf Matrizen angewendet werden.

Die vorgestellten Konzepte und Befehle sollten nun mit Hilfe der Übungen 3.6 bis 3.12 gefestigt werden.

3.6 Polynome

Wir betrachten das Polynom p mit

$$p(x) = x^2 - 3x + 2 = (x-1)(x-2)$$

In MATLAB wird es durch den Koeffizientenvektor p bezüglich der Monombasis dargestellt. Dann kann man mit `roots` die Nullstellen des Polynoms ermitteln und umgekehrt aus den Nullstellen mit `poly` wieder das Polynom erzeugen:

```
>> p = [1 -3 2]
p =
   1    -3     2

>> r = roots(p)              >> poly(r)
r =                          ans =
   2                            1    -3     2
   1
```

Multiplikation und Division: Wir multiplizieren $p(x)$ mit dem Polynom $q(x) = x - 3$:

$$(x^2 - 3x + 2) \cdot (x - 3) = x^3 - 6x^2 + 11x - 6$$

Polynomendivision von p mit q liefert x Rest 2:

$$x^2 - 3x + 2 = x \cdot (x - 3) + 2$$

In MATLAB wird die Multiplikation mit `conv` (*convolution*), die Division mit `deconv` (*deconvolution*) aufgerufen. Man erhält wiederum Vektoren, die als Koeffizienten aufzufassen sind:

```
>> q = [1 -3];
>> z = conv(p,q)             >> [quot,rest] = deconv(p,q)
z =                          quot =
   1    -6    11    -6          1     0
                             rest =
                                0     0     2
```

Auswerten: Die Auswertung eines Polynoms geschieht durch den Befehl `polyval` und kann simultan für einen ganzen Vektor erfolgen:

```
>> x = -1:0.5:1.5;
>> y = polyval(p,x)
y =
    6.0000    3.7500    2.0000    0.7500         0   -0.2500
```

Übung 3.13 behandelt die Interpolation mit Polynomen; man vergleiche auch Abschn. 4.3.

3.7 Grafik

Wie schon in der Motivation angedeutet, eignet sich MATLAB gut, um mit wenig Aufwand ansprechende Grafiken zu erzeugen.

3.7.1 Plots

Der einfachste Grafikbefehl plottet die Einträge eines Vektors über dem zugehörigen Index. MATLAB stellt automatisch den für die Grafik relevanten Bereich dar (falls man nicht von Hand mit `axis` die Achsenskalierung setzt), und verbindet die Punkte linear. Die Grafik wird noch mit einem Titel, Achsenbeschriftungen sowie einem Gitter „garniert" (siehe Abb. 3.2 links):

```
>> y = [1 5 2.5 4 3 -1 0];
>> plot(y)
>> title('Mein erster Plot')
>> xlabel('x-Achse'), ylabel('y-Achse')
>> grid                    % In Octave: grid "on"
```

Der nächste Plotbefehl bekommt zwei Vektoren als Parameter. Dabei wird der erste Vektor für die x- und der zweite für die y-Werte verwendet. Der resultierende Plot ist in Abb. 3.2 rechts dargestellt.

```
>> t = 0:0.05:4*pi;
>> plot(t,sin(t))
```

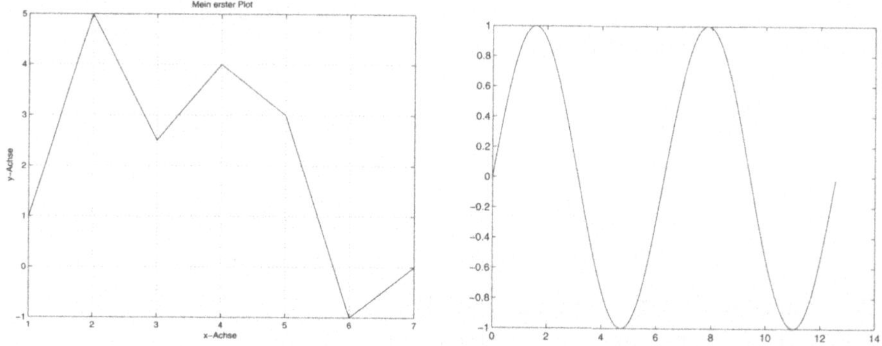

Abb. 3.2. Einfache Plots

Für diese Art von Grafiken stehen unterschiedliche Linientypen (- , -- , : , -.) und Punkttypen (. , + , * , o , x) sowie Farben (r, g, b, w, k) zur Verfügung. Wählt man einen Punkt- anstelle eines Linientyps, werden lediglich die Punkte mit dem gewählten Symbol gezeichnet. Die gewünschte Option wird einfach als weiteres Argument angefügt, es können sogar mehrere Grafiken im selben Plot gezeichnet werden (vergleiche Abb. 3.3):

```
>> plot(t,sin(t),'*')
>> plot(t,sin(t),'--', t,cos(t),':')
```

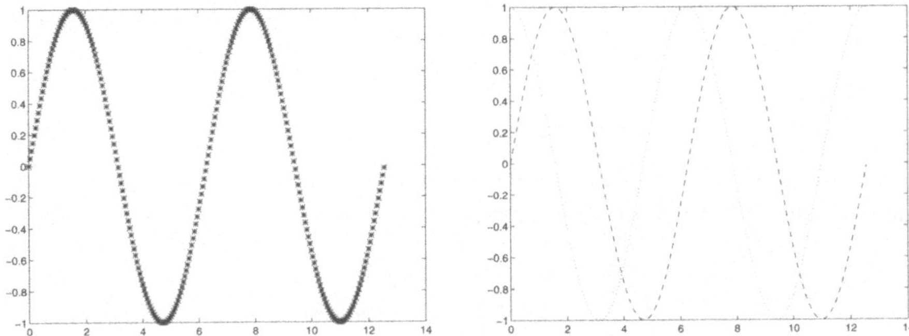

Abb. 3.3. Plots mit geänderten Optionen

3.7.2 3D-Grafik

Für 3D-Plots erhält man durch `meshgrid` (in alten MATLAB-Versionen `meshdom`) als Wertebereich je eine Matrix mit x- und y-Werten. (Deshalb muß man zur Auswertung mit Array-Operationen arbeiten.) Der Grafikbefehl, um Flächen als Gitterlinien darzustellen, heißt `mesh`; mit `contour` erhält man Höhenlinien. Die beiden Grafiken sind in Abb. 3.4 dargestellt.

```
>> [X,Y] = meshgrid(-4:0.25:4,-4:0.25:4);
>> Z = exp(-X.^2) + sin(1-Y);
>> mesh(Z)
>> contour(Z,25)
```

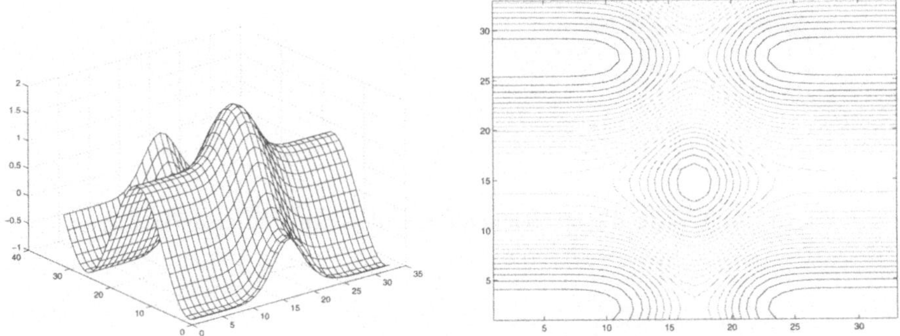

Abb. 3.4. 3D-Plots: Flächen und Höhenlinien

In MATLAB gibt es noch viele weitere Grafik-Befehle. So kann man beispielsweise die Funktion nicht als Drahtlinienmodell sondern durch den Befehl `surf` als Fläche darstellen und durch `surfl` auch noch beleuchten. Wählt man durch `colormap` eine geeignete Farbskalierung und durch `shading interp` einen interpolierten Farbverlauf, erhält man das in Abb. 3.5 links dargestellte Resultat.

```
>> colormap gray
>> surfl(Z), shading interp
```

Auch parametrisierte Flächen können dargestellt werden. Als Beispiel zeichnen wir die Sphäre S, die wie folgt parametrisiert ist:

$$S : (\varphi, \vartheta) \mapsto \begin{pmatrix} \cos\varphi \cdot \cos\vartheta \\ \sin\varphi \cdot \cos\vartheta \\ \sin\vartheta \end{pmatrix}, \quad \varphi \in [0, 2\pi],\ \vartheta \in [-\pi/2, \pi/2]$$

Die in Abb. 3.5 rechts dargestellte Grafik läßt sich deshalb wie folgt erzeugen:

```
>> [PHI,THETA] = meshgrid(0:pi/32:2*pi,-pi/2:pi/32:pi/2);
>> X = cos(PHI).*cos(THETA);
>> Y = sin(PHI).*cos(THETA);
>> Z = sin(THETA);
>> mesh(X,Y,Z), axis square
```

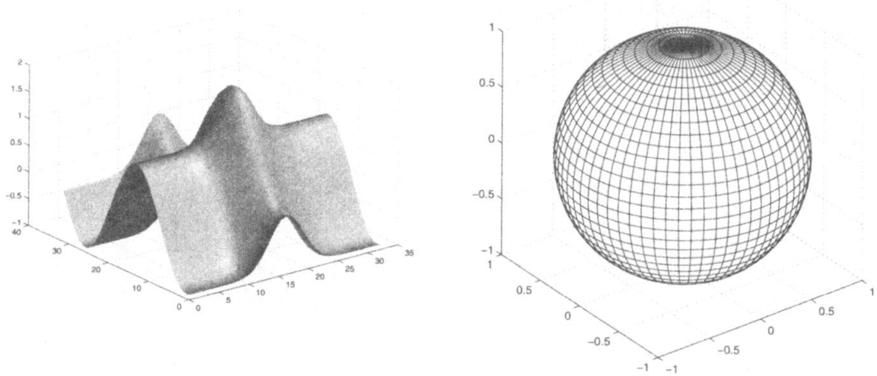

Abb. 3.5. 3D-Plots: Beleuchtete und parametrisierte Flächen

3.7.3 Ausgabe auf den Drucker

In MATLAB verwendet man den Befehl
```
print [-d<Device>] [-Option] [Filename]
```
zur weiteren Verarbeitung einer Grafik. Insbesondere bietet es sich an, Bilder in PostScript abzuspeichern und diese später in LaTeX-Dokumente einzubinden. Beispielsweise wird durch den folgenden Befehl die aktuelle Grafik in der Datei `bild.eps` abgespeichert:

```
>> print -deps bild
```

Am besten verschafft man sich mit `help print` eine Übersicht über die möglichen Optionen.

Da die Octave-Grafik auf `gnuplot` basiert, muß man die dortigen Befehle verwenden, um eine Grafik abzuspeichern. Um analog zu MATLAB eine Grafik in PostScript unter dem Namen `bild.eps` abzuspeichern, muß man so vorgehen:

```
octave> automatic_replot = 0;
octave> gset output "bild.eps"          % lenkt Ausgabe um
octave> gset terminal postscript eps    % definiert Modus um
octave> replot                          % erzeugt Graphik neu
octave> gset output                     % setzt Output zurueck
octave> gset terminal X11               % setzt Term. auf X11
octave> replot
```

Idealerweise sind in Octave Funktionen wie `print(DEVICE,OUTPUT)` oder `printeps(FILENAME)` installiert, welche die Funktionalität von `print` in MATLAB simulieren. Weitere Informationen, wie in Octave die Grafiken abgespeichert und ausgedruckt werden können, erhält man online im Hilfesystem von `gnuplot`.

In Aufgabe 3.14 bis 3.17 finden sich einige mathematische Problemstellungen, um die Grafikbefehle einzuüben.

3.8 Programme in MATLAB

Bislang wurden alle Eingaben direkt am MATLAB-Prompt >> eingegeben. Da man größere Anwendungen so nicht durchführen kann, bietet MATLAB die Möglichkeit, eine Folge von Anweisungen zu Programmen zusammenzufassen und diese dann aufzurufen. Darüber hinaus kann der Kontrollfluß in solchen Programmen durch Schleifen und Verzweigungen gesteuert werden.

3.8.1 Kontrollfluß

Im folgenden werden die Kontrollstrukturen in ihrer allgemeinen Syntax vorgestellt und durch ein kleines Beispiel erläutert.

for-Schleifen: Bei einer **for**-Schleife steht fest, wie oft eine Folge von Anweisungen wiederholt werden muß.

```
for <Variable> = <Ausdruck>        for k = 1:5
  <Befehle>                          x = x + exp(k);
end                                end
```

Dabei durchläuft die Schleifenvariable alle Spalten des Audrucks auf der rechten Seite. Bei einer $m \times n$-Matrix A belegt eine Schleife der Form

```
for x = A, <Befehle>, end
```

im k-ten Schleifendurchlauf die Variable x mit der k-ten Spalte von A.

while-Schleifen: Bei einer **while**-Schleife wird die Folge von Anweisungen so lange wiederholt, wie die logische Abfrage hinter dem Schlüsselwort **while** den Wert „true" liefert. Deshalb muß hier der Benutzer selbst Rechnung tragen, daß die Abfrage irgendwann „false" liefert, da die Gefahr einer Endlosschleife besteht. Eine häufige Anwendung von **while**-Schleifen ist eine Iteration, die so lange durchgeführt wird, bis der Fehler eine vorgegebene Toleranz unterschreitet.

```
while <log. Ausdruck>           while error > tol
   <Befehle>                       ...; error = ...; ...
end                             end
```

Verzweigungen: Bei einer Verzweigung, die am einfachsten mit einer **if**-Anweisung erzielt wird, wird je nach Ergebnis einer logischen Abfrage ein unterschiedliches Programmsegment durchlaufen.

```
if <log. Ausdruck>             if x < 5
   <Befehle>                      y = 3;
[ else                         else
     <Befehle> ]                  y = 4;
end                            end
```

Die eckige Klammer soll andeuten, daß der **else**-Teil auch wegfallen kann. Es gibt auch noch eine Variante der **if**-Abfrage mit mehreren möglichen Ausgängen:

```
if <log. Ausdruck 1>          if n == 1
   <Befehle>                     y = 3;
elseif <log. Ausdruck 2>        z = -1;
   <Befehle>                  elseif n == 2 | n == 3
elseif <log. Ausdruck 3>        y = 4;
   <Befehle>                     z = -2;
elseif ...                    else
   ...                           y = 0;
else                            z = NaN;
   <Befehle>                  end
end
```

Eine derart geschachtelte **if**-Anweisung läßt sich in MATLAB häufig übersichtlicher mit Hilfe des **switch**-Kommandos darstellen, wobei das Beispiel rechts äquivalent zu oben ist:

```
switch <Ausdruck>             switch n
   case <Term 1>                case 1
      <Befehle>                   y = 3;
```

```
   case { <Term 2>,                   z = -1;
          <Term 3>, ... }       case { 2, 3 }
     <Befehle>                       y = 4;
   case ...                          z = -2;
     ...                          otherwise
   otherwise                         y = 0;
     <Befehle>                       z = NaN;
 end                              end
```

Sprung-Befehle: Die MATLAB-Syntax stellt zwei Sprung-Befehle zur Verfügung: **break** dient zum Aussprung aus **for**- und **while**-Schleifen, wobei hinter die innerste Schleife gesprungen wird. Mit **return** erfolgt der Aussprung aus Funktionen zur rufenden Funktion oder zur Kommandoebene.

Mit diesen Befehlen kann man eine Schleife simulieren, bei der die logische Abfrage im Inneren der Schleife stattfindet, wie das folgende Beispiel zeigt:

```
while 1
   ...; error = ...;
   if error < tol, break, end
   ...;
end
```

Ohne den Aussprung mit **break** liefert eine Schleife der Form

```
while 1, <Befehle>, end
```

eine Endlosschleife!

3.8.2 Skript-Files

Skript-Files sind eine Folge von MATLAB-Anweisungen, die in einem Editor (vergleiche Abschn. A.3) geschrieben und in einer Datei abgespeichert wurden. Eine solche Datei erhält die Endung .m und wird in MATLAB unter dem Dateinamen (ohne Endung) aufgerufen.

Ein erstes Programm **start.m** setzt nur drei Zuweisungen hintereinander:

```
A = [1 2 3; 4 5 6; 7 8 9];
i = sqrt(-1);
k = 17.5;
```

Nach dem Aufruf in MATLAB durch **start** sind die drei Variablen A, i und k definiert.

Die folgenden drei Skript-Files erzeugen dasselbe Bild, nämlich den schon bekannten „Sombrero" $\sin(r)/(1+r)$ in Polarkoordinaten (vergleiche Abb. 3.1 rechts).

Variante 1: Um die Matrix F mit den Funktionswerten aufzubauen, werden in der Datei `SOMBRER1.m` **while**-Schleifen verwendet:

```
x = -15;  i = 1;
while (x <= 15)
  y = -15;  j = 1;
  while (y <= 15)
    r = sqrt(x^2 + y^2);   % Abstand von (x,y) zu 0
    F(i,j) = sin(r)/(1+r); % Funktionswert
    y = y + 1;  j = j + 1;
  end
  x = x + 1;  i = i + 1;
end
mesh(F)
```

Variante 2: Mit Hilfe des dyadischen Produkts werden die **while**-Schleifen aus Variante 1 parallelisiert; man erhält die Datei `SOMBRER2.m`:

```
x = -15:1:15;  y = -15:1:15;
n = length(x);
X = ones(n,1)*x;        % dyadisches Produkt zur
Y = y'*ones(1,n);       %   Erzeugung der Matrizen
R = sqrt(X.^2 + Y.^2);  % Matrix mit Abstand zu 0
F = sin(R)./(1+R);      % Funktionswerte parallel
mesh(F);
```

Variante 3: Schließlich lassen sich die Matrizen für die x- und y-Werte ganz kurz mit Hilfe des Befehls `meshgrid` erzeugen, und somit lautet `SOMBRER3.m`:

```
[X,Y] = meshgrid(-15:15,-15:15);
R = sqrt(X.*X + Y.*Y);
mesh(sin(R)./(1+R))
```

Zwar erscheint Variante 1 zunächst am verständlichsten, weist jedoch die größte Laufzeit auf. Dies liegt daran, daß MATLAB jede einzelne Anweisung vor der Ausführung interpretieren muß. Somit benötigen die vielen Schleifendurchläufe viel Laufzeit. Schleifen sollten parallelisiert werden, falls dies möglich ist. Auf der anderen Seite besteht die Gefahr, daß ein effizientes MATLAB-Programm durch viele geschachtelte Anweisungen schwer lesbar ist. Deshalb sollte man Programme ausreichend mit Kommentar versehen!

3.8.3 m-Files und MATLAB-Funktionen

Durch Funktionen besteht die Möglichkeit, Parameter wie etwa Vektoren oder Matrizen in ein Programm zu importieren bzw. zu exportieren. Dadurch können Funktionen geschrieben werden, die vom Benutzer wie MATLAB-eigene Funktionen aufgerufen werden können.

Als einfaches Beispiel betrachten wir die Funktion `shift.m`, die das letzte Element eines Vektors nach vorne setzen soll:

```
function y = SHIFT(x)
% function y = SHIFT(x)
% input:  x ... Vektor
% output: y ... x um 1 geshiftet
n = length(x);
y = x([n 1:n-1]);
```

Dabei wird die Funktion mit dem Schlüsselwort **function** eingeleitet. Darauf folgt der Name der Funktion (hier `SHIFT`), und wie sie aufgerufen werden muß. Allgemein muß in MATLAB gelten, daß der `<DateiName>` gleich `<FunktionsName>.m` ist und daß in einer Datei auch nur eine Funktion steht. (Eine Ausnahme bilden lediglich lokale Funktionen: sie werden als Unterprogramme zusätzlich innerhalb einer MATLAB-Funktion definiert, bleiben aber außerhalb dieser Funktion unbekannt.) Die Zeilen nach dem Funktionskopf können Kommentar (eingeleitet durch `%`) enthalten. Sie werden ausgegeben, wenn `help <DateiName>` eingegeben wird.

Allgemein kann eine Funktion mit den Eingabe-Variablen $x_1, \ldots, x_n$ und den Ausgabe-Variablen $y_1, \ldots, y_k$ in MATLAB so implementiert werden:

```
function [y1,y2,...,yk] = <FunktionsName> (x1,x2,...,xn)
% Kommentarzeilen
% werden angezeigt bei: help <FunktionsName>
<Befehle>
```

Auch hier soll ein Beispiel verdeutlichen, wie man Funktionen in MATLAB schreibt. Wir betrachten drei Varianten, um $n!$ auszurechnen.

Variante 1: Wir implementieren in der Datei `FAC1.m` die „klassische" Variante unter Verwendung einer **for**-Schleife:

```
function f = FAC1(n)
% function f = FAC1(n)
% input:  n ... natuerliche Zahl
% output: f ... n! (Fakultaet)
f = 1;
for i = 1:n
  f = f*i;
end
```

Variante 2: Aufgrund der rekursiven Definition $n! = n \cdot (n-1)!$ bietet es sich an, diese Rekursion in Datei `FAC2.m` zu implementieren. Ein rekursives Programm ruft sich selbst auf. Dabei muß durch einen geeigneten Rekursionsanfang Sorge getragen werden, daß keine Endlosrekursion auftritt.

```
function f = FAC2(n)
% function f = FAC2(n)
% input:  n ... natuerliche Zahl
% output: f ... n! (Fakultaet)
```

```
if n == 1              % Abbruch der Rekursion
  f = 1;
else
  f = n*FAC2(n-1);   % rekursiver Aufruf
end
```

Variante 3: Schließlich gibt es auch hier wieder unter Verwendung von `prod` eine „MATLAB-spezifische" Variante (Datei `FAC3.m`):

```
function f = FAC3(n)
% function f = FAC3(n)
% input:  n ... natuerliche Zahl
% output: f ... n! (Fakultaet)
f = prod(2:n);
```

Als Beispiel für eine Funktion mit mehreren Ausgabeparametern soll noch das maximale Element einer Matrix bestimmt werden, das mitsamt seiner Position zurückgegeben werden soll.

```
function [m,row,col] = MAXELEM(A)
% function [m,row,col] = MAXELEM(A)
% input:  A...Matrix
% output: m...Maximum, row...Zeile, col...Spalte
% Das Maximum m von A steht in A(row,col)
[M,IND] = max(A);   % spaltenweise Max (mit Index)
[m,col] = max(M);   % Maximum aller Spaltenmaxima
row = IND(col);     % Zeilen-Index
```

Sie sollten nun selbst einige kleine Programme schreiben. Mögliche Beispiele finden Sie in den Übungen 3.18 bis 3.22.

3.9 Zusätze

Einige hilfreiche Konzepte wie Tastatur-Abfrage, globale Variablen oder Ausgabe von Ergebnissen in eine Datei schließen die Einführung in MATLAB ab.

3.9.1 Eingabe von Daten

Gelegentlich kommt es vor, daß innerhalb einer Funktion vom Benutzer ein Wert eingegeben werden muß. Dies geschieht durch den Befehl `input`.

Zahlen und Matrizen eingeben: Soll ein Wert von der Tastatur eingelesen werden, verwendet man den `input`-Befehl, bei dem auch noch ein erläuternder Text auf dem Bildschirm ausgegeben werden kann:

```
>> A = input('Bitte eine Matrix eingeben: ');
Bitte eine Matrix eingeben: [2 3;1 0]
```

```
>> A
A =
    2    3
    1    0
```

Statt der expliziten Eingabe der Matrix könnte auch eine schon definierte Variable übergeben werden.

Zeichenketten eingeben: Für Zeichenketten (*string*) wird derselbe Befehl verwendet, nur daß der zweite Parameter `'s'` darauf hinweist, daß die Eingabe ein string ist:

```
>> t = input('Bitte einen string eingeben: ','s');
Bitte einen string eingeben: Hallo

>> t
t =
Hallo
```

Grafische Benutzerschnittstelle: MATLAB bietet die Möglichkeit der interaktiven Steuerung eines Programms. Dazu werden zahlreiche Funktionen zur Verfügung gestellt, um eine grafische Benutzerschnittstelle (*Graphical User Interface, GUI*) zu programmieren. Beispielsweise können Schaltflächen in Grafikfenster gesetzt werden, über die mit Hilfe der Maus der Programmablauf gesteuert werden kann. Für Details muß hier jedoch auf das Handbuch [10] verwiesen werden.

3.9.2 Datei-Ausgabe

Aus MATLAB heraus kann die Ausgabe in eine Datei erfolgen. Als Beispiel wollen wir in die Dateien `AUSGABE1.dat` und `AUSGABE2.dat` schreiben.

Dateien (zum Schreiben) öffnen: Durch den Befehl `fopen` werden Dateien geöffnet, wobei über einen Parameter der Modus wie „Lesen" oder „Schreiben" gewählt werden kann:

```
fid1 = fopen('AUSGABE1.dat','w');
fid2 = fopen('AUSGABE2.dat','w');
```

Durch diese Anweisungen werden zwei Dateien zum Schreiben geöffnet. Man erhält jeweils eine Identifikations-Nummer `fid1`, `fid2` zurück, über welche die Dateien im folgenden angesprochen werden.

Matrizen speichern: Sollen lediglich Matrizen in eine Datei geschrieben werden, verwendet man den Befehl `fwrite`, beispielsweise:

```
fwrite(fid1, A)
```

Allgemeiner kann man durch `fwrite(fid, `*Daten*`, '`*Format*`')` Matrizen in die mit `fid` bezeichnete Datei schreiben, wobei *Format* das Ausgabeformat, z. B. `'int16'` oder `'double'`, bezeichnet. Insgesamt werden die Daten durch `fwrite` von MATLAB in einem binären Format gespeichert.

Text und Variablen speichern: Um Text und Variablen gemischt in eine formatierte Datei zu schreiben, verwendet man `fprintf`, etwa:

```
fprintf(fid2, 'Kreisumfang ist %f.\n',2*pi);
```

Dabei wird ein Text geschrieben, in den an beliebiger Stelle durch Formatierungs-Platzhalter, hier `%f`, Variablen eingefügt werden können. Diese Variablen werden dann am Ende durch Kommata getrennt eingegeben. Eine Auswahl an Formatierungs-Platzhaltern findet man in Tabelle 3.2.

Tabelle 3.2. Formatierung der Ausgabe bei `fprintf`

Formatierung	Bedeutung	Auswirkung
`%f`	float	Gleitkommazahl: `6.283185`
`%12.7f`	float	formatierte Gleitpunktzahl (12 Stellen, davon 7 Nachkommastellen): ␣␣␣`6.2831853`
`%i`	integer	ganze Zahl
`%s`	string	Zeichenkette
`\n`	new line	Zeilenumbruch

Dateien schließen: Durch die Anweisung `fclose(fid);` wird die Datei geschlossen, also in unserem Beispiel:

```
>> fclose(fid1);
>> fclose(fid2);
```

Analog können Dateien auch mit dem Parameter `'r'` zum Lesen geöffnet werden.

3.9.3 Globale Variablen

Normalerweise sind in MATLAB alle Variablen in einer Funktion lokal. Das bedeutet, daß sie nach dem Ende der Funktion verlorengehen. Nur die Ausgabeparameter werden zurückgegeben. Lokale Variablen haben den großen Vorteil, daß etwa eine lokal in einer Funktion verwendete Matrix A nicht eine Variable A auf der Kommandoebene oder in einer anderen Funktion „zerstört".

Im Gegensatz hierzu wirken sich bei globalen Variablen Änderungen nicht nur in der Funktion selbst sondern überall dort aus, wo diese Variable auch global ist. In MATLAB müssen globale Variablen in jeder Funktion und eventuell auf der Kommandoebene global deklariert werden. Dies geschieht durch die Anweisung

```
global <Variable1> <Variable2> ...
```

Ein Beispiel verdeutlicht das Arbeiten mit globalen Variablen. Wir betrachten zwei kleine Funktionen, bei denen eine Variable k global bzw. lokal ist, und zeigen die Auswirkungen der Funktionsaufrufe auf der Kommandoebene:

```
function TEST1
global k
k = 10;
```

```
function TEST2
k = 20;
```

Das Aufrufen von TEST1 und TEST2 läßt auf der Kommandoebene die Variable k undefiniert:

```
>> TEST1;  k
??? Undefined function or variable k.

>> TEST2;  k
??? Undefined function or variable k.
```

Definiert man k auf der Kommandoebene als globale Variable, so hat sie bereits den in TEST1 zugewiesenen Wert:

```
>> global k;  k
k =
    10
```

Setzt man den Wert von k auf der Kommandoebene um, so wirkt sich ein Aufruf von TEST2 nicht auf den neuen Wert aus, wohl aber ein Aufruf von TEST1, da auch dort k global ist:

```
>> k = 5;
>> TEST2;  k
k =
     5

>> TEST1;  k
k =
    10
```

3.9.4 Übergabe von Funktionen, `feval`

Ein Problem, das zuweilen auftritt, besteht darin, daß ein Programm eine vom Anwender definierte Funktion aufrufen soll, etwa bei der Minimierung oder Nullstellensuche einer vom Benutzer vorgelegten Funktion.

Die Idee zur Lösung besteht darin, den Namen des m-Files, in dem die Benutzerfunktion definiert wird, als Zeichenkette (*string*) zu übergeben. Mit dem Befehl `feval` bietet MATLAB die Möglichkeit, diese Funktion dann auszuwerten. Die Syntax von `feval` lautet:

```
feval('fname',x1,...,xn) ≅ fname(x1,...xn)
```

Als Beispiel soll die Funktion **TEST** betrachtet werden, in der eine vom Benutzer übergebene Funktion $f(x_1, x_2)$ aufgerufen werden soll, die in der Datei **TEST_f.m** implementiert sei. Die entscheidenden Passagen von **TEST** sehen dann so aus:

```
function [...] = TEST(...,fname,...)
  :
% Aufruf der vom User übergebenen Fkt. y = f(x1,x2)
y = feval(fname,x1,x2);
  :
```

Falls die Funktion des Anwenders also in **TEST_f.m** gespeichert ist, lautet der Aufruf von **TEST**:

```
[...] = TEST(...,'TEST_f',...)
```

Dadurch wird in **TEST** der Auswertungsbefehl zu `feval('TEST_f',x1,x2)`, was den Aufruf `TEST_f(x1,x2)` bedeutet. Es wird also in der Tat die vom Anwender übergebene Funktion aus der „allgemeinen" Funktion **TEST** aufgerufen.

Übungen

3.1 Rufen Sie MATLAB auf und geben Sie die Matrix

$$A = \begin{pmatrix} 2 & \frac{1}{3} & -1 & 1e-4 \\ \sqrt{2} & 2+i & -\frac{1}{7} & 4 \end{pmatrix}$$

ein. Ändern Sie dann $a_{2,2}$ auf -3. Geben Sie die Matrix A in verschiedenen Formaten aus. Speichern Sie A in der Datei **datei.mat**. Löschen Sie A aus dem Speicher und versuchen Sie, die Matrix wieder zu laden.

3.2 Erzeugen Sie die folgenden Matrizen mit Hilfe des dyadischen Produkts.

$$A_1 = \begin{pmatrix} 4\,4\,4\,4 \\ 3\,3\,3\,3 \\ 2\,2\,2\,2 \\ 1\,1\,1\,1 \end{pmatrix}, \quad A_2 = \begin{pmatrix} 1\,2\,3\,4 \\ 1\,2\,3\,4 \\ 1\,2\,3\,4 \\ 1\,2\,3\,4 \end{pmatrix}$$

$$A_3 = \begin{pmatrix} 5 & 4 & 3 & 2 & 1 \\ 10 & 8 & 6 & 4 & 2 \\ 15 & 12 & 9 & 6 & 3 \\ 20 & 16 & 12 & 8 & 4 \\ 25 & 20 & 15 & 10 & 5 \end{pmatrix}, \quad A_4 = \begin{pmatrix} 1 & 2 & 4 & 8 & 16 & 32 \\ 2 & 4 & 8 & 16 & 32 & 64 \\ 4 & 8 & 16 & 32 & 64 & 128 \\ 8 & 16 & 32 & 64 & 128 & 256 \\ 16 & 32 & 64 & 128 & 256 & 512 \\ 32 & 64 & 128 & 256 & 512 & 1024 \end{pmatrix}$$

3.3 Lösen Sie das lineare Gleichungssystem (1.1) in MATLAB mit Hilfe des Befehls \. Was erhalten Sie, wenn Sie die Systeme (1.2) analog zu lösen versuchen? Berechnen Sie hier Rang und Kern der Matrix.

3.4 Erzeugen Sie in MATLAB eine positiv definite symmetrische Matrix A, und transformieren Sie A auf Diagonalform.

3.5 Stellen Sie die Matrix Q auf, welche die Spiegelung an der Hyperebene $\mathcal{E}\ldots\{\mathbf{x}\colon \mathbf{n}^t\mathbf{x} = 0\}$ beschreibt. Wie muß der Normalenvektor $\mathbf{n}$ von $\mathcal{E}$ gewählt werden, damit ein vorgegebener Vektor $\mathbf{v}$ auf ein Vielfaches des ersten Einheitsvektors $\mathbf{e}_1$ abgebildet wird, also $\mathbf{v} \mapsto Q\mathbf{v} = \pm\|\mathbf{v}\|_2\mathbf{e}_1$?
Bemerkung: Diese Abbildung heißt HOUSEHOLDER-Transformation.

3.6 Erzeugen Sie eine 5×6 Zufallsmatrix aus geraden Zahlen, die im Intervall $[-10, 10]$ liegen.

3.7 Sortieren Sie einen Zufallsvektor mit natürlichen Zahlen zwischen 1 und 100 so um, daß zunächst die geraden und dann die ungeraden Zahlen jeweils nach der Größe sortiert stehen.

3.8 Verifizieren Sie die komplexen Identitäten

$$\Re z = \frac{1}{2}(z + \bar{z})\,, \quad \Im z = \frac{1}{2\mathbf{i}}(z - \bar{z})\,, \quad |z| = \sqrt{z \cdot \bar{z}}$$

sowie die Formel von MOIVRE (für $|z| = 1$, $n \in \mathbb{N}$)

$$(\cos\varphi + \mathbf{i} \cdot \sin\varphi)^n = \cos n\varphi + \mathbf{i} \cdot \sin n\varphi\,,$$

indem Sie die Aussagen mit Hilfe eines Quantors für große Zufallsvektoren testen.

3.9 Bauen Sie mit Hilfe des dyadischen Produkts die HILBERT-Matrix H auf.

$$H = \begin{pmatrix} 1 & \frac{1}{2} & \cdots & \frac{1}{n} \\ \frac{1}{2} & \frac{1}{3} & \cdots & \frac{1}{n+1} \\ \vdots & \vdots & \ddots & \vdots \\ \frac{1}{n} & \frac{1}{n+1} & \cdots & \frac{1}{2n-1} \end{pmatrix} \tag{3.1}$$

Die Kondition einer Matrix A ist definiert als $\mathrm{cond}(A) := \|A\| \cdot \|A^{-1}\|$. Untersuchen Sie die Kondition der HILBERT-Matrix für verschiedene Werte von n.

3.10 Die VANDERMONDEsche Matrix zu einem Vektor $\mathbf{a} = [a_1 \ldots a_n]$ ist die quadratische $n \times n$–Matrix

$$V = \begin{pmatrix} a_1^{n-1} & a_1^{n-2} & \cdots & a_1 & 1 \\ \vdots & \vdots & & \vdots & \vdots \\ a_n^{n-1} & a_n^{n-2} & \cdots & a_n & 1 \end{pmatrix}$$

Verwenden Sie das dyadische Produkt, um V für einen gegebenen Vektor $\mathbf{a}$ aufzustellen.

3.11 Stellen Sie in MATLAB die zyklische Matrix C zu einem gegebenen Vektor $\mathbf{a} = [a_1 \ldots a_n]$ auf:

$$
C = \begin{pmatrix}
a_1 & a_n & \cdots & a_2 \\
a_2 & a_1 & \cdots & a_3 \\
\vdots & \vdots & \ddots & \vdots \\
a_n & a_{n-1} & \cdots & a_1
\end{pmatrix}
$$

Hinweis: Verwenden Sie eine Matrix M mit $m_{i,j} = k \iff c_{i,j} = a_k$.

3.12 Bestimmen Sie experimentell die Wahrscheinlichkeit, daß die Summe von vier natürlichen Zahlen zwischen 1 und 10 kleiner als 10 oder größer als 30 ist, indem Sie eine große Stichprobe durchführen.

3.13 Ermitteln Sie die Koeffizienten $\mathbf{a} = [a_n, \ldots, a_1, a_0]$ des Polynoms $p(x) = a_n x^n + \cdots + a_1 x + a_0$, das vorgegebene Werte $\mathbf{f} = [f_1, \ldots, f_{n+1}]$ an paarweise verschiedenen Stellen $\mathbf{x} = [x_1, \ldots, x_{n+1}]$ interpoliert.

3.14 Erweitern Sie das Interpolationsproblem aus Übung 3.13 um einen Plot, der die vorgegebenen Punkte und das interpolierende Polynom zeichnet.

3.15 Die *Hypozykloide* ist eine Kurve, die entsteht, wenn ein Kreis mit Radius a auf der Innenseite eines Kreises mit Radius b ($b > a > 0$) abrollt. Für die Gestalt ist der Quotient $m = b/a$ maßgebend. Ist $m = p/q$ ($p, q \in \mathbb{N}$, relativ prim), so besteht die Kurve aus p kongruenten Bögen und schließt sich mit Periode $2q\pi$. Ist $m \in \mathbb{R}\backslash\mathbb{Q}$, so ist die Kurve nicht geschlossen. Plotten Sie Hypozykloiden für verschiedene Werte von a und b unter Verwendung der Parameterdarstellung

$$
c(t) = \begin{pmatrix}
(b - a)\cos t + a\cos\frac{(b-a)t}{a} \\
(b - a)\sin t - a\sin\frac{(b-a)t}{a}
\end{pmatrix}.
$$

3.16 Zeichnen Sie die Fläche

$$
z = f(x, y) = \exp(-R^2), \quad R := \sqrt{x^2 + y^2}
$$

über dem Intervall $[-2, 2]^2$.

3.17 Parametrisieren Sie die Rotationsfläche, die entsteht, wenn das Polynom $p(z)$ um die z-Achse rotiert. Dabei seien die Koeffizienten von p bezüglich der Monombasis in einem Vektor $\mathbf{p}$ abgespeichert. Verwenden Sie **mesh**, **surf** und **surfl**, um die Flächen darzustellen. Zwei Rotationsflächen für $p_1(z) = z^2 + 4$ und $p_2(z) = z^3 - z$, also $\mathbf{p}_1 = [1, 0, 4]$ und $\mathbf{p}_2 = [1, 0, -1, 0]$ sind in Abb. 3.6 dargestellt.

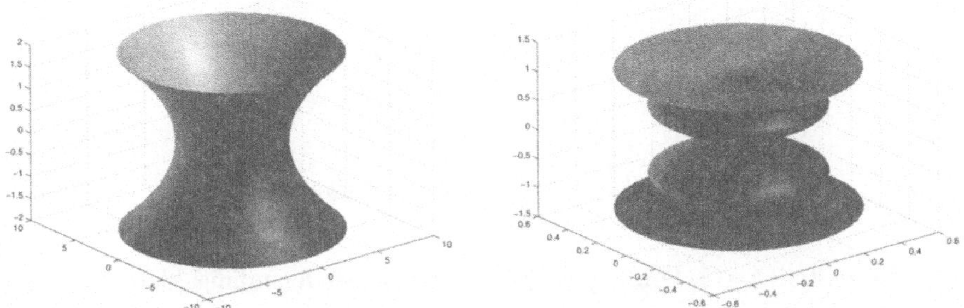

Abb. 3.6. Zwei Rotationsflächen

3.18 Die Binomialkoeffizienten lassen sich leicht mit Hilfe des PASCALschen Dreiecks berechnen. Schreiben Sie dazu ein Programm PAS_DREI, das in Abhängigkeit von n die Binomialkoeffizienten in einer $n \times n$–Matrix A berechnet.

$$
\begin{matrix}
 & & 1 & & \\
 & 1 & & 1 & \\
 & 1 & 2 & 1 & \\
1 & 3 & & 3 & 1 \\
1 & 4 & 6 & 4 & 1
\end{matrix}
\quad \Longleftrightarrow \quad
A =
\begin{bmatrix}
1 & 0 & 0 & 0 & 0 \\
1 & 1 & 0 & 0 & 0 \\
1 & 2 & 1 & 0 & 0 \\
1 & 3 & 3 & 1 & 0 \\
1 & 4 & 6 & 4 & 1
\end{bmatrix}
$$

3.19 Schreiben Sie ein Programm CROSS(a,b), das das Kreuzprodukt $\mathbf{a} \times \mathbf{b}$ zweier Vektoren $\mathbf{a}, \mathbf{b} \in \mathbb{R}^3$ berechnet. Modifizieren Sie Ihr Programm, so daß bei Eingabe von $3 \times n$–Matrizen A und B das Kreuzprodukt der jeweiligen Spaltenvektoren berechnet wird.

3.20 Schreiben Sie ein Programm $\mathbf{c}$=ZAHL(n,b) zur Berechnung der Darstellung $\sum c_j b^j$ einer natürlichen Zahl n bezüglich der Basis b. Beispielsweise sollte der Aufruf c = ZAHL(11,2) die Dualdarstellung $\mathbf{c} = [1, 0, 1, 1]$ der Zahl 11 liefern.

3.21 Schreiben Sie ein Programm $Q = \text{FRACTAL}(P, \mathbf{t}, \mathbf{d}, n)$, das die Eckpunkte $Q(1 : 2, i)$ eines fraktalen Polygonzuges berechnet. Dazu werden die Punkte $A + t_i(B - A)$ auf jedem Segment $[A, B] = [P(1 : 2, i), P(1 : 2, i + 1)]$ des Polygonzugs P um einen Betrag $d_i \cdot \|\mathbf{b} - \mathbf{a}\|_2$ senkrecht zu dem Segment verschoben und dieser Prozeß n-mal wiederholt.

Versuchen Sie, die in Abb. 3.7 dargestellte Koch-Kurve zu reproduzieren. Dabei wird mit einem gleichseitigen Dreieck gestartet, und man verwendet $\mathbf{t} = [0, 1/3, 1/2, 2/3, 1]$ und $\mathbf{d} = [0, 0, \sqrt{3}/6, 0, 0]$.

3.22 Schreiben Sie ein Programm, das die Mandelbrot-Menge $\mathcal{M}$ approximiert und visualisiert (vergleiche Abb. 1.1). $\mathcal{M}$ ist die Menge aller $c \in \mathbb{C}$, für die die Iteration $z_{\ell+1} := z_\ell^2 + c$, $z_0 := 0$, konvergiert. Wählen Sie für die Approximation Punkte $c_j \in \mathbb{C}$ auf einem Gitter und prüfen Sie, ob für c_j

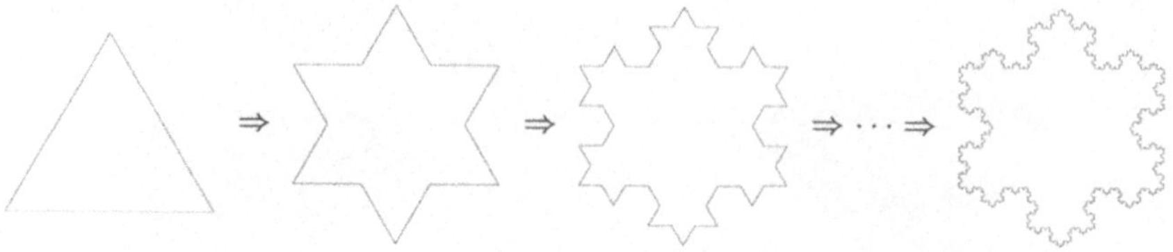

Abb. 3.7. Die Koch-Kurve

alle der ersten $n + 1$ Folgenglieder $z_0, \ldots, z_n$ betragsmäßig kleiner als eine Schranke r bleiben.

Hinweis: Parallelisieren Sie Ihr Programm über die Gitterpunkte c_j.

3.23 Schreiben Sie ein Programm ZAHL_INTERAKTIV, das interaktiv in einer Schleife eine natürliche Zahl n sowie die neue Basis b vom Anwender erfragt und die Darstellung von n bezüglich der Basis b mit Hilfe des Programms ZAHL aus Übung 3.20 ausgibt. Eine 0 soll die Eingabe beenden.

3.24 Schreiben Sie eine kleine Funktion, die Protokoll führt, wie oft sie aufgerufen wird. Was muß „außerhalb" dieser Funktion zusätzlich verändert werden?

3.25 Schreiben Sie eine Funktion LATEXPLOT(fname, range), die als Parameter den Namen `fname` einer Funktion sowie einen Definitionsbereich `range` erhält.

LATEXPLOT soll die übergebene Funktion im gewünschten Bereich auswerten und plotten und anschließend die Grafik unter dem Namen *fname*.`eps` als EPS-Bild abspeichern. Die Funktion LATEXPLOT soll dann ein komplettes LaTeX-File *fname*.`tex` schreiben, das die erzeugte Grafik einbindet. Optional können Sie sogar noch aus LATEXPLOT heraus den LaTeX-Aufruf absetzen und den Previewer für das erzeugte DVI-File aufrufen.

4. Beispiele zu MATLAB

In diesem Kapitel werden Beispiele behandelt, die zeigen, wie MATLAB zum Lösen von verschiedenen Problemen eingesetzt werden kann. Gleichzeitig soll der Leser zum Einsatz des Computers auch bei anderen Fragestellungen motiviert werden. Die Auswahl aus einer Fülle von möglichen Anwendungen umfaßt elementare Themen aus der Zahlentheorie, Elektrotechnik, Mechanik, Numerik und aus der Computergeometrie (CAGD), wobei keine großen Vorkenntnisse vorausgesetzt werden. Die vorgestellten Beispiele steigern sich zudem in ihrem Schwierigkeitsgrad.

4.1 FIBONACCI-Zahlen

Die FIBONACCI-Zahlen gehen zurück auf Leonardo von Pisa (1170–1250), genannt Fibonacci, der folgende Theorie der Kaninchenvermehrung aufstellte: neugeborene Kaninchenpaare bringen nach dem ersten und zweiten Monat jeweils ein neues Kaninchenpaar zur Welt und stellen dann die weitere Fortpflanzung ein. (Es ist hier nicht der richtige Platz, den Realitätsbezug dieser Theorie zu diskutieren.)

Zählt man zu Beginn jedes Monats die Zahl der neugeborenen Kaninchenpaare, so erhält man die Folge: $1, 1, 2, 3, 5, 8, 13, 21, 34, \ldots$ und entnimmt unmittelbar die *Rekursionsvorschrift*:

$$a_1 := a_2 := 1, \quad a_n := a_{n-1} + a_{n-2} \quad (n \geq 3)$$

Die so definierten FIBONACCI-Zahlen sollen mit Hilfe von MATLAB berechnet werden.

1. Variante: Rekursives Programm Man nennt ein Programm *rekursiv*, wenn es sich selbst wieder aufruft. Aufgrund der Rekursion in der Definition der FIBONACCI-Zahlen erscheint folgendes Programm ideal:

```
function erg = FIBO1(n)
% function erg = FIBO1(n)
% berechnet rekursiv die n-te Fibonacci-Zahl
% input:  n   ... nat. Zahl
% output: erg ... n-te Fibonacci-Zahl
```

```
if (n == 1) | (n == 2)              % Triviale Faelle
    erg = 1;
else erg = FIBO1(n-1) + FIBO1(n-2); % rekursiver Aufruf
end % if
```

Untersucht man die Laufzeit von FIBO1, so fällt auf, daß diese rekursive Variante insbesondere für großes n sehr langsam wird (vgl. Tabelle 4.1). Der Grund liegt darin, daß in der Rekursion viele Funktionsaufrufe mehrfach durchgeführt werden – siehe Abb. 4.1. Dort sind die rekursiven Aufrufe für FIBO1(6) in einer Baumstruktur dargestellt. Lediglich die Aufrufe an den Blättern des Baumes können direkt berechnet werden.

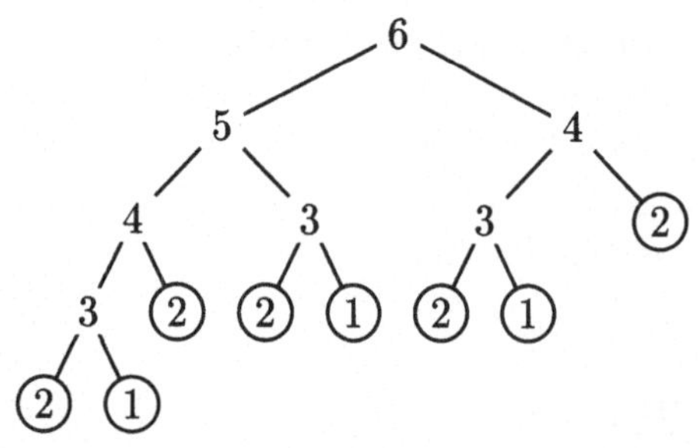

Abb. 4.1. Rekursionsaufrufe für FIBO1(6)

2. Variante: Iteratives Programm Um die mehrfachen Funktionsaufrufe der rekursiven Variante zu vermeiden, wird die n-te FIBONACCI-Zahl mit einer **for**-Schleife berechnet:

```
function erg = FIBO2(n)
% function erg = FIBO2(n)
% berechnet iterativ die n-te Fibonacci-Zahl
% input:  n   ... nat. Zahl
% output: erg ... n-te Fibonacci-Zahl

if (n == 1) | (n == 2)        % Triviale Faelle
    erg = 1;
else z1 = 1;                  % 1. Fibonacci-Zahl
    z2 = 1;                   % 2. Fibonacci-Zahl
    for i = 3:n
       z3 = z2 + z1;          % Aufaddieren
       z1 = z2;  z2 = z3;     % Update
    end % for
    erg = z3;
end % if
```

Vergleicht man die Laufzeit von `FIBO2` mit derjenigen von `FIBO1`, so stellt man fest, daß jetzt auch die Berechnung für große Werte von n schnell durchgeführt wird.

3. Variante: Verwendung einer speziellen Matrix Man betrachte die Matrix

$$A = \begin{pmatrix} 0 & 1 \\ 1 & 1 \end{pmatrix} .$$

Wendet man A auf einen Vektor mit zwei FIBONACCI-Zahlen an, so erhält man:

$$A \cdot \begin{pmatrix} a_1 \\ a_2 \end{pmatrix} = \begin{pmatrix} a_2 \\ a_1 + a_2 \end{pmatrix} = \begin{pmatrix} a_2 \\ a_3 \end{pmatrix}, \qquad A \cdot A \cdot \begin{pmatrix} a_1 \\ a_2 \end{pmatrix} = A \cdot \begin{pmatrix} a_2 \\ a_3 \end{pmatrix} = \begin{pmatrix} a_3 \\ a_4 \end{pmatrix}$$

Die Matrix A bewirkt also sowohl die Addition der beiden Zahlen als auch den „Shift". Allgemein erhält man somit:

$$A^{n-2} \cdot \begin{pmatrix} a_1 \\ a_2 \end{pmatrix} = \begin{pmatrix} a_{n-1} \\ a_n \end{pmatrix}, \quad n \geq 3$$

Dies läßt sich ausnutzen, um die FIBONACCI-Zahlen sehr effizient zu berechnen:

```
function erg = FIBO3(n)
% function erg = FIBO3(n)
% berechnet die n-te Fibonacci-Zahl ueber die Matrix [0 1;1 1]
% input:  n   ... nat. Zahl
% output: erg ... n-te Fibonacci-Zahl

if n < 3
     erg = 1;
else erg = [0 1;1 1]^(n-2)*[1;1];
     erg = erg(2);
end
```

Die durchschnittlichen Laufzeiten der drei Varianten sind für unterschiedliche Werte von n in Tabelle 4.1 gegenübergestellt. Man erkennt, daß durch die mehrfachen Funktionsaufrufe bei Variante 1 die Laufzeit exponentiell anwächst, während die beiden anderen Varianten ein lineares Anwachsen der Laufzeit aufweisen. In MATLAB wurde dabei mit Hilfe der Befehle `tic` und `toc` die Laufzeit gemessen.

Zusätzliche Bemerkungen:

1. Die FIBONACCI-Zahlen können explizit berechnet werden:

$$a_n = \frac{\left(\dfrac{1+\sqrt{5}}{2} \right)^n - \left(\dfrac{1-\sqrt{5}}{2} \right)^n}{\sqrt{5}}$$

Tabelle 4.1. Laufzeit der 3 Varianten zur Berechnung der n-ten FIBONACCI-Zahl (in Sekunden)

n	Variante 1	Variante 2	Variante 3
10	0.0180	0.00095	0.00076
15	0.2282	0.0011	0.00077
20	2.0934	0.0012	0.00077
25	23.1543	0.0013	0.00078
30	256.5050	0.0014	0.00078
35	2999.7	0.0015	0.00079

Dabei sind $(1 + \sqrt{5})/2$ und $(1 - \sqrt{5})/2$ genau die Eigenwerte der oben definierten Matrix A.

2. In der Architektur der Antike und der Renaissance spielte das Teilverhältnis vom Goldenen Schnitt eine wichtige Rolle. Dabei wird die Strecke AB vom Punkt T im Teilverhältnis des Goldenen Schnitts geteilt, falls gilt:

$$TB : AT = AT : AB$$

Hat AB die Länge 1, dann hat AT die Länge $(-1 + \sqrt{5})/2 \approx 0.618$ und für die FIBONACCI-Zahlen gilt:

$$\lim_{n \to \infty} \frac{a_n}{a_{n+1}} = \frac{-1 + \sqrt{5}}{2}$$

4.2 Primzahlen: Sieb des ERATOSTHENES

Die hier vorgestellte Methode, um Primzahlen zu erkennen, beruht auf Eratosthenes von Kyrene (um 284 – 202 v. Chr.). Hierbei wird nicht geprüft, ob eine einzelne Zahl Primzahl ist, sondern es werden alle Primzahlen bis zu einer bestimmten Zahl berechnet.

Idee: Zunächst werden alle Zahlen in eine Liste geschrieben. Beginnend mit der 2 wird die jeweils kleinste Zahl als Primzahl markiert. Alle Vielfachen dieser Zahl werden aus der Liste gestrichen, sofern sie nicht schon früher gestrichen wurden.

Variante 1: Gestrichene Zahlen werden mit 0 überschrieben. Dann sind am Ende alle von Null verschiedenen Einträge Primzahlen.

```
function prim = PRIM1(n)
% Primzahlen, Sieb des Eratosthenes
% berechnet die Primzahlen <= n
% input:  n    ... natuerliche Zahl
```

```
% output: prim ... Vektor der Primzahlen <= n

prim = 1:n;                         % Initialisierung
for i = 2:n
  p = prim(i);
  if p ~= 0                         % Falls akt. Zahl noch nicht
    vec = 2*p:p:n;                  %   gestrichen: Vielf. streichen
    prim(vec) = zeros(1,length(vec));
  end
end
indices = find( prim ~= 0 );   % Prim: alle nicht gestrichenen
prim = prim(indices);          %          Zahlen
```

Variante 2: Die Vielfachen werden sofort aus der Liste gestrichen.

```
function prim = PRIM2(n)
% Primzahlen, Sieb des Eratosthenes
% berechnet die Primzahlen <= n
% input:  n     ... natuerliche Zahl
% output: prim ... Vektor der Primzahlen <= n

prim = 1:n;                         % Initialisierung
i = 2;
while i <= length(prim)
  p = prim(i);
  for j = 2*p:p:n
    index = find(prim == j);   % Vielfache sofort aus Liste
    prim(index) = [];          %   eliminieren
  end
  i = i+1;
end
```

Obwohl Variante 2 eleganter erscheint, ist Variante 1 schneller! Der Grund liegt in der zusätzlichen Schleife und in der häufigen Modifikation der Länge des Vektors in Variante 2. Grundsätzlich sollten Schleifen parallelisiert werden, sofern dies möglich ist.

4.3 Funktionen für Polynome

Es sollen drei Funktionen geschrieben werden, die Polynome differenzieren (POLYDIFF), integrieren (POLYINT) bzw. auswerten (HORNER). Dabei soll ein Polynom wie in MATLAB üblich als Koeffizientenvektor bezüglich der Monombasis dargestellt werden.

Differentiation: Zur Differentiation muß lediglich komponentenweise der Exponent mit dem entsprechenden Koeffizienten multipliziert werden, und man erhält:

```
function q = POLYDIFF(p)
% function q = POLYDIFF(p)
% Differentiation eines Polynoms p
% input:  p ... Koeffizienten eines Polynoms in Monombasis
% output: q ... Ableitung von p

n = length(p);                  % n = Grad + 1
if n == 0,        q = [];       % Sonderfall: leerer Vektor
elseif n == 1,  q = 0;          % Sonderfall: p = const
else
   faktor = n-1:-1:1;           % Vorfaktoren
   q = faktor.*p(1:n-1);        % Ableitung
end
```

Integration: Die Funktion soll auf die Eingabe des Benutzers flexibel reagieren können: wird nur der Koeffizientenvektor eines Polynoms p übergeben, so soll die Stammfunktion berechnet werden. Werden jedoch zusätzlich noch zwei Zahlen a und b übergeben, so soll das bestimmte Integral $\int_a^b p(x)\,dx$ berechnet werden.

Dazu verwendet man die in jeder MATLAB-Funktion vordefinierte Variable **nargin**, die zählt, mit wie vielen Übergabeparametern die Funktion vom Anwender aufgerufen wurde. (Analog gibt **nargout** an, mit wie vielen Ausgabeparametern die Funktion aufgerufen wurde.)

```
function integral = POLYINT(p,a,b)
% function integral = POLYINT(p,a,b)
% Integration eines Polynoms p
% input:  p ... Koeffizienten eines Polynoms in Monombasis
% output: integral ... Stammfunktion   (nargin == 1)
%                      int_a^b p(x) dx (nargin == 3)
% needs: HORNER.m

n = length(p);                  % n = Grad + 1
nenner = [ n:-1:1 , 1 ];
p = [p , 0];                    % Stammfkt. q bestimmen
q = p./nenner;
if nargin < 3                   % Stammfunktion ausgeben
   integral = q;                % Int.konst. ist 0 (!)
else                            % bestimmtes Integral
   integral = HORNER(q,b) - HORNER(q,a);
end
```

HORNER-**Schema:** Zur Auswertung des Polynoms soll das HORNER-Schema verwendet werden, das durch wiederholtes Ausklammern von x-Potenzen Rechenzeit einspart:

$$p(x) = 3x^4 + 2x^3 - 5x^2 + 4x + 1$$
$$= (3x^3 + 2x^2 - 5x + 4) \cdot x + 1$$
$$= ((3x^2 + 2x - 5) \cdot x + 4) \cdot x + 1$$
$$= (((3x + 2) \cdot x - 5) \cdot x + 4) \cdot x + 1$$

Allgemein lautet das HORNER-Schema:

$$p(x) = ((\cdots((a_n x + a_{n-1}) \cdot x + a_{n-2}) \cdot x + \cdots) \cdot x + a_1) \cdot x + a_0$$

Die Auswertung des Schemas erfolgt von innen nach außen:

```
function val = HORNER(p,x)
% function val = HORNER(p,x)
% Horner-Schema zur Auswertung eines Polynoms
% input:  p ... Koeffizienten eines Polynoms in Monombasis
%         x ... Vektor mit x-Werten
% output; val ... Funktionswerte p(x)

n = length(p);              % n = Grad + 1
if n == 0                   % Sonderfall
  val = []; return
end
val = 0*x;                  % Init mit Nullen
for i = 1:n
  val = val.*x + p(i);      % Auswertung des Schemas
end
```

Das HORNER-Schema läßt sich auch für Polynome in der NEWTON-Basis

$$p(x) = a_0 + a_1(x - x_0) + \cdots + a_n(x - x_0)\cdots(x - x_{n-1})$$

verallgemeinern, wobei die Implementierung dem Leser als Übung überlassen wird.

4.4 Stromstärke in einem Netzwerk

Es soll eine Funktion

$$\mathbf{x} = \mathrm{STROM}(n, U, R)$$

geschrieben werden, die die Stromstärken $\mathbf{x}$ in den Widerständen eines elektrischen Netzwerks bestimmt.

Zur Lösung dieses Problems untersucht man die Ströme in den einzelnen Maschen. Bezeichnet man mit x_i die Kreisströme mit Fließrichtung gegen den Uhrzeigersinn, mit $r_{i,j}$ den gemeinsamen Widerstand der i-ten und j-ten

Masche und mit $r_{i,0}$ die Widerstände, die nur in der i-ten Masche liegen, dann ist $x_i - x_j$ der Strom durch $r_{i,j}$, und das OHMsche Gesetz liefert:

$$\sum_{i\sim 0} r_{i,0}x_i + \sum_{i\sim j} r_{i,j}(x_i - x_j) = u_i, \quad i = 1,\ldots,n \qquad (4.1)$$

Dabei bedeutet $i \sim j$, daß Masche i und j einen gemeinsamen Widerstand haben.

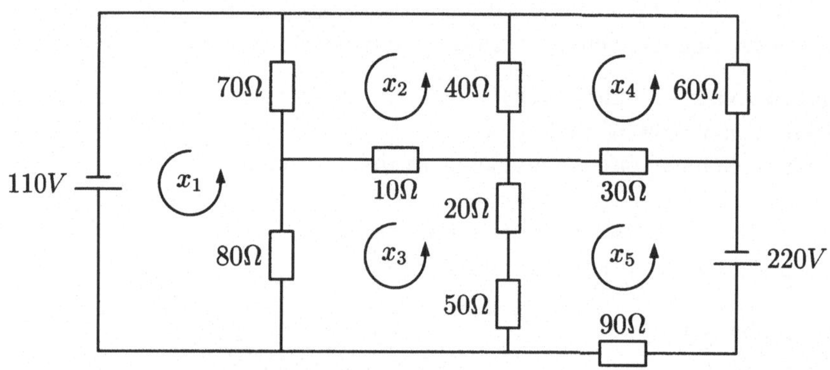

Abb. 4.2. Elektrisches Netzwerk

Die Topologie des Netzwerks wird hier wie folgt beschrieben: n sei die Anzahl der Maschen, die Matrizen U und R enthalten in der ersten Zeile die angelegten Spannungen und Widerstände und in der zweiten und dritten Zeile die Indizes der Maschen, zu denen die Spannungsquellen und Widerstände gehören. Ein Index 0 bedeutet dabei die Zugehörigkeit zu nur einer Masche. Beispielsweise ist für das in Abb. 4.2 gezeigte Netzwerk

$$U = \begin{bmatrix} 110 & -220 \\ 1 & 5 \\ 0 & 0 \end{bmatrix}, \quad R = \begin{bmatrix} 70 & 80 & 10 & 40 & 20 & 50 & 30 & 90 & 60 \\ 1 & 1 & 2 & 2 & 3 & 3 & 4 & 5 & 4 \\ 2 & 3 & 3 & 4 & 5 & 5 & 5 & 0 & 0 \end{bmatrix}.$$

Für das skizzierte Netzwerk erhält man aus (4.1) das zu lösende lineare Gleichungssystem

$$\begin{bmatrix} 150 & -70 & -80 & 0 & 0 \\ -70 & 120 & -10 & -40 & 0 \\ -80 & -10 & 160 & 0 & -70 \\ 0 & -40 & 0 & 130 & -30 \\ 0 & 0 & -70 & -30 & 190 \end{bmatrix} \begin{bmatrix} x_1 \\ x_2 \\ x_3 \\ x_4 \\ x_5 \end{bmatrix} = \begin{bmatrix} 110 \\ 0 \\ 0 \\ 0 \\ -220 \end{bmatrix}. \qquad (4.2)$$

Um die Matrix in MATLAB effizient aufzubauen, geht man lediglich einmal die Spalten von R durch. Für den ℓ-ten Widerstand in Spalte $R(:,\ell)$ werden durch $i := R(2,\ell)$ und $j := R(3,\ell)$ vier korrespondierende Matrixpositionen (i,i), (i,j), (j,i) und (j,j) festgelegt. Um Widerstände, die nur zu einer Masche gehören, simultan mitbehandeln zu können, führt man eine weitere Zeile und Spalte ein, die später beim Lösen nicht berücksichtigt wird. Aufgrund der Summation in (4.1) initialisiert man die Matrix mit Nullen und addiert dann den Wert $R(1, \ell)$ mit dem entsprechenden Vorzeichen auf die vorhandenen Einträge an den vier Matrixpositionen. Die rechte Seite des Systems (4.2) baut man analog aus den Stromquellen U auf. Schließlich wird das LGS durch \ gelöst.

```
function x = STROM(n,U,R);
% function x = STROM(n,U,R);
% Methode: loese M*x = b
% Trick: M und b haben Dimension n+1 fuer Index 0!
% input:  n ... Maschenzahl (nat. Zahl)
%         U ... Spannungsquellen des Netzes
%         R ... Widerstaende des Netzes
% output: x ... Strom in den Maschen des Netzwerks


b = zeros(n+1,1);                % konstruiere b
[r,c] = size(U);                 %    (Spannungsquellen)
for i = 1:c
  b(U(2:3,i)+1) = b(U(2:3,i)+1) + U(1,i)*ones(2,1);
end


M = zeros(n+1);                  % konstruiere M
[r,c] = size(R);                 %    (Widerstaende)
A = [1 -1;-1 1];                 % Matrix mit Vorzeichen
for i = 1:c                      % Schleife ueber Widerstaende
  ind = R(2:3,i) + 1;            % Index fuer Teilmatrix
  M(ind,ind) = M(ind,ind) + R(1,i)*A;
end

x = M(2:n+1,2:n+1)\b(2:n+1);     % loese LGS
```

4.5 Deformation eines Stabtragwerks

Das Stabtragwerk bestehe aus elastischen Verstrebungen, die in den Punkten $P_1, \ldots, P_m$ durch Drehgelenke verbunden und in den Punkten $P_{m+1}, \ldots, P_n$ starr befestigt sind. Wirken in den Punkten P_i, $i = 1 : m$, die Kräfte $\mathbf{f}_i = (f_i^{[x]}, f_i^{[y]})^t$, so gilt für die Verschiebungen $\mathbf{x}_j$ der Gelenke

$$\mathbf{f}_j = \sum_{i \sim j} c_{i,j} \frac{(\mathbf{p}_j - \mathbf{p}_i)^t (\mathbf{x}_j - \mathbf{x}_i)}{(\mathbf{p}_j - \mathbf{p}_i)^t (\mathbf{p}_j - \mathbf{p}_i)} \cdot (\mathbf{p}_j - \mathbf{p}_i), \quad j = 1, \ldots, m \qquad (4.3)$$

mit Materialkonstanten $c_{i,j}$ (siehe unten). Dabei bedeutet $i \sim j$, daß P_i und P_j durch eine Verstrebung verbunden sind. Wegen der starren Befestigungen ist $\mathbf{x}_j = \mathbf{0}$ für $j = m+1, \dots, n$.

Mit Hilfe von MATLAB soll die Verformung des Tragwerks berechnet und dargestellt werden. Dazu schreibe man ein Programm

$$X = \text{ELASTIC}(P, F, A),$$

das die Verschiebungen $\mathbf{x}_j$ aus den Gelenkpositionen P und den Kräften F berechnet. Die k-te Spalte der Matrix A enthält dabei die Indizes $i \sim j$ der Gelenke oder Befestigungen, die durch die k-te Verstrebung verbunden sind, sowie die Materialkonstante der Verstrebung: $A(:,k) = [i;\ j;\ c_{i,j}]$.

Anhand des folgenden Beispiels mit $m = 2$ und $n = 5$ soll das Programm getestet werden:

$$P = \begin{bmatrix} 0 & 0 & 1 & 1 & 1 \\ 1 & 0 & 2 & 1 & 0 \end{bmatrix}, \quad F = \begin{bmatrix} 0 & 0 \\ 0 & -1 \end{bmatrix}, \quad A = \begin{bmatrix} 1 & 1 & 1 & 2 & 2 \\ 2 & 3 & 4 & 4 & 5 \\ c & c & c & c & c \end{bmatrix},$$

wobei $c = 5$ als Materialkonstante gewählt werde. Das resultierende Stabtragwerk ist in Abb. 4.3 abgebildet, wobei die starren Knoten durch • markiert sind.

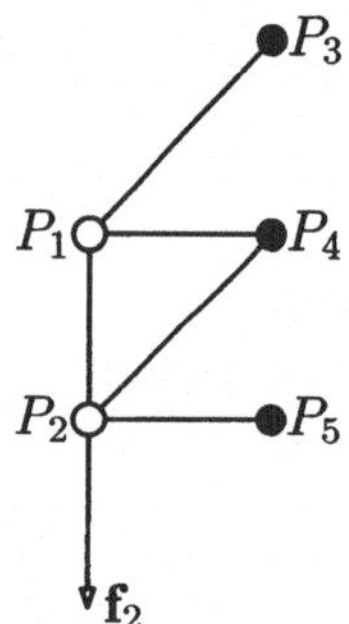

Abb. 4.3. Stabtragwerk mit zwei Drehgelenken (P_1, P_2) und drei starren Befestigungen (P_3, P_4, P_5) sowie einer angreifenden Kraft in P_2.

Um die Problemstellung besser zu verstehen, untersucht man die Struktur der Formel (4.3). Jede der m angegebenen Gleichungen besteht aus zwei Koordinaten, so daß tatsächlich für die $2m$ Unbekannten

$$X = [\mathbf{x}_1, \dots, \mathbf{x}_m] = \begin{bmatrix} x_1^{[x]} & \cdots & x_m^{[x]} \\ x_1^{[y]} & \cdots & x_m^{[y]} \end{bmatrix}$$

auch $2m$ Gleichungen zur Verfügung stehen.

Die Gleichungen (4.3) werden in folgender Darstellung transparenter:

$$\mathbf{f}_j = \sum_{i \sim j} \frac{c_{i,j}}{(\mathbf{p}_j - \mathbf{p}_i)^t(\mathbf{p}_j - \mathbf{p}_i)}(\mathbf{p}_j - \mathbf{p}_i)(\mathbf{p}_j - \mathbf{p}_i)^t \cdot (\mathbf{x}_j - \mathbf{x}_i), \quad j = 1, \dots, m$$

Wir betrachten einen Summanden genauer:

- $\dfrac{c_{i,j}}{(\mathbf{p}_j - \mathbf{p}_i)^t(\mathbf{p}_j - \mathbf{p}_i)}$ ist eine von X unabhängige Konstante.
- $(\mathbf{p}_j - \mathbf{p}_i)(\mathbf{p}_j - \mathbf{p}_i)^t$ ist eine $2 * 2$–Matrix, die auf die Vektoren $\mathbf{x}_j$ und $-\mathbf{x}_i$ wirkt.

Diese Gleichungen werden nun in ein System der Form $M\mathbf{x} = \mathbf{f}$ umgeschrieben. In MATLAB wird dazu die Matrix M nicht zeilenweise aufgebaut, sondern die Matrix A der Tragwerk-Topologie wird durchlaufen. Die Verbindung $P_i \sim P_j$ ergibt Einträge in M an den zu i und j korrespondierenden Zeilen und Spalten mit Index

$$ind = [2i - 1\,,2i \ , \ 2j - 1\,,\,2j].$$

Insgesamt sind dies vier Blöcke in M, nämlich $M(2i - 1 : 2i, 2i - 1 : 2i)$, $M(2i - 1 : 2i, 2j - 1 : 2j)$, $M(2j - 1 : 2j, 2i - 1 : 2i)$ und $M(2j - 1 : 2j, 2j - 1 : 2j)$, in die jeweils die 2×2–Matrix

$$\frac{c_{i,j}}{(\mathbf{p}_j - \mathbf{p}_i)^t(\mathbf{p}_j - \mathbf{p}_i)}(\mathbf{p}_j - \mathbf{p}_i)(\mathbf{p}_j - \mathbf{p}_i)^t$$

unter Beachtung des Vorzeichens eingetragen wird. Dabei startet man mit einer Matrix aus Nullen und addiert diese Einträge zu den vorhandenen. Somit wird zunächst eine $2n \times 2n$–Matrix aufgebaut. Da $P_{m+1}, \dots , P_n$ starr sind, wird zum Lösen des LGS nur $M(1{:}2m \ , \ 1{:}2m)$ benötigt.

Insgesamt berechnet folgendes Programm die Verschiebungen:

```
function X = ELASTIC(P,F,A)
% function X = ELASTIC(P,F,A)
% Verschiebungen in Stab-Tragwerk
% input:  P ... Punkt-Koordinaten (2xn)
%         F ... Kraefte (2xm)
%         A ... Tragwerk-Topologie
% output: X ... Verschiebungen (2xm)


[dummy,n] = size(P);                % Anzahl Punkte
[dummy,m] = size(F);                % Anzahl bewegliche Punkte
[dummy,anz] = size(A);              % Anzahl Verbindungen


% Ziel: Loese LGS M*X = F, dazu zuerst M und F ermitteln
F = F(:);                           % F=[F1x;F1y; ... ;Fmx;Fmy]
M = zeros(2*n,2*n);
for k = 1:anz                       % Schleife ueber Verbindungen
  i = A(1,k); j = A(2,k);           % Ind. der verbundenen Pkte
  c = A(3,k);                       % Materialkonstante
  DIFF = P(:,j) - P(:,i);           % Differenzvektor der Punkte
  nenner = DIFF'*DIFF;
  H = c/nenner*DIFF*DIFF';          % Hilfsmatrix (dyad. Produkt)
```

```
  H = [ H -H ; -H H ];
  index = [ 2*i-1 2*i 2*j-1 2*j ];% akt. Verbindung addieren
  M(index,index) = M(index,index) + H;
end
M = M(1:2*m,1:2*m);                  % wg X_{m+1} = ... = X_n = 0

X = M\F;                             % LGS loesen
X = reshape(X,2,m);                  % X auf Form 2xm transf.
```

Mit Hilfe des folgenden Programms kann das Tragwerk und das verschobene Tragwerk geplottet werden:

```
function TRAGWERK(P,F,A)
% function TRAGWERK(P,F,A)
% Plottet das Tragwerk vor und nach der Deformation
% input:  P ... Koordinaten der Punkte
%         F ... Kraefte
%         A ... Topologie des Netzwerks
% needs:  ELASTIC.m

[dummy,m] = size(F);[dummy,n] = size(A);

disp('Das Tragwerk wird gezeichnet.') % Ausgabe am Bildschirm
clf, hold on                         % Grafikfenster loeschen
plot(P(1,:),P(2,:),'*')              % mit HOLD ON: alle plots
H = P(:,1:m)+F;                      %    in dasselbe Bild
for k = 1:m                          % Kraefte zeichnen
  plot([P(1,k) H(1,k)],[P(2,k) H(2,k)],'g--')
end
for k = 1:n                          % Staebe zeichnen
  plot([P(1,A(1,k)) P(1,A(2,k))],[P(2,A(1,k)) P(2,A(2,k))])
end
hold off, title('Tragwerk')
disp('Zur Berechnung der Verschiebungen: Taste druecken...')
pause                                % PAUSE wartet auf Taste

X = ELASTIC(P,F,A);                  % Verschiebungen berechnen
P(:,1:m) = P(:,1:m)+X;               % verformte Punkte berechnen

disp('Das verformte Tragwerk wird gezeichnet.')
clf, hold on                         % jetzt alles in neues Bild
plot(P(1,:),P(2,:),'*')              % Punkte zeichnen
for k = 1:n                          % Staebe zeichnen
  plot([P(1,A(1,k)) P(1,A(2,k))],[P(2,A(1,k)) P(2,A(2,k))])
end
hold off, title('Deformiertes Tragwerk')
```

Das obige Programm enthält vier bisher noch nicht eingeführte Befehle.
Mit `disp` kann in MATLAB ein Text auf den Bildschirm gebracht werden. Der
Befehl `pause` unterbricht den Programmablauf, bis eine Taste gedrückt wird.
Durch `hold on` wird bewirkt, daß die folgenden Grafikbefehle in dasselbe Bild
gezeichnet werden, bis der Befehl `hold off` dies wieder abstellt. Schließlich
löscht `clf` das Grafikfenster.

Für das vorgelegte Beispiel erhält man die in Abbildung 4.4 dargestellte
Verformung.

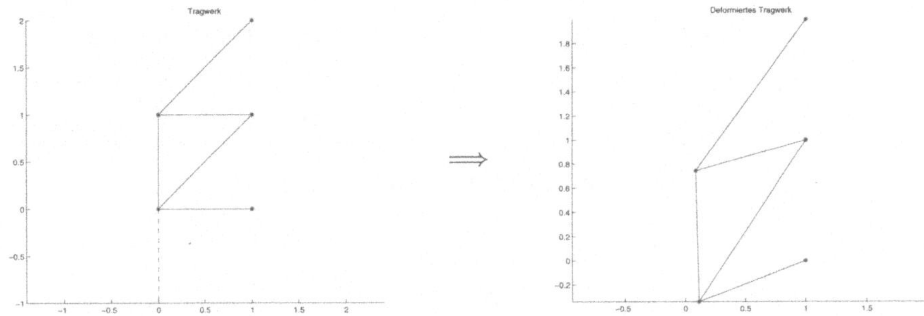

Abb. 4.4. Verformung eines Stabtragwerks

4.6 Approximation eines Geländeprofils

Aus den Höhen f_j $(j = 1, \ldots, n)$, die an den Punkten $P_j = (u_j, v_j) \in \mathbb{R}^2$
gemessen wurden, soll ein Geländeprofil g mit Hilfe der Approximation

$$g(\mathbf{x}) = \sum_{k=1}^{n} c_k \varrho(\|\mathbf{x} - \mathbf{p}_k\|_2), \quad \mathbf{x} \in \mathbb{R}^2$$

rekonstruiert werden (siehe Abb. 4.5.) Dabei wird als radialsymmetrische
Basisfunktion $\varrho(t) := (t^2 + \alpha)^{-\beta}$ mit $\alpha = \beta = 1$ verwendet.

Es soll ein MATLAB-Programm

$$\mathbf{c} = \text{RADIAL}(P, \mathbf{f})$$

geschrieben werden, das die Koeffizienten c_j durch Interpolation an den Punkten P_j bestimmt: $g(\mathbf{p}_j) = f_j$. Das approximierte Geländeprofil soll durch
einen Contour-Plot dargestellt werden.

Zunächst braucht man ein Hilfsprogramm $r = \text{RHO}(t, \alpha, \beta)$, das die Basisfunktion berechnet. Plots von $\varrho(t)$ über dem Intervall $[0, 10]$ sind für einige
charakteristische Werte von α und β in Abb. 4.6 dargestellt. Man erkennt,
daß $\varrho(t)$ jeweils das Maximum bei $t = 0$ hat und dann schnell abklingt.

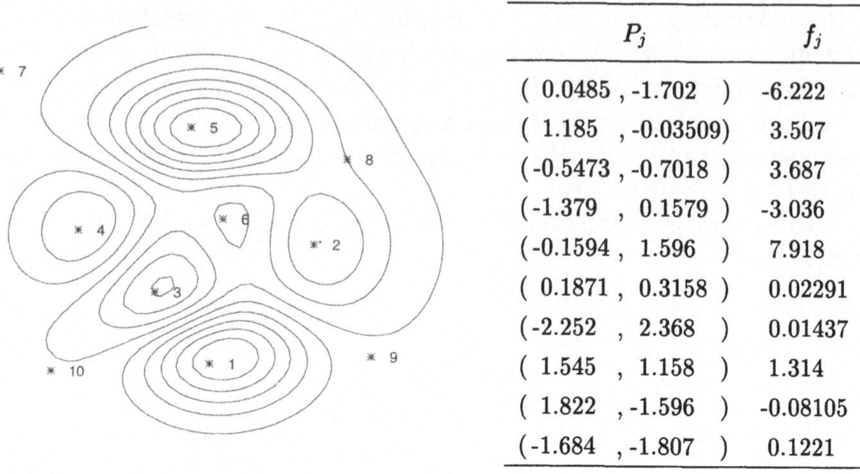

P_j		f_j
(0.0485 , -1.702)		-6.222
(1.185 , -0.03509)		3.507
(-0.5473 , -0.7018)		3.687
(-1.379 , 0.1579)		-3.036
(-0.1594 , 1.596)		7.918
(0.1871 , 0.3158)		0.02291
(-2.252 , 2.368)		0.01437
(1.545 , 1.158)		1.314
(1.822 , -1.596)		-0.08105
(-1.684 , -1.807)		0.1221

Abb. 4.5. Höhenlinien und Meßpunkte

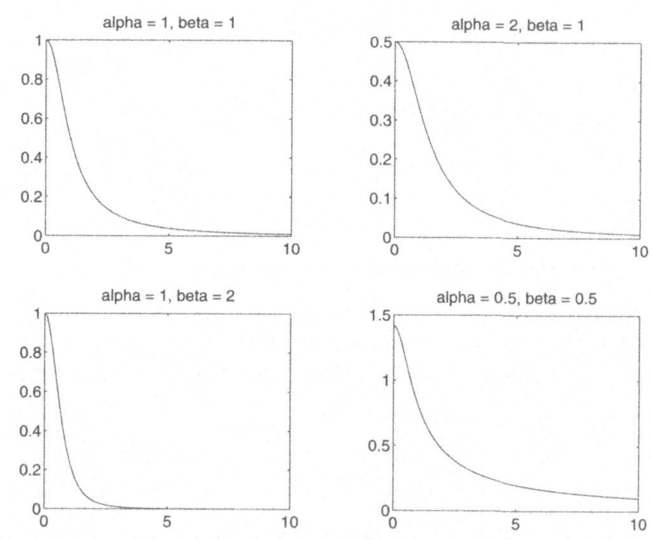

Abb. 4.6. Die Funktion $\varrho(t, \alpha, \beta)$

Das zugehörige MATLAB-File, das wegen der Verwendung der Array-Operationen auch für vektorielle Werte von t aufgerufen werden kann, lautet:

```
function r = RHO(t,alpha,beta);
% function r = RHO(t,alpha,beta)
% input:  t ... Stelle zur Auswertung
%         alpha, beta ... Parameter fuer rho
% output: r ... rho(t) = (t^2+alpha)^(-beta)
if nargin == 1
```

```
  alpha = 1; beta = 1;              % default-Werte
end
r = (t.*t + alpha).^(-beta);    % rho berechnen
```

Um das Geländeprofil g zu bestimmen, stellt man folgende Gleichungen auf, welche die Interpolation an den Datenpunkten beschreiben:

$$f_j = g(\mathbf{p}_j) = \sum_{k=1}^{n} c_k \varrho(\|\mathbf{p}_j - \mathbf{p}_k\|_2); \quad j = 1,\dots,n$$

Dies führt auf das LGS

$$\begin{pmatrix} \varrho(\|\mathbf{p}_1 - \mathbf{p}_1\|_2) & \cdots & \varrho(\|\mathbf{p}_1 - \mathbf{p}_n\|_2) \\ \vdots & & \vdots \\ \varrho(\|\mathbf{p}_n - \mathbf{p}_1\|_2) & \cdots & \varrho(\|\mathbf{p}_n - \mathbf{p}_n\|_2) \end{pmatrix} \cdot \begin{pmatrix} c_1 \\ \vdots \\ c_n \end{pmatrix} = \begin{pmatrix} f_1 \\ \vdots \\ f_n \end{pmatrix}$$

Um diese Matrix aufzubauen, berechnet man zunächst $\|\mathbf{p}_i - \mathbf{p}_j\|_2$ für alle Paare (i,j). Dazu baut man zwei Matrizen mit den Differenzen der x- bzw. y-Werte auf, die sich jeweils mittels des dyadischen Produkts erzeugen lassen, und errechnet daraus komponentenweise die Punktabstände. Damit lautet das MATLAB-File zur Berechnung der Koeffizienten c_k:

```
function c = RADIAL(P,f);
% function c = RADIAL(P,f);
% input:  P ... 2xn Punkte P_j = (u_j,v_j)
%         f ... 1xn Funktionswerte an den Punkten
% output: c ... 1xn Koeff. fuer radialsymm. Basisfkt.
% needs:  RHO.m


n = length(f);
U = P(1,:)'*ones(1,n);             % dyadisches Produkt
V = P(2,:)'*ones(1,n);
dist = sqrt( (U-U').^2 + (V-V').^2 ); % Punktabstaende
M = RHO(dist);                     % Matrix des Systems
c = (M\f(:))';                     % Koeffizienten
```

Die berechnete Approximation wird im Contour-Plot in Abb. 4.7 dargestellt.

Schließlich können in MATLAB durch `meshc` sowohl die Funktion als auch die Höhenlinien zusammen dargestellt werden. In Abb. 4.8 ist dies für die Originaldaten und die Approximation g gegenübergestellt. Dabei wurden die Bilder durch das folgende Programm erzeugt, für das die Daten aus der MATLAB-Funktion peaks abgegriffen wurden.

```
% Skript GELAENDE: Radialsymm. Basisfunktionen
% Berechnet und zeichnet die Approximation
colormap gray                      % fuer PLOT
```

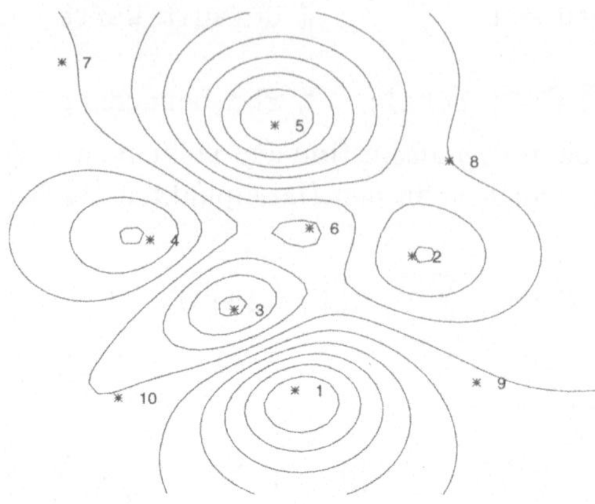

Abb. 4.7. Contour-Plot des approximierten Geländeprofils

```
disp('Urspruengliches Gelaende...')
[X,Y,Z] = peaks(49);              % in Matlab definiert
meshc(Z)                          % Mesh mit Contour
shading faceted, title('Original')
disp('Bitte eine Taste druecken'), pause

disp('Approximation...')          % Approximiertes Gelaende
load GELAENDE;                    % Laden von P und f
c = RADIAL(P,f);                  % Berechne Koeffizienten
[X,Y] = meshgrid(-3:0.125:3,-3:0.125:3);
n = length(f);
APPROX = 0*X;
for i = 1:n                       % Approximation
  DIST = sqrt( ( X-P(1,i) ).^2 + ( Y-P(2,i) ).^2 );
  APPROX = APPROX + c(i)*RHO(DIST);
end
```

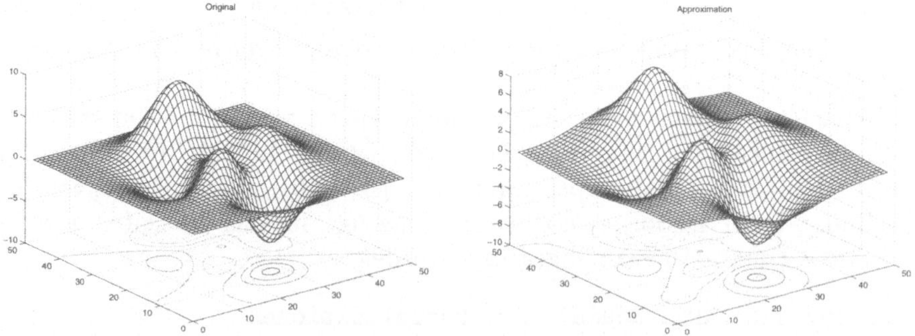

Abb. 4.8. Original und Approximation

```
meshc(APPROX)
shading faceted, title('Approximation')
```

Den Contour-Plot aus Abb. 4.7 erhält man, indem man `meshc` durch `contour` erstzt.

4.7 GAUSS-Algorithmus

Der in Kap. 1 vorgestellte GAUSS-Algorithmus zur Lösung des linearen Gleichungssystems $A\mathbf{x} = \mathbf{b}$ soll in MATLAB implementiert werden. Dabei soll zunächst davon ausgegangen werden, daß die quadratische Matrix A regulär ist, wodurch das System stets eine eindeutige Lösung besitzt. Anschließend soll das Programm auf eine beliebige quadratische Matrix A verallgemeinert werden. Gemäß der FREDHOLMschen Alternative hat das System dann entweder keine oder unendlich viele Lösungen.

4.7.1 Der GAUSS-Algorithmus für reguläres A

Der in Pseudo-Notation formulierte Algorithmus 1.1 läßt sich direkt nach MATLAB übertragen, und man erhält:

```
function x = GAUSS1(A, b)
% function x = GAUSS1(A, b)
% loest das LGS A*x = b fuer eine regulaere Matrix A
% input:  A ... regulaere Matrix
%         b ... Vektor
% output: x ... Vektor mit A*x = b

[m,n] = size(A);
if m ~= n | m ~= length(b)      % Format pruefen
  disp('Fehler: falsche Dimensionen')
  x = []; return
end

% A auf Dreiecksform bringen, b simultan mitbehandeln
A = [ A , b(:) ];                % b als weitere Spalte anhaengen
for i = 1:n-1
  v = abs( A(i:n,i) );           % Betraege in erster Spalte
  k = find( v == max(v) );       % Index des max. Betrags in v
  k = k(1) + i - 1;              % tatsaechlicher Index
  HILF = A(i,i:n+1);             % vertausche Zeilen i und k
  A(i,i:n+1) = A(k,i:n+1);
  A(k,i:n+1) = HILF;
  IZ = i+1:n;                    % Index der zu transform. Zeilen
  IS = i:n+1;                    %   bzw. Spalten
```

```
   A(IZ,IS) = A(IZ,IS) - (A(IZ,i)/A(i,i))*A(i,IS); % Trafo
end
b = A(:,n+1);                        % zusammengesetzte Matrix wieder
A = A(:,1:n);                        %   aufspalten

% Rueckwaerts-Einsetzen zur Bestimmung von x
x = zeros(n,1);                      % zur Dimensionierung
x(n) = b(n)/A(n,n);
for i = n-1:-1:1
  IS = i+1:n;                        % Index der Spalten > i
  x(i) = ( b(i) - A(i,IS)*x(IS) )/A(i,i); % nach x(i) aufloesen
end
```

4.7.2 Der GAUSS-Algorithmus für beliebiges A

Das Programm soll für den Fall, daß $A\mathbf{x} = \mathbf{b}$ unendlich viele Lösungen hat, einen Vektor $\mathbf{x}$ und eine Matrix Y liefern, wobei $\mathbf{x}$ eine spezielle Lösung des Systems ist und in den Spalten von Y eine Basis für Kern(A) steht. Ist $k :=$ dim Kern(A), so hat $Y = [\mathbf{y}_1, \ldots, \mathbf{y}_k]$ genau k Spalten, und die allgemeine Lösung des Systems ist $\mathbf{x} + c_1\mathbf{y}_1 + \cdots + c_k\mathbf{y}_k$. Ist das System eindeutig lösbar, soll für Y die leere Matrix [ ] ausgegeben werden. Schließlich soll für $\mathbf{x}$ der leere Vektor zurückgegeben werden, falls das System unlösbar ist.

Im Fall einer beliebigen Matrix A wird auf die in Kap. 1 dargestellte modifizierte Dreiecksform mit k Nullzeilen transformiert. Dazu wird der Index ind, unterhalb dem in der ℓ-ten Spalte Nullen erzeugt werden, gespeichert. Dieser Index wird für $\ell = 1$ auf 1 gesetzt und nur dann erhöht, wenn die Pivotisierung einen von Null verschiedenen Eintrag liefert. Das Pivotelement für die ℓ-te Spalte steht jetzt auch nicht mehr in Zeile ℓ sondern in der durch den Index bezeichneten Zeile ind $\leq \ell$.

Eine weitere Schwierigkeit ergibt sich bei der Pivotisierung. Sie darf nicht durchgeführt werden, wenn die zu transformierende Spalte bereits eine Nullspalte ist. Da aber aufgrund von Rundungsfehlern bei der Berechnung kleine Ungenauigkeiten auftreten können, ist eine Abfrage der Form v == 0 nicht sinnvoll. Besser sollte numerisch durch abs(v) < TOL (mit einer kleinen Konstante TOL) getestet werden, ob v Null ist.

Vor dem Rückwärtseinsetzen wird für jede Zeile ℓ das kleinste j mit $a_{\ell,j} \neq 0$ ermittelt und in einem Indexvektor IND gespeichert. Ist Zeile ℓ dabei eine Nullzeile, wird IND(ℓ) $= n + 1$ gesetzt.

Beim Rückwärtseinsetzen wird zuerst für die k Nullzeilen mit Index $\ell = n - k + 1, \ldots, n$, für die $j := $ IND(ℓ) $= n + 1$ ist, getestet, ob $b_\ell = 0$ ist. Ist dies nicht der Fall, hat $A\mathbf{x} = \mathbf{b}$ keine Lösung.

Ist Zeile ℓ keine Nullzeile, wird nach x_j aufgelöst. Hat die modifizierte Dreiecksform einen Sprung um mehr als eine Spalte, so ist $m - j > 1$ mit $m :=$ IND($\ell+1$). Dies bedeutet, daß $x_{j+1}, \ldots, x_{m-1}$ beliebig sind. Dies wird in MATLAB dadurch realisiert, daß die Matrix Y für jedes x_i, das in der Lösung beliebig ist, eine weitere Spalte erhält, in die zunächst der i-te Einheitsvektor $\mathbf{e}_i$ eingetragen wird. Ergibt sich dann später beim Rückwärtseinsetzen eine Abhängigkeit von x_i, ist dies in der betreffenden Zeile und Spalte von Y einzutragen. Ist beispielsweise $x_1 = 2 - 4x_3 + 7x_4$, $x_{3,4}$ beliebig, so ist in $\mathbf{x}$ der Wert $x(1) = 2$ einzutragen. In der ersten Spalte von Y, die zu x_3 gehört, ist $Y(1,1) = -4$ und in der zu x_4 gehörenden zweiten Spalte $Y(1,2) = 7$ einzutragen. Damit lautet das Programm:

```
function [x, Y] = GAUSS2(A, b)
% function [x, Y] = GAUSS2(A, b)
% loest das LGS A*x = b fuer eine beliebige Matrix A
% input:  A ... Matrix
%         b ... Vektor
% output: x ... Vektor mit A*x = b
%         Y ... Matrix, in deren Spalten Kern(A) ist, falls
%               A*x = b unendlich viele Loesungen hat, also:
%               A*(x + c1*Y(:,1) + ... + ck*Y(:,k)) = b

TOL = 1e-12;                      % Toleranz, statt Abfrage == 0
[m,n] = size(A);
if m ~= n | m ~= length(b)        % Format pruefen
  disp('Fehler: falsche Dimensionen')
  X = []; Y = []; return          % Abbruch
end

% A auf Dreiecksform bringen, b simultan mitbehandeln
A = [ A , b(:) ];                 % b als weitere Spalte anhaengen
ind = 1;                          % Index: unterhalb 0-en erzeugen
for i = 1:n
  v = abs( A(ind:n,i) );          % Betraege in aktueller Spalte
  k = find( v == max(v) );        % Index des max. Betrags in v
  k = k(1) + ind - 1;             % tatsaechlicher Index
  if abs(A(k,i)) > TOL            % A nicht notwendig regulaer!
    HILF = A(ind,i:n+1);          % vertausche Zeilen ind und k
    A(ind,i:n+1) = A(k,i:n+1);
    A(k,i:n+1) = HILF;
    IZ = ind+1:n;                 % Index der zu transform. Zeilen
    IS = i:n+1;                   %   bzw. Spalten
    A(IZ,IS) = A(IZ,IS) - (A(IZ,i)/A(ind,i))*A(ind,IS); % Trafo
    ind = ind + 1;
  end
end
b = A(:,n+1);                     % zusammengesetzte Matrix wieder
A = A(:,1:n);                     %   aufspalten
```

```matlab
% Spruenge in Dreiecksform feststellen
IND = (n+1)*ones(1,n+1);          % mit n+1 vorbelegen
for i = 1:n
  k = find(abs(A(i,:)) > TOL); % finde ersten von 0 verschie-
  if ~isempty(k)                  %     denen Eintrag
    IND(i) = k(1);
  end
end


% Rueckwaerts-Einsetzen zur Bestimmung von X
x = zeros(n,1);                   % zur Dimensionierung
Y = [];                           % in Y ggf. Basis des Kerns
for i = n:-1:1
  j = IND(i); m = IND(i+1);       % erster Eintrag ~= 0 in Zeile
  if j == n+1                     % Nullzeile
    if abs(b(i)) > TOL            % Wid!, keine Loesung, Abbruch
      x = []; Y = []; return
    end
  else                            % nach X(k) aufloesen
    if m - j > 1                  % Sprung in Dreiecksform
      for k = j+1:m-1             % => X(j+1),...,X(m-1) beliebig
        e_k = zeros(n,1); e_k(k) = 1; % k-ter Einheitsvektor
        Y = [Y e_k];             % Y erweitern
      end
    end
    if j == n
      x(n) = b(i)/A(i,n);         % nach X(n) aufloesen
    else
      IS = j+1:n;                 % nach X(j) aufloesen
      x(j) = ( b(i) - A(i,IS)*x(IS) )/A(i,j);
      if ~isempty(Y)              % analog fuer Kern
        Y(j,:) = -A(i,IS)*Y(IS,:)/A(i,j);
      end
    end % if
  end % if
end % for
```

Beispiel 1: Für die Rang-1-Matrix

$$A = \begin{pmatrix} 1 \\ 2 \\ 3 \\ 4 \end{pmatrix} \cdot (4\,3\,2\,1) = \begin{pmatrix} 4 & 3 & 2 & 1 \\ 8 & 6 & 4 & 2 \\ 12 & 9 & 6 & 3 \\ 16 & 12 & 8 & 4 \end{pmatrix} \tag{4.4}$$

erhält man mit der rechten Seite $\mathbf{b} = \begin{bmatrix} 1\,2\,3\,4 \end{bmatrix}^{t}$:

```
>> A = [1 2 3 4]'*[4 3 2 1];
>> b = [1 2 3 4]';
>> [x, Y] = GAUSS2(A, b)
x =                        Y =
   0.2500                       -0.7500    -0.5000    -0.7500
        0                        1.0000          0          0
        0                             0     1.0000          0
        0                             0          0     1.0000
```

Man erhält also in der Tat, daß $\dim \mathrm{Kern}(A) = 4 - \mathrm{Rang}(A) = 3$. Kontrolliert man das Ergebnis, so erhält man:

$$
\begin{pmatrix} 4 & 3 & 2 & 1 \\ 8 & 6 & 4 & 2 \\ 12 & 9 & 6 & 3 \\ 16 & 12 & 8 & 4 \end{pmatrix} \cdot \begin{pmatrix} \frac{1}{4} - \frac{3}{4}c_1 - \frac{1}{2}c_2 - \frac{1}{4}c_3 \\ c_1 \\ c_2 \\ c_3 \end{pmatrix} = \begin{pmatrix} 1 \\ 2 \\ 3 \\ 4 \end{pmatrix} .
$$

Beispiel 2: Für die Rang-2-Matrix

$$
A = \begin{pmatrix} 2 & 0 & 4 & 2 \\ -3 & -1 & -5 & -5 \\ 1 & 2 & 0 & 5 \\ 4 & 1 & 7 & 6 \end{pmatrix} \tag{4.5}
$$

errechnet MATLAB die folgende modifizierte Dreiecksform mit zugehörigem Indexvektor:

```
A =
    4.00000    1.00000    7.00000    6.00000
    0.00000    1.75000   -1.75000    3.50000
    0.00000    0.00000    0.00000    0.00000
    0.00000    0.00000    0.00000    0.00000
IND =
       1       2       5       5       5
```

Für die beiden Vektoren $\mathbf{b}_1 = [0, -2, 4, 2]^t$ und $\mathbf{b}_2 = [1, -2, 4, 2]^t$ untersuchen wir mit unserem Programm die Lösungen:

```
>> A = [2 0 4 2;-3 -1 -5 -5;1 2 0 5;4 1 7 6];
>> b1 = [0 -2 4 2]'; b2 = [1 -2 4 2]';
>> [x, Y] = GAUSS2(A, b1)
x =                        Y =
        0                        -2       -1
        2                         1       -2
        0                         1        0
        0                         0        1

>> [x, Y] = GAUSS2(A, b2)
x =                        Y =
       []                        []
```

Die Lösung für $\mathbf{b}_1$ besagt, daß

$$A \cdot (\mathbf{x} + c_1\mathbf{y}_1 + c_2\mathbf{y}_2) = \begin{pmatrix} 2 & 0 & 4 & 2 \\ -3 & -1 & -5 & -5 \\ 1 & 2 & 0 & 5 \\ 4 & 1 & 7 & 6 \end{pmatrix} \cdot \begin{pmatrix} -2c_1 - c_2 \\ 2 + c_1 - 2c_2 \\ c_1 \\ c_2 \end{pmatrix} = \begin{pmatrix} 0 \\ -2 \\ 4 \\ 2 \end{pmatrix}$$

gilt, was man leicht kontrolliert.

4.8 Integration

Ziel ist es, das Integral $I(f) := \int_a^b f(x)\,dx$ einer integrierbaren Funktion f zu bestimmen. Da für viele Funktionen f, wie beispielsweise $f(x) = \exp(-x^2)$, keine Stammfunktion angegeben werden kann, besteht die Notwendigkeit, $I(f)$ numerisch zu approximieren. Zwar gibt es in MATLAB mit quad und quad8 zwei Verfahren zur Integration, aber wir wollen eine andere Methode vorstellen und implementieren.

Die in Abb. 4.9 dargestellte *Trapezregel* ist ein Verfahren, $I(f)$ durch eine Summe von Trapezflächen anzunähern. Wählt man eine äquidistante Folge von Stützstellen

$$a = x_0 < x_1 < \cdots < x_n = b \quad \text{mit} \quad x_{i+1} - x_i =: h,$$

so ergibt sich der Flächeninhalt eines einzelnen Trapezes zu $h \cdot (f(x_i) + f(x_{i+1}))/2$, und man erhält insgesamt für die Trapezregel $T_h(f)$ mit Schrittweite h:

$$T_h(f) = h \cdot \left(\frac{1}{2}f(x_0) + f(x_1) + \cdots + f(x_{n-1}) + \frac{1}{2}f(x_n)\right)$$

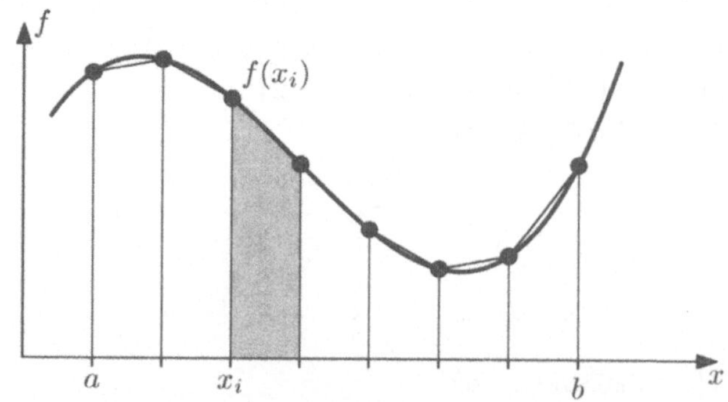

Abb. 4.9. Integration mit der Trapezregel

Die Trapezregel kann man somit elementar programmieren. Dabei wird vorausgesetzt, daß die zu integrierende Funktion f in einer separaten Datei abgespeichert ist und für mehrere x-Werte parallel aufgerufen werden kann:

```
function int = TRAPEZ(fname,a,b,n)
% function int = TRAPEZ(fname,a,b,n)
% Berechnung von int_a^b f(x) dx
% Methode: Trapezregel mit n Intervallen
% input:   fname ... string, Funktionsname fuer Integrand
%          a, b  ... Integrationsgrenzen
%          n     ... Anzahl der Teilintervalle
% output:  int   ... Naeherung fuer Integral
h = (b-a)/n;                    % Schrittweite h=(b-a)/n
x = linspace(a,b,n+1);         % Partition von [a,b]
f = feval(fname,x);            % Funktion auswerten
int = h*( 0.5*f(1)+sum(f(2:n))+0.5*f(n+1) ); % Trapezregel
```

Verkleinert man h, so approximiert man durch mehr Trapeze und erhält eine genauere Näherung von $I(f)$. Halbiert man dabei die Schrittweite h, können die alten Funktionsauswertungen erneut verwendet werden. Man erhält die neue Unterteilung

$$a = \tilde{x}_0 < \tilde{x}_1 < \cdots < \tilde{x}_{2n} = b \ \text{ mit } \ \tilde{x}_{i+1} - \tilde{x}_i = \frac{h}{2} \ \text{ und } \ \tilde{x}_{2i} = x_i \, .$$

Daraus ergibt sich:

$$\begin{aligned}
T_{h/2}(f) &= \frac{h}{2} \cdot \left(\frac{1}{2}f(\tilde{x}_0) + f(\tilde{x}_1) + \cdots + f(\tilde{x}_{n-1}) + \frac{1}{2}f(\tilde{x}_n) \right) \\
&= \frac{h}{2} \cdot \left(\frac{1}{2}f(\tilde{x}_0) + f(\tilde{x}_2) + \cdots + f(\tilde{x}_{2n-2}) + \frac{1}{2}f(\tilde{x}_{2n}) \right. \\
&\qquad \left. + f(\tilde{x}_1) + f(\tilde{x}_3) + \cdots + f(\tilde{x}_{2n-1}) \right) \\
&= \frac{1}{2}T_h(f) + \frac{h}{2} \cdot \left(f(\tilde{x}_1) + f(\tilde{x}_3) + \cdots + f(\tilde{x}_{2n-1}) \right)
\end{aligned}$$

Untersucht man den Fehler Δ_h der Trapezregel zur Schrittweite h für eine glatte Funktion f, so kann man zeigen (vgl. [4]):

$$\begin{aligned}
\Delta_h(f) &:= I(f) - T_h(f) \\
&= \sum_{j=1}^{m-1} c_{2j} \left(f^{(2j-1)}(b) - f^{(2j-1)}(a) \right) h^{2j} + c_{2m}f^{(2m)}(\xi)(b-a)h^{2m} \\
&= c_2 f''(\xi_2)(b-a)h^2 + c_4 f^{(4)}(\xi_4)(b-a)h^4 + \mathcal{O}(h^6)
\end{aligned}$$

mit Konstanten $c_2 = -\frac{1}{12}$, $c_4 = \frac{1}{720}$, ... und Zwischenwerten $\xi_i \in [a,b]$. Kurz ausgedrückt hat also der Fehler Δ_h die quadratische Entwicklung

$$\Delta_h(f) = d_2 h^2 + d_4 h^4 + \mathcal{O}(h^6) \, .$$

Für die Schrittweite $h/2$ erhält man damit

$$\Delta_{h/2}(f) = d_2(\frac{h}{2})^2 + d_4(\frac{h}{2})^4 + \mathcal{O}(h^6) = \frac{d_2}{4}h^2 + \frac{d_4}{16}h^4 + \mathcal{O}(h^6)\,,$$

woraus ersichtlich wird, daß der Fehler bei halber Schrittweite ungefähr ge-viertelt wird. Eine drastische Verbesserung der Approximation erhält man zusätzlich, indem man durch eine Linearkombination von Δ_h und $\Delta_{h/2}$ den h^2-Term eliminiert:

$$4 \cdot \Delta_{h/2}(f) - \Delta_h(f) = 3I(f) + T_h(f) - 4T_{h/2}(f) = -\frac{3}{4}d_4h^4 + \mathcal{O}(h^6)$$

Löst man diese Gleichung nach $I(f)$ auf, so ergibt sich

$$I(f) = \frac{4T_{h/2}(f) - T_h(f)}{3} - \frac{1}{4}d_4h^4 + \mathcal{O}(h^6)\,.$$

Zusammenfassend erhält man also, daß

$$I(f) \approx I_h(f) := \frac{4T_{h/2}(f) - T_h(f)}{3}$$

eine Approximation von $I(f)$ der Ordnung h^4 ist.

Anhand des Beispiels $\int_0^\pi \sin x\, dx = 2$ soll diese drastische Verbesserung der Approximation für $h = \pi/10$ gezeigt werden. In Tabelle 4.2 sind die Ergebnisse für die Trapezregel mit h und $h/2$ sowie für die Linearkombination dargestellt.

Tabelle 4.2. Verbesserung der Trapezregel durch Linearkombination mit einer Trapezregel von halber Schrittweite in der Form $I_h := (4T_{h/2} - T_h)/3$

Approximation	Wert	Fehler $|\Delta|$
$T_{\pi/10}$	$1.9835\ldots$	$0.01648\ldots$
$T_{\pi/20}$	$1.99588\ldots$	$0.00411\ldots$
$I_{\pi/10}$	$2.00000678\ldots$	$0.00000678\ldots$

Diese Variante der Trapezregel läßt sich in MATLAB implementieren, wobei als Standardeinstellung eine Unterteilung in 10 Intervalle gewählt wird:

```
function int = INTEGRAL(fname,a,b,n)
% function int = INTEGRAL(fname,a,b,n)
% Berechnung von int_a^b f(x) dx
% Methode: int1 = Trapezregel mit  n Intervallen
%          int2 = Trapezregel mit 2n Intervallen
%          int  = (4*int2 - int1)/3
```

```matlab
% input:    fname ... string, Funktionsname fuer Integrand
%           a, b  ... Integrationsgrenzen
%           n     ... Anzahl der Teilintervalle
% output: int    ... Naeherung fuer Integral

if nargin < 4              % n wird nicht uebergeben
  n = 10;                  % default: 10 Intervalle
end


h = (b-a)/n;               % Trapezregel fuer int1
x = linspace(a,b,n+1);     % Schrittweite h=(b-a)/n
f = feval(fname,x);        % f auswerten
int1 = h*( 0.5*f(1)+sum(f(2:n))+0.5*f(n+1) );


x = linspace(a+h/2,b-h/2,n);  % Trapezregel fuer int2
f = feval(fname,x);
int2 = 0.5*(int1 + h*sum(f));  % int1 verwenden


int = (4*int2 - int1)/3;      % Lin.komb. von int1, int2
```

Als Beispiel soll die eingangs erwähnte Funktion $f(x) = \exp(-x^2)$ betrachtet werden. Man muß sie zunächst in vektorisierter Form in einer eigenen Datei, etwa `INTEG_f.m`, abspeichern:

```matlab
function y = INTEG_f(x)
% f(x) = exp(-x^2)
y = exp(-x.^2);
```

Dann liefert der Aufruf

```matlab
>> INTEGRAL('INTEG_f',0,1)
ans =
      0.74682418387591
```

eine Approximation von $\int_0^1 \exp(-x^2)\,dx = 0.746824132812427\ldots$, für die die ersten sieben Nachkommastellen korrekt sind.

Die Idee, die Fehlerordnung durch geeignete Linearkombinationen zu verbessern, ist die Grundlage des in [4] beschriebenen ROMBERGverfahrens. Eine andere Möglichkeit, genauere Approximationen zu bekommen, besteht darin, die Schrittweite h adaptiv zu wählen (vgl. Abb. 4.10). In Bereichen, in denen die Funktion stark oszilliert, sollte h klein gewählt werden, während in „glatten " Bereichen h größer sein darf. Als Beispiel wollen wir die Funktion

$$f(x) = \sin\left(\frac{e^{cx}}{\cos^2 x + c}\right) \quad \text{für } c = \frac{1}{20}$$

im Intervall $[0, 4]$ integrieren.

Für die Anpassung von h ist es notwendig, den Fehler Δ im Integrationsbereich zu schätzen. Ist der Fehler größer als eine vorgegebene Toleranz

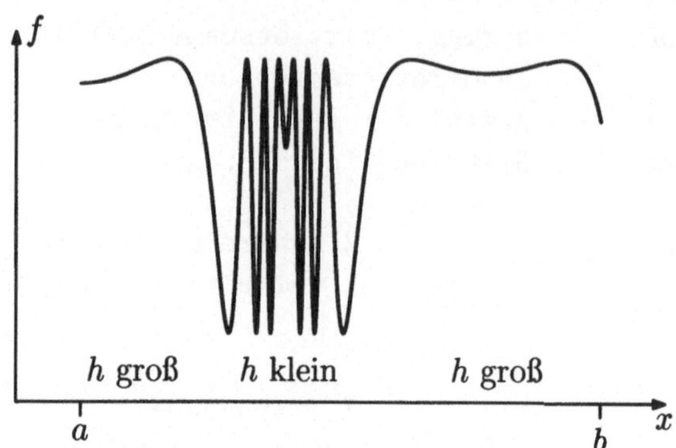

Abb. 4.10. Adaptive Unterteilung

tol, so wird der Integrationsbereich in zwei Hälften aufgespaltet und jeder Teilbereich mit halbierter Toleranz separat gerechnet. Aufgrund der hohen Genauigkeit der Linearkombination $I_h = (4T_{h/2} - T_h)/3$ kann $|I_h - T_{h/2}|$ als Schätzung für $|\Delta|$ verwendet werden.

Fügt man dem obigen Programm INTEGRAL die Zeile

```
delta = abs(int - int2);   % Fehlerschaetzung
```

hinzu, und gibt man zusätzlich delta zurück, erhält man das Programm INT_ERR. Damit kann die adaptive Integration implementiert werden:

```
function int = INT_ADAP(fname,a,b,tol,n)
% function int = INT_ADAP(fname,a,b,tol,n)
% Berechnung von int_a^b f(x) dx
% Methode: Adaptive Integration: ist der geschaetzte
%          Fehler > tol, wird Intervall aufgespaltet
% input:   fname ... string, Funktionsname fuer Integrand
%          a, b  ... Integrationsgrenzen
%          tol   ... Fehlertoleranz
%          n     ... Anzahl der Teilintervalle
% output:  int   ... Naeherung fuer Integral

if nargin < 5, n = 10; end      % Default: 10 Intervalle
if nargin < 4, tol = 1e-8; end % Default-Fehlertoleranz

[int,delta] = INT_ERR(fname,a,b,n); % Trapezr.+ Fehlerschaetzg
if delta > tol                      % Rekursion fuer halben Bereich
  I_links  = INT_ADAP(fname,a,(a+b)/2,tol/2,n);
  I_rechts = INT_ADAP(fname,(a+b)/2,b,tol/2,n);
  int = I_links + I_rechts;
end
```

Abbildung 4.11 zeigt die adaptive Verfeinerung für das obige Beispiel. Dabei wurden zusätzlich die x-Werte, an denen f ausgewertet wird, gespei-

chert und in der unteren Figur durch + markiert. In der Darstellung wird
gezeigt, wieviele Rekursionsstufen nötig waren, um die vorgegebene Fehler-
toleranz einzuhalten. Man erkennt gut, daß h in den Bereichen, in denen f
stark oszilliert, klein wird.

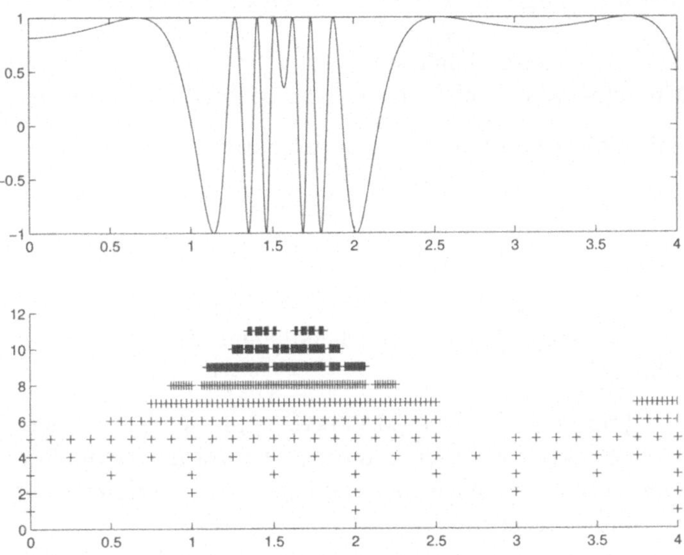

Abb. 4.11. Adaptive Unterteilung und Rekursionsstufen

Schließlich soll untersucht werden, mit welcher Genauigkeit INT_ADAP das
Integral $\int_0^4 f(x)\, dx$ berechnet. Dazu sind in Tabelle 4.3 die Ergebnisse der
MATLAB-Funktion quad8 und unserer Funktionen INTEGRAL und INT_ADAP
gegenübergestellt. Wir vergleichen alle Werte mit dem Ergebnis, das Maple
(vgl. Kap. 5) in 100-stelliger Arithmetik berechnet, und das deshalb als exak-
teste Näherung zu betrachten ist. Es stellt sich heraus, daß unser adaptives
Verfahren das beste Ergebnis liefert, während das auf der Trapezregel beru-
hende Verfahren für lediglich 10 Intervalle zu ungenau ist.

Tabelle 4.3. Vergleich der Integrationsverfahren für einen stark oszillierenden Integranden

Approximation	Wert	Fehler $|\Delta|$
QUAD8 (MATLAB)	2.38585275946089	$5.4645\ldots\cdot 10^{-5}$
INTEGRAL	2.31353318163268	$7.2319\ldots\cdot 10^{-2}$
INT_ADAP	2.38585221301003	$1.8764\ldots\cdot 10^{-12}$
Maple	2.38585221301004 87640 $\ldots$	—

4.9 Minimierung einer Funktion

Häufig stellt sich das Problem, eine Funktion f zu minimieren, wobei wir zunächst annehmen wollen, daß f nur von einer Variablen x abhängt.

4.9.1 Minimierung von Funktionen einer Veränderlicher

Gegeben sei eine stetige Funktion f auf $I := [a, b]$. Ein Verfahren, das ein lokales Minimum von f auf I findet, kann so angegeben werden:

1. Wähle eine Unterteilung von I in der Form:

$$a < \tilde{a} < \tilde{b} < b$$

2. Verkleinere I anhand der Kriteriums:
   if $f(\tilde{a}) \leq f(\tilde{b})$, then $I := [a, \tilde{b}]$ else $I := [\tilde{a}, b]$ endif.
   Iteriere so lange, bis I hinreichend klein ist (Intervallschachtelungs-Verfahren).

Dieses Verfahren soll effizient in MATLAB implementiert werden. Da die Berechnung des Funktionswerts sehr aufwendig sein kann, sollte für eine effiziente Programmierung im neuen Intervall ein schon berechneter Funktionswert erneut verwendet werden.

Das Ziel ist eine symmetrische Unterteilung mit gleichbleibenden Teilverhältnissen, d. h. die Länge der Intervalle im nächsten Schritt soll r-mal die aktuelle Intervall-Länge sein:

$$\tilde{b} - a = b - \tilde{a} = r \cdot (b - a)$$

Daraus läßt sich r berechnen:

$$b - a = \tilde{a} - a + b - \tilde{a} = (\tilde{\tilde{b}} - a) + (b - \tilde{a})$$
$$= r(\tilde{b} - a) + r(b - a) = r^2(b - a) + r(b - a)$$

Also ist $1 = r^2 + r$ und wegen $r > 0$ folgt:

$$r = \frac{\sqrt{5} - 1}{2} = 0.618\ldots$$

Dies ist das Teilverhältnis vom Goldenen Schnitt, weshalb das Verfahren auch *Goldene Suche* genannt wird.

Bemerkungen:

- Das Verfahren findet nur ein lokales Minimum von f auf $[a, b]$, jedoch ist weder garantiert, daß es das globale Minimum ist, noch daß es keine weiteren Minima auf $[a, b]$ gibt.
- Die Randpunkte des Intervalls I sind als Minima möglich.

Das Verfahren hängt natürlich von der zu minimierenden Funktion f ab. Deshalb muß bei der Implementierung diese Funktion als Parameter an die Minimierungsroutine übergeben werden (vgl. Abschn. 3.9.4). Damit läßt sich die Goldene Suche so implementieren:

```
function x = GOLDEN(fname,a,b)
% function x = GOLDEN(fname,a,b)
% ermittelt lokales Minimum von f auf [a,b]
% Methode: Goldene Suche
% input:   fname ... string, Dateiname der Funktion
%          a, b  ... Intervallgrenzen
% output:  x     ... Stelle fuer lokales Minimum

delta = 1e-8;                    % fuer Abbruch der Iteration
r = (sqrt(5) - 1)/2;            % TV vom goldenen Schitt
as = a + (1-r)*(b-a);          % as, bs: Zwischenpkte in [a,b]
bs = a + r*(b-a);              %    mit TV vom goldenen Schnitt
fa  = feval(fname,a);          % Auswertung von f
fb  = feval(fname,b);          %    am Rand
fas = feval(fname,as);         %    und an den
fbs = feval(fname,bs);         %    Zwischenpunkten
while b-a > delta              % Schleife bis [a,b] klein genug
  if fas <= fbs                % [a,b] -> [a,bs]
    b  = bs; fb  = fbs;
    bs = as; fbs = fas;
    as = a + (1-r)*(b-a);
    fas = feval(fname,as);
  else                         % [a,b] -> [as,b]
    a  = as; fa  = fas;
    as = bs; fas = fbs;
    bs = a + r*(b-a);
    fbs = feval(fname,bs);
  end
end
x = (a+b)/2;                    % Intervall-Mittelpunkt
```

Möchte man das Verfahren für $f(x) = x^2 - 2x + 1 = (x - 1)^2$ auf $[0,4]$ testen, so schreibt man ein m-File, das diese Funktion implementiert. In unserem Beispiel heißt es GOLDEN_f.m:

```
function y = GOLDEN_f(x)
% Testfunktion fuer Goldene Suche
y = x^2 - 2*x + 1;
```

Ein Test der Goldenen Suche kann dann so aussehen:

```
>> fname = 'GOLDEN_f';
>> x = GOLDEN(fname,0,4)
```

```
x =
    0.99999999499228
```

4.9.2 Erweiterung: Minimierung von $f : \mathbb{R}^n \to \mathbb{R}$

Wir wollen nun die Minimierung für reellwertige Funktionen in mehreren Veränderlichen erweitern. Sollte der Leser noch keine entsprechenden mathematischen Vorkenntnisse besitzen, kann er den Rest dieses Abschnitts getrost überspringen.

Die Strategie in $\mathbb{R}^n$ besteht darin, zu gegebenem $\mathbf{x} = (x_1, \ldots, x_n)$ ein $\tilde{\mathbf{x}}$ zu finden, für das $f(\tilde{\mathbf{x}}) < f(\mathbf{x})$ gilt, und dann das Vorgehen zu iterieren. Genauer wähle man eine Abstiegsrichtung $\mathbf{d}$ und minimiere $p(t) := f(\mathbf{x}+t\mathbf{d})$, $t > 0$, d. h. man finde t^* mit

$$t^* = \arg\min p(t)$$

und setze $\tilde{\mathbf{x}} := \mathbf{x} + t^* \cdot \mathbf{d}$. Da es sich hierbei um eine eindimensionale Suche handelt, kann wieder die Goldene Suche verwendet werden.

Wahl der Abstiegsrichtung: Aus Effizienzgründen wählt man die Richtung $\mathbf{d}$, in der f lokal am stärksten fällt. Dies ist $\mathbf{d} = -\mathrm{grad} f(\mathbf{x})$, es wird also die negative Gradientenrichtung genommen. Das resultierende Verfahren heißt *Methode des steilsten Abstiegs*. Diese Wahl läßt sich wie folgt begründen: man finde im Punkt X die Richtung $\mathbf{v}$ (mit Norm 1) mit der größten Richtungsableitung $D_\mathbf{v} f(\mathbf{x})$. Wegen

$$D_\mathbf{v} f(\mathbf{x}) = \langle \mathrm{grad} f(\mathbf{x}), \mathbf{v} \rangle$$

wird die Richtungsableitung am größten, wenn beide Richtungen kollinear sind.

Intervall $[a, b]$ für die Minimierung: $p(t)$ muß auf dem Intervall $[0, b]$ minimiert werden. (Gemäß der Wahl von $\mathbf{d}$ fällt p in $t = 0$, also setzt man $a := 0$.) Zur Bestimmung von b wählt man zwei Hilfspunkte, t_1 und t_2, mit $0 < t_1 < t_2$ und $p(0) \geq p(t_1) \leq p(t_2)$. Da p in 0 monoton fällt, kann man t_1 zuerst beliebig wählen und dann t_1 so lange halbieren, bis $p(0) \geq p(t_1)$ gilt. Zur Wahl von t_2 setzt man zunächst $t_2 := 2 \cdot t_1$. Gilt nun bereits $p(t_1) \leq p(t_2)$, kann man stoppen. Sonst verdoppelt man $t_1 := t_2$, $t_2 := 2 \cdot t_1$ so lange, bis die Bedingung gilt oder bis $t_2 > t_{\max}$.

Schließlich ist noch zu beachten:

- Die Goldene Suche `GOLDEN.m` muß leicht modifiziert werden, da nicht f sondern $p(t) = f(\mathbf{x} + t\mathbf{d})$ minimiert wird. Somit müssen bei den Funktionsaufrufen zusätzlich $\mathbf{x}$ und $\mathbf{d}$ übergeben werden.

- Von f muß auch der Gradient berechnet werden. Der Funktionsaufruf von f lautet dann etwa: `[f,DF] = f(X)`. Ruft man f nur mit *einem* Ausgabeparameter auf, dann wird auch nur f zurückgegeben.

Das Programm DESCENT, das diese Methode des steilsten Abstiegs implementiert, kann man demnach wie folgt implementieren:

```
function x = DESCENT(fname,x0)
% function x = DESCENT(fname,x0)
% Minimierung von f: R^n -> R ausgehend von Startnaeherung x0
% Methode: Steilster Abstieg
%          Verwendung von SEARCH1D zur 1-dim Minimierung
% input:   fname ... string, Dateiname der Funktion
%          x0    ... Startnaeherung
% output:  x     ... Stelle fuer lokales Minimum

epsilon = 1e-4;                   % fuer Abbruch der Iteration
stop = 0;                         % steuert Abbruch der Iteration
while ~stop
  [f,Df] = feval(fname,x0);       % Fkt-Wert u. Gradient berechnen
  d = -Df;                        % Abstiegsrichtung = -Gradient
  t1 = 1; t2_max = 100;
  f1 = feval(fname,x0+t1*d);
  while f1 > f                    % Bestimme t1 mit p(t1) <= p(0)
    t1 = t1/2;
    f1 = feval(fname,x0+t1*d);
  end
  t2 = 2*t1;
  f2 = feval(fname,x0+t2*d);
  while f2 < f1 & t2 < t2_max  % Bestimme t2 mit p(t2) >= p(t1)
    t1 = t2; f1 = f2;
    t2 = 2*t1;
    f2 = feval(fname,x0+t2*d);
  end
  t = SEARCH1D(fname,x0,d,t2); % 1-dim. Minimierung in Richtg d
  x1 = x0 + t*d;                  % Neue Naeherung
  if norm(x1-x0) < epsilon       % Abbruch, falls x0 zu nahe
    stop = 1;                    %    bei x1 liegt
  end
  x0 = x1;                       % Update
end
x = x1;                          % Stelle mit lokalem Minimum
```

Dabei lautet die leicht modifizierte Goldene Suche:

```
function t = SEARCH1D(fname,x,d,b)
% function t = SEARCH_1D(fname,x,d,b)
% lokales Minimum von f ausgehend vom Punkt x
% in Richtung d, also: t = arg min f(x+t*d)
% Methode: Goldenen Suche
% input:   fname ... string, Dateiname der Funktion
```

```
%            x      ... Startpunkt
%            d      ... Suchrichtung
%            b      ... rechte Intervallgrenze
% output:    x      ... Stelle fuer lokales Minimum

delta = 1e-8;                    % fuer Abbruch der Iteration
r = (sqrt(5) - 1)/2;             % TV vom Goldenen Schitt
a = 0;                           % anfaengliche linke Grenze
as = a + (1-r)*(b-a);            % as, bs: Zwischenpkte in [a,b]
bs = a + r*(b-a);                %   mit TV vom goldenen Schnitt
fa  = feval(fname,x+a*d);        % Auswertung von f
fb  = feval(fname,x+b*d);
fas = feval(fname,x+as*d);
fbs = feval(fname,x+bs*d);
while b-a > delta
  if fas <= fbs                  % [a,b] -> [a,bs]
    b  = bs; fb  = fbs;
    bs = as; fbs = fas;
    as = a + (1-r)*(b-a);
    fas = feval(fname,x+as*d);
  else                           % [a,b] -> [as,b]
    a  = as; fa  = fas;
    as = bs; fas = fbs;
    bs = a + r*(b-a);
    fbs = feval(fname,x+bs*d);
  end
end
t = (a+b)/2;                     % Intervall-Mittelpunkt
```

Man kann DESCENT durch folgendes Programm zur Minimierung der
quadratischen Funktion

$$f(\mathbf{x}) = \frac{1}{2}\mathbf{x}^t A\mathbf{x} - \mathbf{b}^t\mathbf{x} \quad \text{mit } f'(\mathbf{x}) = A\mathbf{x} - \mathbf{b}$$

testen, wobei wir speziell

$$A = \begin{pmatrix} 1/8 & 0 \\ 0 & 2 \end{pmatrix}, \quad \mathbf{b} = \begin{pmatrix} 1 \\ 1 \end{pmatrix}$$

wählen, wodurch das Minimum von f bei $(8, 1/2)$ angenommen wird.

```
% Test von DESCENT mit quadratischer Funktion und Startwert 0
fname = 'DESC_f'; x0 = [0;0];
disp('Minimum ist bei:')
x = DESCENT(fname,x0)
```

Dabei ist die quadratische Funktion f und ihre Ableitung so implementiert:

```
function [f, Df] = DESC_f(x);
% Quadratische Testfunktion fuer DESCENT
A = [1/8 0;0 2]; b = [1;1];
f = 0.5*x'*A*x - b'*x;
Df = A*x - b;
```

Als Ergebnis liefert die Testfunktion:

```
Minimum ist bei:
x =
    7.99947810112050
    0.50003257199653
```

Man kann ausrechnen, daß die Höhenlinien von f Ellipsen um $(8, 1/2)$ mit Halbachsen-Verhältnis $a : b = 4$ sind. Plottet man diese Höhenlinien von f sowie alle berechneten Zwischenpunkte, so erkennt man, daß das Verfahren einen Zick-Zack-Kurs einschlägt und somit sehr ineffizient ist (siehe Abb. 4.12). Aufwendigere Verfahren wie die Methode der Konjugierten Gradienten (vgl. beispielsweise [4]) vermeiden diesen Nachteil.

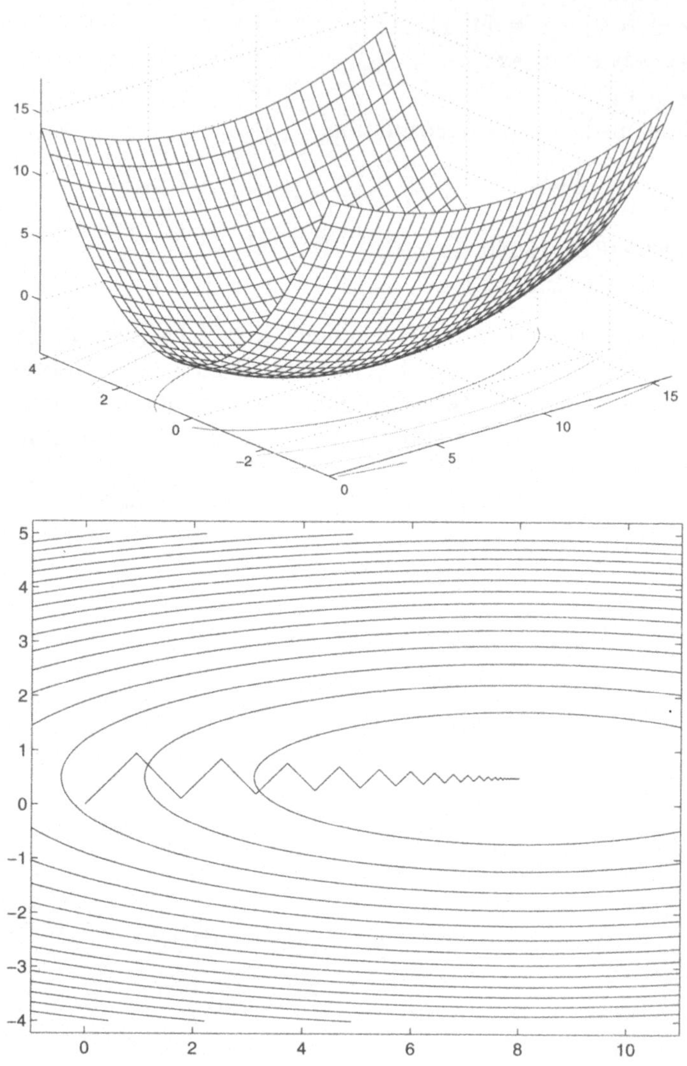

Abb. 4.12. Quadratische Funktion und Zick-Zack-Kurs bei DESCENT

5. Maple

Mit Maple steht dem Anwender ein Programm zur Verfügung, das nicht nur numerisch, sondern auch symbolisch rechnen kann. Dies bedeutet, daß für die verwendeten Variablen nicht numerische Werte verlangt werden, sondern daß die zugrundeliegenden Symbole und Ausdrücke manipuliert werden. So darf etwa eine Funktion oder Matrix einen Parameter enthalten, oder Funktionen können beispielsweise differenziert und integriert werden. Einige der möglichen Einsatzgebiete von Maple sind in Abb. 5.1 skizziert. Für Maple ist mit [11] eine Studentenversion verfügbar. Darüber hinaus bietet [5] sehr viele Tips für die praktische Anwendung. Ein konzeptionell ähnliches Programm ist MATHEMATICA, mit dem die hier vorgestellten mathematischen Probleme analog, wenn auch mit etwas unterschiedlicher Syntax, behandelt werden können.

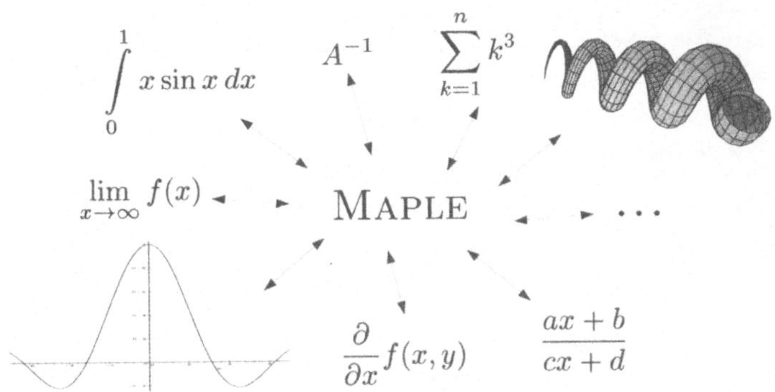

Abb. 5.1. Einsatzgebiete von Maple

5.1 Elementare Einführung

Maple ist ein sehr komplexes System, das über eine Fülle einzelner Anweisungen verfügt. In dieser Einführung sollen anhand einiger typischer Problemstellungen samt ihrer Lösung die Grundprinzipien von Maple erläutert werden, wodurch die wesentlichen Befehle vorgestellt werden.

Problemstellung: *Man untersuche, ob sich der Ausdruck* $\cos(x)^5 + \sin(x)^4 + 2\cos(x)^2 - 2\sin(x)^2 - \cos(2x)$ *vereinfachen läßt.*

5.1.1 Aufrufen, Hilfesystem, Ausgabe, Beenden

Bevor die obige Aufgabe angegangen wird, sollen zuerst einige grundlegende Dinge zum Arbeiten mit Maple behandelt werden. Nach dem Aufruf, der durch `maple` oder `xmaple` erfolgt, meldet sich Maple ähnlich wie MATLAB mit einem Prompt > und wartet auf eine Eingabe. Dabei verfügt Maple über eine komfortable Benutzeroberfläche, die in Abb. 5.2 dargestellt ist. Man erkennt dort verschiedene Menüs und Schaltflächen (*buttons*), mit deren Hilfe man die Arbeitsblätter (*worksheet*) bearbeiten und unterschiedliche Aktionen durchführen kann (z. B. Arbeitsblätter laden und abspeichern oder Formate ändern). Ein Beispiel für ein solches Arbeitsblatt, in dem man interaktiv die Problemstellung löst, sieht man unten in Abb. 5.2.

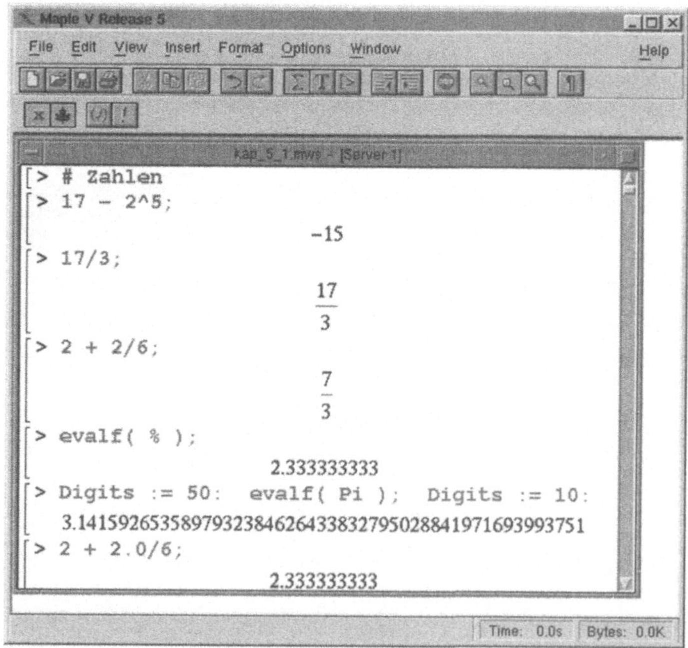

Abb. 5.2. Ein Arbeitsblatt in Maple

Eine Eingabeanweisung muß stets durch einen Semikolon ; oder einen Doppelpunkt : abgeschlossen werden, um von Maple bearbeitet zu werden.

Bei ; wird das Ergebnis der Berechnung auf den Bildschirm geschrieben, bei :
hingegen nicht. Dabei dürfen auch mehrere Anweisungen in einer Zeile stehen.
Die Eingabe wird natürlich stets mit ENTER beendet, wobei SHIFT-ENTER
zur Trennung zu langer Eingabezeilen verwendet wird. (Alternativ kann man
auch auf die [!]-Schaltfläche klicken, um einen Befehl auszuführen.)

Maple besitzt ein hervorragendes Online-Hilfesystem. Mit ?*Befehl* bekommt man Hilfe zu einem bestimmten Befehl, z. B. ?int für die Integration. Mit ?intro steht auch eine kurze Anleitung zu Maple zur Verfügung.
Einen sehr guten Überblick über das System bietet die interaktive Online-
Einführung, die man unter „New User's Tour" im Menü „Help" anwählen
kann.

Die Arbeitsblätter, die man während einer Maple-Sitzung erstellt, lassen
sich abspeichern oder sogar als LaTeX-Dokument ausgeben. Dazu ist jeweils
ein entsprechender Menüpunkt anzuwählen. Schließlich wird in Maple durch
den Befehl quit; ein Arbeitsblatt geschlossen, und durch die Wahl des Punktes „Exit" im Menü „File" wird Maple beendet.

5.1.2 Zahlen

Nach dem Prompt können (wie in MATLAB) Zahlen eingegeben werden,
wobei das Ergebnis sofort berechnet wird.

```
>   17 - 2^5;
```

$$-15$$

Im Gegensatz zu MATLAB wandelt Maple einen Bruch nicht in eine Maschinenzahl um und vereinfacht ihn sogar, falls dies möglich ist:

```
>   17/3;
```

$$\frac{17}{3}$$

```
>   2 + 2/6;
```

$$\frac{7}{3}$$

Mit evalf erhält man die Darstellung als Maschinenzahl, wobei durch % der
zuletzt berechnete Ausdruck angesprochen werden kann:

```
>   evalf( % );
```

$$2.333333333$$

Mit der Variablen Digits kann die Anzahl der Nachkommastellen auf
eine (nahezu) beliebige Länge gesetzt werden. Wir zeigen dies am Beispiel
von π, das man in Maple durch Pi erhält:

```
>   Digits := 50: evalf( Pi ); Digits := 10:
```

$$3.1415926535897932384626433832795028841971693993751$$

Ist eine Zahl der Eingabe eine Maschinenzahl, so wird die gesamte Berechnung in Gleitkommadarstellung durchgeführt:

```
>  2 + 2.0/6;
```

$$2.333333333$$

Maple kann auch mit komplexen Zahlen rechnen, wobei I als $\sqrt{-1}$ vordefiniert ist:

```
>  sqrt(-1);
```

$$I$$

```
>  I*(I-1);
```

$$-1 - I$$

Mehr zur Behandlung komplexer Zahlen in Maple findet man in Abschn. 5.1.4.

5.1.3 Variablen und Konstanten

Neben den schon vorgestellten Konstanten $I := \sqrt{-1}$ und `Pi` $:= \pi$ hat Maple noch weitere Konstanten wie etwa die booleschen Wahrheitswerte *true* und *false* vordefiniert. Für die Bezeichnung der selbst definierten Variablen gibt es (wie in MATLAB) nahezu keine Begrenzung.

In Maple hat eine Zuweisung die Form `<Variable> := <Ausdruck>`:

```
>  x := 5;   y := x;   z := a;
```

$$x := 5$$
$$y := 5$$
$$z := a$$

Man beachte, daß durch die Zuweisung `y := x` auch y den Wert der Variablen x erhält. Da für a noch keine Vereinbarung getroffen wurde, wird a als unbekannte Größe an z zugewiesen. Man beachte auch das folgende Ergebnis, bei dem zuerst `u := v` zugewiesen wird. Weist man dann diesem v den Wert von x zu, ändert sich auch der Wert von u:

```
>  u := v:   v := x:
>  u, v;
```

$$5, 5$$

Dabei wurden durch die letzte Anweisung die Werte von u und v ausgegeben. (Mehr zur Bedeutung von , findet man in Abschn. 5.1.6.)

Mit **restart** setzt man alle Variablen zurück. Dann definieren wir eine Variable y:

```
>  restart;
>  y := x^2 + 2*x + 1;
```

$$y := x^2 + 2x + 1$$

Möchte man einen konkreten Wert von x einsetzen, kann man $x := 2$ definieren, wodurch sich als Nebeneffekt der Wert von y ändert:

```
>  x := 2: y;
```

$$9$$

Durch *Variable* := '*Variable*' hebt man jegliche Zuweisung an eine Variable wieder auf. Setzt man x auf diese Weise wieder zurück, ändert sich auch y wieder:

```
>  x := 'x';
```

$$x := x$$

```
>  y;
```

$$x^2 + 2\,x + 1$$

Um diese Nebeneffekte zu vermeiden, setzt man Werte besser mit Hilfe von **subs** ei, wodurch y unverändert bleibt:

```
>  subs( x=2 , y );
```

$$9$$

```
>  y;
```

$$x^2 + 2\,x + 1$$

Es sei noch erwähnt, daß dieser Nebeneffekt bei einer umgekehrten Reihenfolge der obigen Anweisungen nicht auftritt, da Maple die rechte Seite einer Zuwesiung sofort auswertet:

```
>  x := 5:  y := x^2 + 2*x + 1;
```

$$y := 36$$

```
>  x := 'x':  y;
```

$$36$$

Der Befehl **subs** kann auch verwendet werden, um Terme in einem Ausdruck zu ersetzen. Wir betrachten den Ausdruck:

```
>  y := x^(p/q) + p/q + (p/q)^2;
```

$$y := x^{\left(\frac{p}{q}\right)} + \frac{p}{q} + \frac{p^2}{q^2}$$

Wir wollen p/q durch r ersetzen und definieren dazu:

```
>  r := p/q:
```

Um dies in y zu ersetzen, wird **subs** wie folgt verwendet:

```
>  y1 := subs(r='r',y);
```

$$y1 := x^r + r + \frac{p^2}{q^2}$$

Allerdings ist diese Ersetzung nur temporär:

```
>  y1;
```

$$x^{\left(\frac{p}{q}\right)} + \frac{p}{q} + \frac{p^2}{q^2}$$

Um p/q dauerhaft zu ersetzen, muß man r mit **subs** durch eine noch nicht verwendete Variable ersetzen, etwa R:

```
>  y2 := subs(r='R',y);
```

$$y2 := x^R + R + \frac{p^2}{q^2}$$

```
>  y2;
```

$$x^R + R + \frac{p^2}{q^2}$$

5.1.4 Elementare mathematische Funktionen

Maple stellt wie MATLAB viele mathematische Funktionen zur Verfügung. Beispiele sind **sin**, **cos**, **arctan**, **coth**, **arcsinh**, **sqrt**, **ln** oder **exp**.

Verwendet man für Variablen die „Namen" griechischer Buchstaben, so verwendet Maple das entsprechende Symbol:

```
>  sin( alpha );
```

$$\sin(\alpha)$$

Für die komplexen Zahlen werden zusätzlich einige Funktionen zur Verfügung gestellt. Wir betrachten $z := -1 + 2\mathrm{i}$:

```
>  z := -1 + 2*I:
```

Durch **Re** und **Im** berechnet Maple den Real- und Imaginärteil:

```
>  Re(z),  Im(z);
```

$$-1, 2$$

Durch **abs** erhält man den Betrag und mit **argument** den Winkel von z, den wir auch noch numerisch ausgeben:

```
>  abs(z),  argument(z);
```

$$\sqrt{5}, -\arctan(2) + \pi$$

```
>  evalf( argument(z) );
```

$$2.034443936$$

Schließlich liefert **conjugate** die Zahl $\bar{z}$:

```
>  conjugate(z);
```

$$-1 - 2I$$

5.1.5 Vereinfachungen und Manipulation

Das zu Anfang gestellte Problem lautete, einen trigonometrischen Ausdruck zu vereinfachen. Dazu benötigt man Maple-Befehle, die Ausdrücke manipulieren, wie etwa `factor`, `expand`, `collect`, `simplify` oder `convert`.

Durch `factor` versucht Maple, den Ausdruck zu faktorisieren, wobei gleichzeitig mögliche Vereinfachungen durchgeführt werden:

```
> factor( a^3 - b^3 );
```

$$(a - b)\,(a^2 + a\,b + b^2)$$

```
> factor( a^4 - b^4 );
```

$$(a - b)\,(a + b)\,(a^2 + b^2)$$

```
> factor( (a^3 - b^3)/(a^4 - b^4) );
```

$$\frac{a^2 + a\,b + b^2}{(a + b)\,(a^2 + b^2)}$$

Klammern werden mit `expand` ausmultipliziert:

```
> expand( (a+b)*(a-b) );
```

$$a^2 - b^2$$

Der Befehl `collect` sortiert das erste Argument nach Potenzen des zweiten Arguments, im folgenden Ausdruck wird also nach x-Potenzen geordnet:

```
> collect( x^2 - 4*x + 1 + 2*a*x + c - b*x^2 , x );
```

$$(1 - b)\,x^2 + (-4 + 2\,a)\,x + c + 1$$

Der häufig verwendete Befehl `simplify` dient dazu, einen Ausdruck zu vereinfachen:

```
> simplify( cos(x)^2 + sin(x)^2 );
```

$$1$$

Mit `convert` kann ein Ausdruck gezielt in eine andere Darstellung transformiert werden, etwa $\cos(x)$ in Exponentialdarstellung:

```
> convert( cos(x), exp );
```

$$\frac{1}{2}\,e^{(I\,x)} + \frac{1}{2}\,\frac{1}{e^{(I\,x)}}$$

Das ursprüngliche Problem lautete, den Ausdruck $\cos(x)^5 + \sin(x)^4 + 2\cos(x)^2 - 2\sin(x)^2 - \cos(2x)$ zu vereinfachen. Wir versuchen dies am einfachsten mit `simplify`:

```
> z := cos(x)^5 + sin(x)^4 + 2*cos(x)^2 - 2*sin(x)^2
      - cos(2*x);
```

$$z := \cos(x)^5 + \sin(x)^4 + 2\cos(x)^2 - 2\sin(x)^2 - \cos(2\,x)$$

```
> simplify( z );
```

$$\cos(x)^5 + \cos(x)^4$$

Also erhalten wir als Antwort auf unsere Problemstellung:

$$\cos(x)^5 + \sin(x)^4 + 2\cos(x)^2 - 2\sin(x)^2 - \cos(2x) = \cos(x)^5 + \cos(x)^4$$

5.1.6 Listen und Mengen

Maple kennt noch weitere häufig verwendete Datentypen, die hier kurz vorgestellt werden sollen: eine *Ausdrucksfolge* ist eine durch Kommata getrennte Folge von Maple-Ausdrücken:

```
> Folge1 := 1, 2, 3;
```

$$Folge1 := 1, 2, 3$$

Eine Folge kann auch durch den Sequenzbefehl **seq** erzeugt werden, wobei durch „.." ein Bereich festgelegt wird:

```
> Folge2 := seq( i, i=1..5 );
```

$$Folge2 := 1, 2, 3, 4, 5$$

```
> Folge3 := seq( sin(k*Pi/6), k=0..11 );
```

$$Folge3 := 0, \frac{1}{2}, \frac{1}{2}\sqrt{3}, 1, \frac{1}{2}\sqrt{3}, \frac{1}{2}, 0, \frac{-1}{2}, -\frac{1}{2}\sqrt{3}, -1, -\frac{1}{2}\sqrt{3}, \frac{-1}{2}$$

Zur Erzeugung von Sequenzen kann auch der Sequenzoperator **\$** verwendet werden. Damit läßt sich die letzte Anweisung auch kürzer so schreiben:

```
> Folge3 := sin(k*Pi/6) $k=0..11 ;
```

$$Folge3 := 0, \frac{1}{2}, \frac{1}{2}\sqrt{3}, 1, \frac{1}{2}\sqrt{3}, \frac{1}{2}, 0, \frac{-1}{2}, -\frac{1}{2}\sqrt{3}, -1, -\frac{1}{2}\sqrt{3}, \frac{-1}{2}$$

Eine *Liste* ist eine in eckige Klammern eingeschlossene Folge von Maple-Objekten:

```
> Liste1 := [ a, b, c ];
```

$$Liste1 := [a, b, c]$$

```
> Liste2 := [ Folge1 ];
```

$$Liste2 := [1, 2, 3]$$

Der Befehl **nops** liefert die Anzahl der Listenelemente:

```
> nops(Liste2);
```

$$3$$

Der Befehl **op** liefert hingegen die Operanden eines Ausdrucks; für eine Liste sind dies gerade die Elemente:

```
> Liste3 := [ op(Liste1), op(Liste2), a ];
```

$$Liste3 := [a, b, c, 1, 2, 3, a]$$

Durch Indizierung mit eckigen Klammern kann auf einzelne Listenelemente zugegriffen werden, die Indizierung beginnt wie in MATLAB mit 1:

```
> Liste1[3];
```

$$c$$

```
> Liste3[2..4];
```

$$[b,\, c,\, 1]$$

Schließlich können Listenelemente wiederum Listen sein, wodurch verschachtelte Listen entstehen:

```
> Liste4 := [ 1, Liste2, a ];
```

$$\mathit{Liste4} := [1,\, [1,\, 2,\, 3],\, a]$$

```
> Liste4[2];
```

$$[1,\, 2,\, 3]$$

Eine *Menge* wird durch geschweifte Klammern gekennzeichnet:

```
> Menge1 := { a, b, 1 };
```

$$\mathit{Menge1} := \{a,\, 1,\, b\}$$

Im Gegensatz zu Listen, bei denen die Reihenfolge der Elemente festliegt, ist hier die Reihenfolge beliebig. Auch können Elemente nicht mehrfach in der Menge auftreten:

```
> Menge2 := { a, b, 1, b, a };
```

$$\mathit{Menge2} := \{a,\, 1,\, b\}$$

Für Mengen gibt es die Operationen **union** und **intersect** für Vereinigung und Schnitt:

```
> Menge3 := Menge2 union { c, a, 2 };
```

$$\mathit{Menge3} := \{a,\, c,\, 1,\, 2,\, b\}$$

```
> Menge3 intersect { d, a, f, c };
```

$$\{a,\, c\}$$

Ein häufig im Zusammenhang mit Listen und Mengen verwendeter Befehl ist **map**, der eine Operation auf alle Elemente abbildet:

```
> map(sin, Liste2);
```

$$[\sin(1),\, \sin(2),\, \sin(3)]$$

Mit den Übungen 5.1 bis 5.4 können Sie die bisher behandelten Befehle und Konzepte festigen.

5.2 Einfache Berechnungen

Wir wollen beispielhaft den Schnitt zweier Funktionen untersuchen und betrachten dazu die folgende

Problemstellung: *Finde einen Schnittpunkt von* $f(x) := e^{\cos x}$ *und* $g(x) :=$ $\ln(2 + \sin(x^2/4))$.

5.2.1 Gleichungen lösen

Um einen Schnittpunkt von f und g zu finden, muß man $f(x) = g(x)$ setzen, also eine Gleichung lösen. Hierfür stellt Maple den Befehl `solve` zur Verfügung.

Die Befehle `solve` und `fsolve`: Als einfaches Beispiel werden zunächst die Nullstellen eines Polynoms $p(x)$ bestimmt:

```
>  p := 3*x^2 - 5*x + 1:
>  solve(p = 0);
```

$$\frac{5}{6} + \frac{1}{6}\sqrt{13},\ \frac{5}{6} - \frac{1}{6}\sqrt{13}$$

Diese Gleichung kann nicht nur wie oben symbolisch, sondern mit dem Befehl `fsolve` auch numerisch gelöst werden, wobei die Anzahl der berechneten Stellen durch `Digits` festgelegt wird:

```
>  fsolve(p = 0);
```

$$.2324081208,\ 1.434258546$$

Wir versuchen nun, eine allgemeine quadratische Gleichung zu lösen:

```
>  p := a*x^2 + b*x + c:
>  solve(p = 0);
```

$$\{x = x,\ c = -a\,x^2 - b\,x,\ b = b,\ a = a\}$$

Das Ergebnis entspricht sicher nicht den Erwartungen. Maple hat hier nach c aufgelöst, und Ausdrücke der Form $x = x$ besagen, daß x beliebig ist. Unser Ziel war jedoch, nach x aufzulösen. Dies kann dem Befehl `solve` in Form eines zweiten Parameters übergeben werden, und wir erhalten die uns bekannte „Mitternachtsformel", die wir der Variablen *lsg* zuweisen:

```
>  lsg := solve(p = 0, x);
```

$$lsg := \frac{1}{2}\frac{-b + \sqrt{b^2 - 4\,a\,c}}{a},\ \frac{1}{2}\frac{-b - \sqrt{b^2 - 4\,a\,c}}{a}$$

Überprüfen von Maple-Ergebnissen: Man kann (und sollte) von Maple berechnete Lösungen überprüfen. Das geht hier am einfachsten, indem man die berechnete Lösung wieder in p einsetzt. Da *lsg* eine Folge von zwei Ausdrücken ist, muß man hier durch `lsg[1]` etwa auf die erste Lösung zugreifen:

```
>  subs(x = lsg[1], p);
```

$$\frac{1}{4}\frac{(-b + \sqrt{b^2 - 4\,a\,c})^2}{a} + \frac{1}{2}\frac{b\,(-b + \sqrt{b^2 - 4\,a\,c})}{a} + c$$

Da wir hier den Wert 0 erwarten, vereinfachen wir diesen Ausdruck mit `simplify`:

```
>  simplify( % );
```

$$0$$

Das folgende Beispiel zeigt, daß eine solche Überprüfung der Lösung angeraten ist und daß man Maple-Lösungen auf Plausibilität untersuchen sollte:

```
> solve( ln(x) = ln(2) - ln(x+1), x );
```

$$1$$

Formt man die rechte Seite zu $\ln \frac{2}{x+1}$ um, berechnet Maple noch eine weitere Lösung:

```
> eq := ln(x) = ln(2/(x+1));
```

$$eq := \ln(x) = \ln(2\,\frac{1}{x+1})$$

```
> lsg := solve(eq, x);
```

$$lsg := -2, 1$$

Warum wird hier $x = -2$ berechnet? Vermutlich aufgrund der folgenden Umformungen:

$$\ln x = \ln(2/(x+1)) \quad \Longrightarrow \quad x(x+1) = 2 \quad \Longrightarrow \quad (x-1)(x+2) = 0$$

Selbst wenn man für x mit Hilfe von **assume** die Annahme $x > 0$ trifft, bleibt dieses Ergebnis unverändert:

```
> assume(x > 0);
> lsg := solve(eq, x);
```

$$lsg := -2, 1$$

Die mit **assume** getroffene Annahme für eine Variable macht man (ebenso wie die Belegung mit einem konkreten Wert) durch die Anweisung *Variable := ' Variable'* wieder rückgängig:

```
> x := 'x';
```

$$x := x$$

Systeme von Gleichungen, Zuweisung von Ergebnissen mit assign: Mit **solve** kann man auch Systeme von Gleichungen lösen. Dabei müssen die Gleichungen und die Variablen, für die gelöst werden soll, in Paare geschweifter Klammern { } geschrieben werden:

```
> lsg := solve( { x+y=5, x-y=2 }, { x, y } );
```

$$lsg := \{y = \frac{3}{2}, x = \frac{7}{2}\}$$

Lineare Gleichungssysteme werden in Abschn. 5.4 genauer behandelt. Möchte man nun das in *lsg* stehende Ergebnis den Variablen x und y zuweisen, geschieht dies mit Hilfe des Befehls **assign**:

```
> assign(lsg);
> x, y;
```

$$\frac{7}{2}, \frac{3}{2}$$

Zuweisungen können auch durch **unassign** wieder rückgängig gemacht werden:

```
>  unassign('x', 'y');  x, y;
```

$$x, y$$

Behandlung von RootOf-Ausdrücken: Gelegentlich gibt Maple als Ergenis von **solve** auch einen **RootOf**-Ausdruck zurück. Dieser steht zum Beispiel für Nullstellen eines Polynoms höheren Grades. Mit dem Befehl **allvalues** kann man den **RootOf**-Ausdruck auflösen:

```
>  sol := solve(x^6 - 3*x^2 + 17*x = 0, x);
```

$$sol := 0, \text{RootOf}(\_Z^5 - 3\_Z + 17)$$

```
>  allvalues( sol[2] );
```

$$-1.865558670, -.4615542163 - 1.744115954\,I,$$
$$-.4615542163 + 1.744115954\,I, 1.394333551 - .9248851069\,I,$$
$$1.394333551 + .9248851069\,I$$

5.2.2 Funktionen

Um das eingangs gestellte Problem $f(x) = g(x)$ zu lösen, muß noch die Definition von Funktionen eingeführt werden. Der bisher verwendete Mechanismus, beispielsweise die Funktion $f(x) = x^2$ in der Form **f := x^2** zu definieren, ist ungeschickt, da man Werte umständlich mit Hilfe von **subs** einsetzen mußte. Eleganter ist deshalb die folgende Notation:

```
>  f := x -> x^2;
```

$$f := x \to x^2$$

Verwendet man die Pfeil-Notation, um eine Abbildung zu definieren, kann man für x beliebige Werte einsetzen:

```
>  f(2), f(a+b);
```

$$4, (a + b)^2$$

Analog können auch Funktionen mehrerer Veränderlicher definiert werden:

```
>  f := (x,y) -> x^2 + y^2 - 3;
```

$$f := (x, y) \to x^2 + y^2 - 3$$

Um schließlich eine abschnittsweise definierte Funktion der Form

$$f(x) = \begin{cases} x^2 & , \; x > 3 \\ x - 5 & , \; x \le 3 \end{cases}$$

einzugeben, muß eine kleine Prozedur geschrieben werden. Für die genaue Syntax sei auf Abschn. 5.8 verwiesen.

```
>  f := proc(x) if x>3 then x^2 else x-5 fi end:
>  f(2), f(5);
```

$$-3, 25$$

Damit können wir das eingangs gestellte Problem behandeln, nämlich einen Schnittpunkt von $f(x) := e^{\cos x}$ und $g(x) := \ln(2+\sin(x^2/4))$ zu finden. Zunächst definieren wir die Funktionen f und g:

```
>   f := x -> exp(cos(x)):
```

```
>   g := x -> ln( 2 + sin(x^2/4) ):
```

Dann verwenden wir `solve`, um $f = g$ symbolisch zu lösen:

```
>   lsg := solve( f(x) = g(x) );
```

$$lsg :=$$

Offenbar findet Maple symbolisch keine Schnittpunkte. Anhand eines Schaubildes soll getestet werden, ob es überhaupt Schnittpunkte geben kann:

```
>   plot( { f(x), g(x) }, x = -10..10 );
```

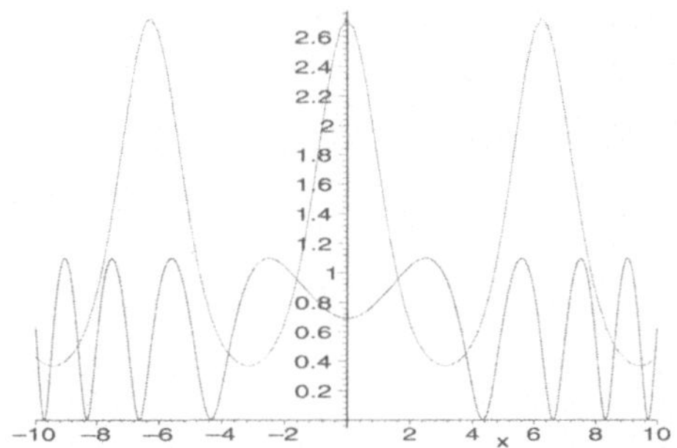

Abb. 5.3. Schaubild von $f(x)$ und $g(x)$

Das resultierende Schaubild in Abb. 5.3 zeigt, daß es sogar beliebig viele Schnittpunkte gibt. Mehr zum Befehl `plot` und weitere Grafikbefehle findet man übrigens im nächsten Abschnitt.

Wir versuchen nun, wenigstens einige Schnittpunkte mit `fsolve` numerisch zu ermitteln.

```
>   fsolve( f(x) = g(x) );
```

$$1.613869960$$

Dabei kann zusätzlich der Bereich, in dem die Lösung liegen soll, vorgegeben werden, aber auch dort wird von Maple nur ein Schnittpunkt zurückgegeben, obwohl in dem Intervall mehrere Schnittpunkte liegen:

```
>   fsolve( f(x) =g(x), x = 3..10);
```

$$3.788219968$$

Somit erhalten wir als Antwort auf unsere Problemstellung, daß ein Schnittpunkt von f und g bei $x = 1.61386\ldots$ ist. In den Übungen 5.5 bis 5.7 finden sich weitere Beispiele zu Funktionen und zum Befehl `solve`.

5.3 Grafik mit Maple

Das *Möbiusband* ist eine nicht orientierbare Fläche im $\mathbb{R}^3$, das beispielsweise entsteht, wenn man einen Papierstreifen einmal in sich verdreht und dann die Enden zusammenklebt. Wir wollen uns folgende Aufgabe stellen:

Problemstellung: *Man zeichne das Möbiusband mit Hilfe von Maple.*

5.3.1 2D-Grafiken

Für Schaubilder von Funktionen verwendet man die Funktion `plot`, der man als erstes Argument die Funktion und als zweites den gewünschten Bereich übergibt. Möchte man mehrere Funktionen in dasselbe Bild zeichnen, so gibt man sie in geschweifte Klammern { } ein. Die beiden Schaubilder sind in Abb. 5.4 dargestellt.

```
>  f := x -> exp(cos(x)): g := x -> ln(2+sin((x/2)^2)):
>  plot( f(x), x=-10..10 );
>  plot( { f(x), g(x) }, x=-10..10 );
```

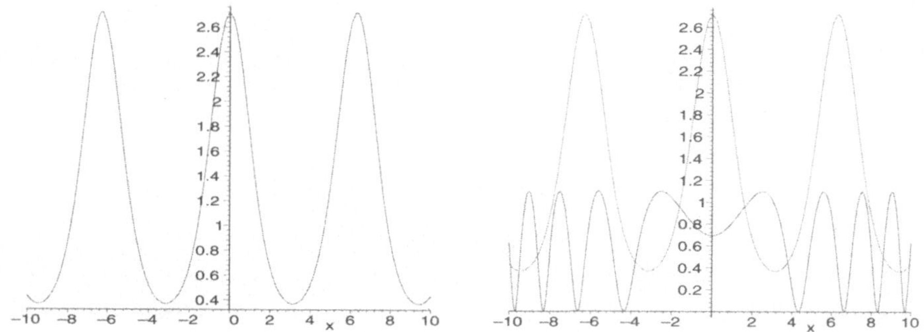

Abb. 5.4. Einfache Plots in Maple

5.3.2 3D-Grafiken

Für Funktionen, die $\mathbb{R}^2$ nach $\mathbb{R}$ abbilden, gibt es die Funktion `plot3d` mit entsprechender Syntax. Darüber hinaus stehen viele Möglichkeiten zur Visualisierung zur Verfügung; hier wird für $f(x,y) := \sin(x)\cos(y)$ die Darstellung als Patch (mit Gitterlinien) gewählt (siehe Abb. 5.5 links). Andere Darstellungen, Farben oder Perspektiven können mit der Maus aus Menüs gewählt oder mit Hilfe der Schaltflächen auf der Benutzeroberfläche verändert werden.

```
>  f := (x,y) -> sin(x)*cos(y):
>  plot3d( f(x,y), x=0..2*Pi, y=0..2*Pi);
```

5.3.3 Parametrisierte Plots

Als Beispiel soll die Spirale c, die durch

$$t \mapsto c(t) = \begin{pmatrix} t\cos t \\ t\sin t \end{pmatrix}$$

parametrisiert ist, für $t \in [0, 4\pi]$ dargestellt werden (vergleiche Abb. 5.5 rechts). Dabei sind für parametrisierte Kurven im Plot-Befehl eckige Klammern zu verwenden:

```
>   plot( [ t*cos(t), t*sin(t), t=0..4*Pi ] );
```

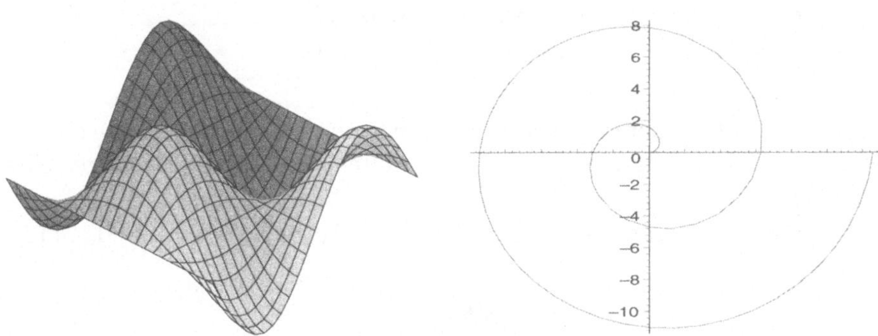

Abb. 5.5. 3D-Plots und parametrisierte Plots

Maple stellt noch viele weitere Grafikbefehle wie `polarplot`, `sphereplot`, `animate`, ... zur Verfügung, auf die hier jedoch nicht eingegangen werden kann.

Wir kommen zu der Problemstellung zurück, das Möbiusband zu zeichnen. Zunächst muß das Möbiusband parametrisiert werden. Dazu greifen wir die in Abb. 5.6 skizzierte Idee auf. Wir wählen als Leitkurve einen Kreis in der xy-Ebene mit Radius 5,

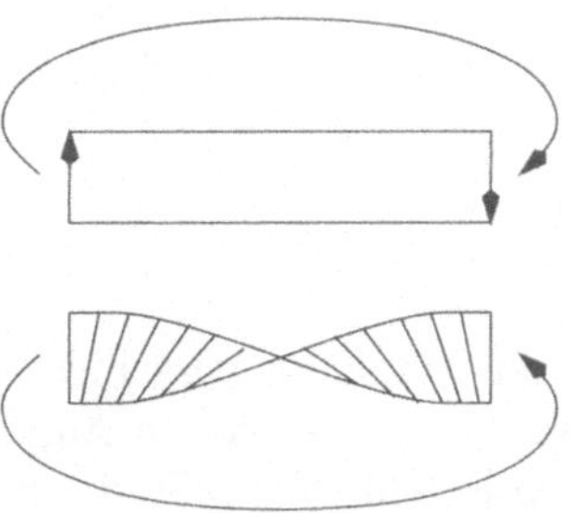

Abb. 5.6. Das Möbiusband. Es entsteht, wenn man einen Papierstreifen in sich verdreht und die Enden identifiziert.

$$\begin{pmatrix} 5\cos u \\ 5\sin u \\ 0 \end{pmatrix} \quad u \in [0, 2\pi]\,,$$

und addieren dazu noch einen Term, der einen Punkt oberhalb der xy-Ebene nach einem Umlauf unter die xy-Ebene dreht, und erhalten als Parametrisierung des Möbiusbandes:

$$\begin{pmatrix} (5 - v\sin\tfrac{u}{2})\cos u \\ (5 - v\sin\tfrac{u}{2})\sin u \\ v\cos\tfrac{u}{2} \end{pmatrix}, \quad u \in [0, 2\pi],\ v \in [-1, 1]\,.$$

Diese Parametrisierung wird zunächst eingegeben:

```
>  x := (u,v) -> (5-v*sin(u/2))*cos(u):
>  y := (u,v) -> (5-v*sin(u/2))*sin(u):
>  z := (u,v) -> v*cos(u/2):
```

Analog zu `plot` für parametrisierte Kurven kann man mit `plot3d` auch parametrisierte Flächen darstellen, und wir erhalten das in Abb. 5.7 dargestellte Möbiusband:

```
>  plot3d( [ x(u,v), y(u,v), z(u,v) ], u=0..2*Pi, v=-1..1);
```

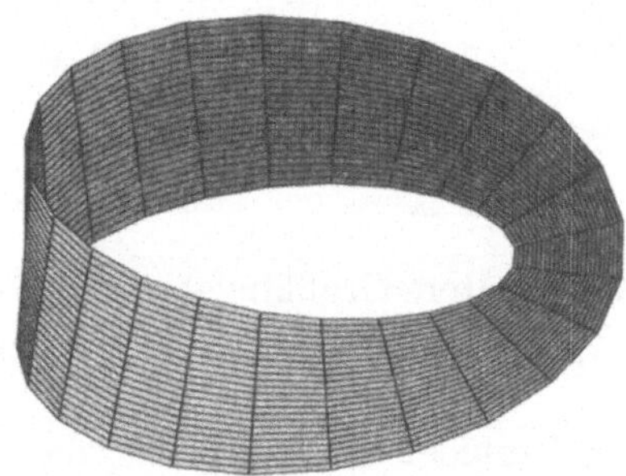

Abb. 5.7. Das Möbiusband

In den Übungen 5.8 bis 5.10 findet man weitere interessante Aufgabenstellungen für Grafik mit Maple.

5.4 Lineare Algebra

Als Erweiterung des „Standard"-Befehlsvorrats stellt Maple zu verschiedenen Themen Zusatzpakete zur Verfügung. Da hierzu auch die lineare Algebra gehört, muß vor Verwendung der entsprechenden Befehle einmalig durch `with( ... )` das entsprechende Paket, hier `linalg` für die Lineare Algebra, geladen werden:

```
> with(linalg):
```

Problemstellung: *Man diskutiere die Matrix*

$$A := \begin{pmatrix} 1 & a & 2 \\ 3 & -1 & 0 \\ 4 & 0 & 2 \end{pmatrix}$$

5.4.1 Matrizen und Vektoren

Matrizen und Vektoren werden ähnlich wie in MATLAB eingegeben, nur daß die Zeilen jeweils nochmals durch eckige Klammern [ ] zusammengefaßt sind, wodurch Matrizen formal spezielle Listen von Listen sind:

```
> A := matrix( [ [1,a,2], [3,-1,0], [4,0,2] ] );
```

$$A := \begin{bmatrix} 1 & a & 2 \\ 3 & -1 & 0 \\ 4 & 0 & 2 \end{bmatrix}$$

Um Berechnungen mit Matrizen durchzuführen oder eine Matrix auszugeben, benötigt man den Befehl `evalm`:

```
> A,  evalm(A);
```

$$A, \; \begin{bmatrix} 1 & a & 2 \\ 3 & -1 & 0 \\ 4 & 0 & 2 \end{bmatrix}$$

Wir erzeugen noch zwei Matrizen, in denen für a spezielle Werte eingesetzt sind. Dabei hat die Matrix C mit $a = 1$ keinen vollen Rang.

```
> B := subs(a=0,evalm(A)),  C := subs(a=1,evalm(A));
```

$$B := \begin{bmatrix} 1 & 0 & 2 \\ 3 & -1 & 0 \\ 4 & 0 & 2 \end{bmatrix}, \; C := \begin{bmatrix} 1 & 1 & 2 \\ 3 & -1 & 0 \\ 4 & 0 & 2 \end{bmatrix}$$

Es gibt übrigens noch andere Wege, um Matrizen aufzubauen. Beispielsweise kann die Größe und eine Berechnungsvorschrift für die Einträge vorgegeben werden:

```
> M := matrix( 3,3, (i,j) -> i/j );
```

$$M := \begin{bmatrix} 1 & \frac{1}{2} & \frac{1}{3} \\ 2 & 1 & \frac{2}{3} \\ 3 & \frac{3}{2} & 1 \end{bmatrix}$$

Auf Matrixelemente wird durch *Indizierung* mit eckigen Klammern [ ] zugegriffen, die Indizierung beginnt mit 1:

```
>  M[2,3];
```

$$\frac{2}{3}$$

Vektoren werden durch den Befehl `vector` erzeugt:

```
>  v := vector( [1,-2,3 ] );
```

$$v := [1, -2, 3]$$

```
>  w := vector( [1,3,-2] );
```

$$w := [1, 3, -2]$$

Die *Addition* von Matrizen und Vektoren erfolgt mit +, während es für die *Multiplikation* den speziellen Operator &* gibt:

```
>  A &* B,  evalm( A &* B);
```

$$A\,\&*B\,,\quad \begin{bmatrix} 9+3\,a & -a & 6 \\ 0 & 1 & 6 \\ 12 & 0 & 12 \end{bmatrix}$$

```
>  evalm(A &* B &* v + w);
```

$$[28 + 5\,a,\, 19,\, 46]$$

Die Vektoren werden zwar als Zeilenvektoren ausgegeben, werden aber in der Regel als Spaltenvektoren aufgefaßt (auch wenn Maple das Bilden von v &* A zuläßt). Mit dem Befehl `transpose` kann man Vektoren transponieren:

```
>  wt := transpose(w);
```

$$wt := \mathrm{transpose}(w)$$

```
>  evalm(v &* wt);
```

$$\begin{bmatrix} 1 & 3 & -2 \\ -2 & -6 & 4 \\ 3 & 9 & -6 \end{bmatrix}$$

```
>  evalm(wt &* v);
```

$$-11$$

Man kann auch Skalare zu Matrizen addieren oder multiplizieren, wobei $A +$ const die Wirkung von $A + \mathrm{const} \cdot E$ hat (E bezeichnet die Einheitsmatrix):

```
>  evalm(A+3),  evalm(3*A);
```

$$\begin{bmatrix} 4 & a & 2 \\ 3 & 2 & 0 \\ 4 & 0 & 5 \end{bmatrix},\quad \begin{bmatrix} 3 & 3a & 6 \\ 9 & -3 & 0 \\ 12 & 0 & 6 \end{bmatrix}$$

Sowohl das *Skalarprodukt* als auch das *Kreuzprodukt* sind in Maple definiert (dotprod, crossprod), wobei die Formate übereinstimmen müssen:

```
> dotprod(v,w);
```

$$-11$$

```
> dotprod(v,wt);
```

Error, (in dotprod) second argument must be a vector

```
> dotprod(v,transpose(wt));
```

$$-11$$

```
> crossprod(v,w);
```

$$[-5, 5, 5]$$

Schließlich wird die *Norm* von Vektoren und Matrizen durch norm berechnet, wobei als Standard die Maximumnorm $\|\cdot\|_\infty$ verwendet wird. Als zweites Argument kann jedoch beispielsweise 2 für die euklidische Norm übergeben werden:

```
> norm(v),  norm(v,2);
```

$$3, \sqrt{14}$$

Für Matrizen ist $\|A\|_\infty := \max_i \sum_j |a_{ij}|$ die maximale Zeilensumme über die Beträge der Matrixeinträge. Somit erhält man:

```
> norm(B);
```

$$6$$

Man kann auch explizit über den zweiten Parameter die ∞-Norm vorschreiben oder auch für Matrizen die 2-Norm berechnen:

```
> norm(B,'infinity'),  norm(B,2);
```

$$6, \frac{1}{2}\sqrt{37} + \frac{5}{2}$$

Maple kann auch die Norm berechnen, wenn in einer Matrix (wie in A) ein Parameter steht:

```
> norm(A);
```

$$\max(6, 3 + |a|)$$

5.4.2 Matrix–Operationen

Die gängigen Operationen wie *Determinante* (det) oder *Inverse* (inverse) einer Matrix kann Maple auch dann symbolisch durchführen, wenn Parameter auftreten:

```
> det(A);
```

$$6 - 6\,a$$

```
> inverse(A);
```

$$
\begin{bmatrix}
\dfrac{1}{3}\dfrac{1}{-1+a} & \dfrac{1}{3}\dfrac{a}{-1+a} & -\dfrac{1}{3}\dfrac{1}{-1+a} \\[2ex]
\dfrac{1}{-1+a} & \dfrac{1}{-1+a} & -\dfrac{1}{-1+a} \\[2ex]
-\dfrac{2}{3}\dfrac{1}{-1+a} & -\dfrac{2}{3}\dfrac{a}{-1+a} & \dfrac{1}{6}\dfrac{3\,a+1}{-1+a}
\end{bmatrix}
$$

Man beachte, daß Maple den Fall $a = 1$ nicht gesondert behandelt, für den
die Matrix A nicht invertierbar ist.

Das *charakteristische Polynom* p erhält man durch den Befehl `charpoly`.
Löst man $p(t) = 0$, so erhält man die Eigenwerte der Matrix.

```
> charpoly(A,t);
```

$$
t^3 - 2\,t^2 - 9\,t - 6 - 3\,a\,t + 6\,a
$$

```
> p := collect(%,t);
```

$$
p := t^3 - 2\,t^2 + (-3\,a - 9)\,t + 6\,a - 6
$$

```
> solve(p=0, t);
```

$$
\frac{1}{3}\,\%1^{(1/3)} - 3\,\frac{-a-\dfrac{31}{9}}{\%1^{(1/3)}} + \frac{2}{3},
$$

$$
-\frac{1}{6}\,\%1^{(1/3)} + \frac{3}{2}\,\frac{-a-\dfrac{31}{9}}{\%1^{(1/3)}} + \frac{2}{3} + \frac{1}{2}\,I\,\sqrt{3}\left(\frac{1}{3}\,\%1^{(1/3)} + 3\,\frac{-a-\dfrac{31}{9}}{\%1^{(1/3)}}\right),
$$

$$
-\frac{1}{6}\,\%1^{(1/3)} + \frac{3}{2}\,\frac{-a-\dfrac{31}{9}}{\%1^{(1/3)}} + \frac{2}{3} - \frac{1}{2}\,I\,\sqrt{3}\left(\frac{1}{3}\,\%1^{(1/3)} + 3\,\frac{-a-\dfrac{31}{9}}{\%1^{(1/3)}}\right)
$$

$$
\%1 := -54\,a + 170 + 9\,\sqrt{-9\,a^3 - 57\,a^2 - 547\,a - 11}
$$

Dabei ist der Ausdruck $\%1$ an den entsprechenden Stellen einzusetzen.

Die *Eigenwerte* erhält man direkt durch den Befehl `eigenvals`, die *Eigenvektoren* durch `eigenvects`. Hierbei wird jeweils zusätzlich zum Vektor
der zugehörige Eigenwert mit seiner Vielfachheit ausgegeben.

```
> eigenvals(B);
```

$$
-1,\ \frac{3}{2} + \frac{1}{2}\,\sqrt{33},\ \frac{3}{2} - \frac{1}{2}\,\sqrt{33}
$$

```
> eigenvects(B);
```

$$
\left[-1,\ 1,\ \{[0,\ 1,\ 0]\}\right],\ \left[\frac{3}{2} + \frac{1}{2}\,\sqrt{33},\ 1,\ \left\{\left[-\frac{1}{8} + \frac{1}{8}\,\sqrt{33},\ \frac{57}{16} - \frac{9}{16}\,\sqrt{33},\ 1\right]\right\}\right],
$$

$$
\left[\frac{3}{2} - \frac{1}{2}\,\sqrt{33},\ 1,\ \left\{\left[-\frac{1}{8} - \frac{1}{8}\,\sqrt{33},\ \frac{57}{16} + \frac{9}{16}\,\sqrt{33},\ 1\right]\right\}\right]
$$

Da für die Eigenwerte Nullstellen eines Polynoms berechnet werden müssen, kann hier übrigens auch wieder ein `RootOf`-Ausdruck auftauchen, den man mit `allvalues` auflöst (vgl. Abschn. 5.2.1).

5.4.3 Lineare Gleichungssysteme

Schließlich sollen mit der oben definierten Matrix A sowie mit B $(a = 0)$ und C $(a = 1)$ noch lineare Gleichungssysteme gelöst werden. Wir rufen uns A nochmals ins Gedächtnis:

```
>  evalm(A);
```

$$\begin{bmatrix} 1 & a & 2 \\ 3 & -1 & 0 \\ 4 & 0 & 2 \end{bmatrix}$$

Wir definieren noch zwei Vektoren $\mathbf{b}_1$ und $\mathbf{b}_2$:

```
>  b1 := vector([7, 5, 10]):
>  b2 := vector([5, 5, 10]):
```

Nun soll das LGS $A\mathbf{x} = \mathbf{b}_1$ gelöst werden. „Von Hand" erweitert man dazu die Matrix A um den Vektor $\mathbf{b}_1$, bringt das System durch GAUSS-Elimination auf Dreiecksform und löst durch Rückwärtseinsetzen (vgl. Kap. 1). Dieses Vorgehen kann auch in Maple mit den Befehlen `augment`, `gausselim` und `backsub` nachvollzogen werden:

```
>  Ab1 := augment(A, b1);
```

$$Ab1 := \begin{bmatrix} 1 & a & 2 & 7 \\ 3 & -1 & 0 & 5 \\ 4 & 0 & 2 & 10 \end{bmatrix}$$

```
>  G := gausselim(Ab1);
```

$$G := \begin{bmatrix} 1 & a & 2 & 7 \\ 0 & -4a & -6 & -18 \\ 0 & 0 & -\dfrac{3}{2}\dfrac{a-1}{a} & -\dfrac{1}{2}\dfrac{5a-9}{a} \end{bmatrix}$$

```
>  x1 := backsub(G);
```

$$x1 := \left[\frac{1}{3}\frac{5a-3}{a-1}, \, 2\frac{1}{a-1}, \, \frac{1}{3}\frac{5a-9}{a-1} \right]$$

Das LGS kann auch direkt mit Hilfe von `linsolve` gelöst werden:

```
>  x1 := linsolve(A, b1);
```

$$x1 := \left[\frac{1}{3}\frac{5a-3}{a-1}, \, 2\frac{1}{a-1}, \, \frac{1}{3}\frac{5a-9}{a-1} \right]$$

Speziell für $a = 0$, also für die Matrix B, erhält man als Lösung:

```
>  x2 := linsolve(B, b1);
```

$$x2 := [1, -2, 3]$$

Man erkennt oben übrigens auch, daß Maple von selbst keine Fallunterscheidung für $a = 1$ durchführt. Maple geht „optimistisch" davon aus, daß der generelle Fall vorliegt; Sonderfälle müssen vom Anwender berücksichtigt werden! Dies wird auch deutlich, wenn man mit Hilfe von `rank` den *Rang* der Matrizen ausrechnet:

```
>  rank(A),  rank(B),  rank(C);
```

$$3, 3, 2$$

Da die Matrix C (mit $a = 1$) keinen vollen Rang hat, haben lineare Gleichungssysteme der Form $C\mathbf{x} = \mathbf{b}$ deshalb entweder keine oder unendlich viele Lösungen:

```
>  x3 := linsolve(C, b1);
```

$$x3 :=$$

```
>  x4 := linsolve(C, b2);
```

$$x4 := [\_t_1, 3\,\_t_1 - 5, -2\,\_t_1 + 5]$$

Dabei bezeichnet Maple durch $\_t_1$ eine freie Variable, die Lösung hat also die Form $(0, -5, 5)^t + t_1(1, 3, -2)^t$.

Mit dem Befehl `nullspace` wird der *Kern* einer Matrix berechnet. Wir erhalten speziell für C:

```
>  nullspace(C);
```

$$\{[1, 3, -2]\}$$

Die Übungen 5.11 bis 5.14 sollen dazu dienen, in Maple den Umgang mit Linearer Algebra zu vertiefen.

5.5 Analysis einer Veränderlichen

Problemstellung: *Man diskutiere die Funktion* $f(x) := \sin^2 x \cos^2 x$.

5.5.1 Grenzwerte und Differentiation

Wir geben zunächst die Funktion $f(x)$ ein und zeichnen sie, wodurch man leicht die Periodizität von f erkennt (siehe Abb. 5.8):

```
>  f := x -> sin(x)^2*cos(x)^2:
>  plot( f(x), x=-2..2 );
```

Grenzwerte berechnet Maple durch den Befehl `limit`. Aufgrund der Periodizität von f existiert für $x \to \infty$ kein Grenzwert. Maple gibt das so an:

```
>  limit( f(x), x=infinity );
```

$$0..1$$

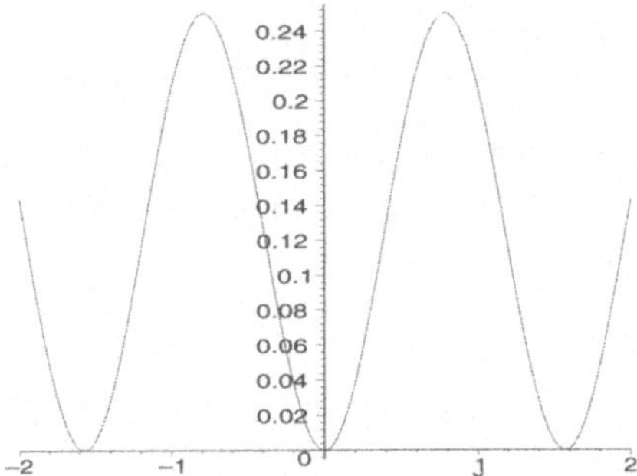

Abb. 5.8. Schaubild der Funktion $f(x) = \sin^2 x \cos^2 x$.

Anhand eines weiteren Beispiels, $\lim\limits_{x \to 0} (\sqrt{1 + x} - 1)/x$, soll die Wirkung von limit gezeigt werden:

```
>   limit( (sqrt(1+x)-1)/x, x=0 );
```

$$\frac{1}{2}$$

Zur *Differentiation* stellt Maple den Befehl `diff` sowie den Operator `D` zur Verfügung und ist damit in der Lage, Ableitungen unserer Funktion zu berechnen:

```
>   f1 := diff( f(x), x );
```

$$f1 := 2\sin(x)\cos(x)^3 - 2\sin(x)^3\cos(x)$$

Durch den Befehl `diff` geht der Funktions-Charakter von f verloren: `f1` kann nicht auf eine Stelle wie $x = 2$ in der Form `f1(2)` angewendet werden; man müßte wieder mit `subs` arbeiten. Zur Abhilfe gibt es den Befehl `unapply`, durch den `f1` wieder ein funktionaler Operator wird:

```
>   f1 := unapply( f1, x );
```

$$f1 := x \to 2\sin(x)\cos(x)^3 - 2\sin(x)^3\cos(x)$$

Auch höhere Ableitungen können mit `diff` berechnet werden:

```
>   diff( f(x), x, x);
```

$$2\cos(x)^4 - 12\sin(x)^2\cos(x)^2 + 2\sin(x)^4$$

```
>   f2 := unapply( %, x );
```

$$f2 := x \to 2\cos(x)^4 - 12\sin(x)^2\cos(x)^2 + 2\sin(x)^4$$

Statt `diff(f(x),x,x)` hätte man auch `diff(f(x),x$2)` schreiben können, und was hindert uns daran, einmal $f^{(10)}$ auszurechnen und den Ausdruck noch zu vereinfachen?

```
>   diff( f(x), x$10 );
```

$$131072\cos(x)^4 - 786432\sin(x)^2\cos(x)^2 + 131072\sin(x)^4$$

```
> simplify( %, trig );
```

$$1048576 \cos(x)^4 - 1048576 \cos(x)^2 + 131072$$

Der Differentialoperator D erzeugt als Ableitung wiederum einen funktionalen Operator und ist deshalb vorzuziehen, falls man einen funktionalen Operator wie f vorliegen hat:

```
> f1 := D(f);
```

$$\mathit{f1} := x \to 2 \sin(x) \cos(x)^3 - 2 \sin(x)^3 \cos(x)$$

```
> f1(Pi);
```

$$0$$

Auch mit dem D-Operator können höhere Ableitungen berechnet werden:

```
> (D@@10)(f);
```

$$x \to 131072 \cos(x)^4 - 786432 \sin(x)^2 \cos(x)^2 + 131072 \sin(x)^4$$

Schließlich können mit `diff` und D auch partielle Ableitungen berechnet werden. Darauf wird in Abschn. 5.6 detailliert eingegangen.

Die *Nullstellen* von f erhält man mit Hilfe des schon bekannten Befehls solve. Maple liefert jedoch nicht die unendlich vielen Nullstellen von f:

```
> solve( f(x)=0 );
```

$$0, \frac{1}{2}\pi, -\frac{1}{2}\pi$$

Zur Berechnung der *Extrema* von f kann man die Befehle `maximize` und `minimize` verwenden:

```
> maximize( f(x) );
```

$$\frac{1}{4}$$

```
> minimize( f(x) );
```

$$0$$

Da diese beiden Befehle nur die extremalen Werte, aber nicht die zugehörigen Stellen angeben, untersucht man die Nullstellen von f':

```
> solve( f1(x)=0 );
```

$$0, \frac{1}{2}\pi, -\frac{1}{2}\pi, \frac{1}{4}\pi, -\frac{1}{4}\pi$$

Mit Hilfe von f'' kontrolliert man, ob an diesen Stellen ein Maximum oder Minimum vorliegt:

```
> f2(0), f2(Pi/4);
```

$$2, -2$$

Also hat f bei $x = 0$ ein Minimum und bei $x = \pi/4$ ein Maximum.

5.5.2 Entwicklung in eine TAYLOR-Reihe

Wir wollen die Funktion f an der Stelle x_0 in eine TAYLOR-Reihe entwickeln, wozu der Befehl `taylor` dient, der als Voreinstellung die TAYLOR-Reihe bis zu Gliedern 6. Ordnung berechnet. Durch Veränderung von `Order` kann die maximale Ordnung auch variiert werden. (Wie man sehen wird, schreckt Maple auch vor längeren Rechnungen nicht zurück ...)

```
>  t := taylor( f(x), x=x0 );
```

$$t := \sin(x0)^2 \cos(x0)^2 + (-2\sin(x0)^3 \cos(x0) + 2\sin(x0)\cos(x0)^3)$$
$$(x - x0) + (\sin(x0)^2\,\%2 - 4\sin(x0)^2\cos(x0)^2 + \%1\cos(x0)^2)$$
$$(x - x0)^2 + (-2\,\%1\sin(x0)\cos(x0) + \frac{4}{3}\sin(x0)^3\cos(x0)$$
$$-\frac{4}{3}\sin(x0)\cos(x0)^3 + 2\sin(x0)\cos(x0)\,\%2)(x - x0)^3 + ($$
$$\sin(x0)^2\,(\frac{1}{3}\cos(x0)^2 - \frac{1}{3}\sin(x0)^2) + \frac{16}{3}\sin(x0)^2\cos(x0)^2$$
$$+ \%1\,\%2 + (\frac{1}{3}\sin(x0)^2 - \frac{1}{3}\cos(x0)^2)\cos(x0)^2)(x - x0)^4 + ($$
$$\frac{4}{15}\sin(x0)\cos(x0)^3 + 2\sin(x0)\cos(x0)\,(\frac{1}{3}\cos(x0)^2 - \frac{1}{3}\sin(x0)^2)$$
$$+ \frac{4}{3}\,\%1\sin(x0)\cos(x0) - 2\,(\frac{1}{3}\sin(x0)^2 - \frac{1}{3}\cos(x0)^2)\sin(x0)\cos(x0)$$
$$-\frac{4}{3}\sin(x0)\cos(x0)\,\%2 - \frac{4}{15}\sin(x0)^3\cos(x0))(x - x0)^5 + O((x - x0)^6)$$
$$\%1 := -\sin(x0)^2 + \cos(x0)^2$$
$$\%2 := -\cos(x0)^2 + \sin(x0)^2$$

Um die TAYLOR-Entwicklung um $x_0 = 0$ zu berechnen, kann man 0 oben einsetzen und gleich vereinfachen:

```
>  t := subs( x0=0, % ): simplify( % );
```

$$x^2 - \frac{4}{3}\,x^4 + O(x^6)$$

Schließlich wollen wir noch anhand eines Schaubildes (siehe Abb. 5.9) untersuchen, wie gut f lokal durch das TAYLOR-Polynom approximiert wir. Dazu muß t zunächst wegen der O-Notation mit `convert` in ein Polynom umgewandelt werden:

```
>  tpol := convert(t, polynom);
```

$$tpol := x^2 - \frac{4}{3}\,x^4$$

```
>  plot( { f(x), tpol }, x=-1..1 );
```

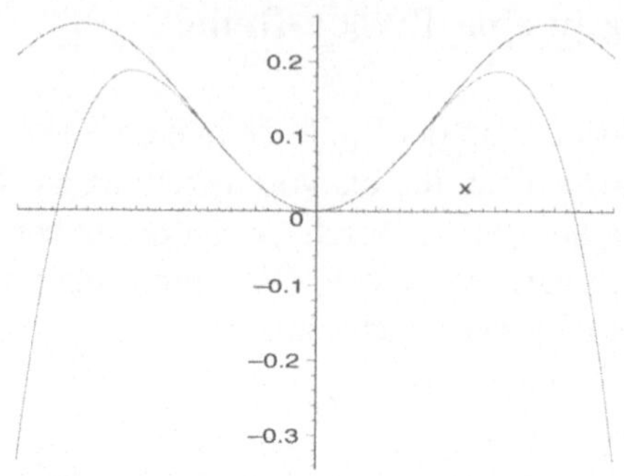

Abb. 5.9. $f(x)$ und approximierendes TAYLOR-Polynom

5.5.3 Integration

Nun wollen wir noch das Integral $\int_0^{\pi/2} \sin^2 x \cos^2 x \, dx$ berechnen. Dazu verwendet man den Befehl `int`:

```
>  int( f(x), x=0..Pi/2 );
```

$$\frac{1}{16}\,\pi$$

Auch eine Stammfunktion von f erhält man mit `int`, indem man die Integrationsgrenzen wegläßt. Als Integrationskonstante wird von Maple 0 gewählt:

```
>  int( f(x), x );
```

$$-\frac{1}{4}\sin(x)\cos(x)^3 + \frac{1}{8}\cos(x)\sin(x) + \frac{1}{8}\,x$$

Es gibt selbstverständlich auch Funktionen, für die Maple keine Stammfunktion berechnen kann oder die gar keine Stammfunktion haben. Für bestimmte Integrale kann man sich mit einer numerischen Berechnung behelfen, wozu man `evalf` auf den Integral-Operator `Int` anwendet:

```
>  int( exp(sin(x)), x=0..1 );
```

$$\int_0^1 e^{\sin(x)}\,dx$$

```
>  evalf( Int(exp(sin(x)), x=0..1) );
```

$$1.631869608$$

Mehrfache Integrale werden in Maple durch Schachtelung von `int` gelöst, wobei von innen nach außen ausgewertet wird. Um die Funktion $f(x,y) = x+y$ über dem Viertelkreis mit Radius R im ersten Quadranten zu integrieren, muß man das Integral

$$\int\limits_{x=0}^{R}\;\int\limits_{y=0}^{\sqrt{R^2-x^2}} (x+y)\,dy\,dx$$

berechnen. In Maple geht das wie folgt (wobei zuerst mit `assume` die Voraussetzung $R > 0$ gegeben wird):

```
> assume(R > 0);
> int( int( x+y, y=0..sqrt(R^2-x^2) ), x=0..R );
```

$$\frac{2}{3}\,R^3$$

Bekanntlich ist das RIEMANN-Integral der Limes einer Summe von Rechteckflächen. Dies soll nun mit Maple veranschaulicht werden. Da dazu weitere Befehle aus dem Paket `student` benötigt werden, muß dieses zuerst geladen werden.

```
> with(student):
```

Mit Hilfe von `middlebox` kann die in Abb. 5.10 dargestellte Treppenfunktion gezeichnet werden, die das Integral durch 10 Rechtecke annähert:

```
> middlebox( f(x), x=0..Pi/2, 10 );
```

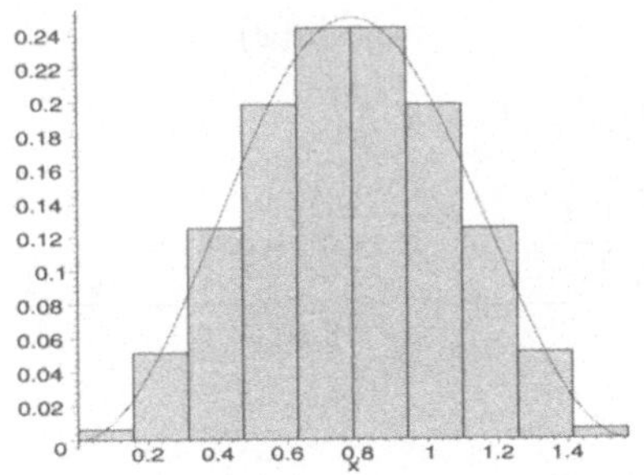

Abb. 5.10. Approximation durch eine RIEMANN-Summe

Der Befehl `middlesum` berechnet daraus die RIEMANN-Summe:

```
> middlesum( f(x), x=0..Pi/2, 10 );
```

$$\frac{1}{20}\,\pi\left(\sum_{i=0}^{9}\sin(\frac{1}{20}\,(i+\frac{1}{2})\,\pi)^2\cos(\frac{1}{20}\,(i+\frac{1}{2})\,\pi)^2\right)$$

Die RIEMANN-Summe kann analog für beliebiges n aufgestellt werden:

```
> middlesum( f(x), x=0..Pi/2, n );
```

$$\frac{1}{2}\,\frac{\pi\left(\sum_{i=0}^{n-1}\sin\left(\frac{1}{2}\,\frac{(i+\frac{1}{2})\,\pi}{n}\right)^2\cos\left(\frac{1}{2}\,\frac{(i+\frac{1}{2})\,\pi}{n}\right)^2\right)}{n}$$

Nun soll noch der Grenzwert dieses Ausdrucks für $n \to \infty$ berechnet werden, der gegen den Wert des bestimmten Integrals ($\pi/16$, siehe oben) konvergieren sollte.

```
>  limit( % , n=infinity );
```

$$\frac{1}{16}\,\pi$$

5.5.4 Achtung Fehler

Gelegentlich kommt es vor, daß Maple falsche Ergebnisse liefert, auch (speziell) bei der Integration. Selbst wenn dies äußerst selten der Fall ist und manche Fehler in einer neuen Maple-Version bereits behoben sind, werden hier ein paar Beispiele gezeigt.

Formt man den Integranden $\frac{1}{\sqrt{1-x^2}}$ in die Darstellung $\sqrt{\frac{-1}{x^2-1}}$ um, so liefert Maple ein seltsames Ergebnis:

```
>  int( 1/sqrt(1-x^2), x );
```

$$\arcsin(x)$$

```
>  int( sqrt(-1/x^2-1), x );
```

$$\frac{\sqrt{-\dfrac{x^2+1}{x^2}}\,x\,(\sqrt{-1-x^2}+\arctan(\dfrac{1}{\sqrt{-1-x^2}}))}{\sqrt{-1-x^2}}$$

```
>  simplify(%);
```

$$\frac{\sqrt{-\dfrac{x^2+1}{x^2}}\,x\,(\sqrt{-1-x^2}+\arctan(\dfrac{1}{\sqrt{-1-x^2}}))}{\sqrt{-1-x^2}}$$

Auch die numerische Integration von Maple kann Fehler liefern. Das folgende Integral wird symbolisch korrekt berechnet. Da die reine numerische Integration (zu Recht) eine Fehlermeldung liefert, wird noch eine Grenzwert-Berechnung dazwischengeschaltet. Dabei wird durch `Limit` wie bei `Int` die Berechnung verzögert und erst durch `evalf` rein numerisch durchgeführt. Das resultierende numerische Ergebnis ist jedoch völlig falsch:

```
>  int(1/x^2, x=0..2 );
```

$$\infty$$

```
>  evalf( Int(1/x^2, x=0..2) ); # numerisch
Error, (in evalf/int) integrand has a pole in the interval
>  evalf(limit( Int(1/x^2, x=a..2), a=0)); # lim symbolisch
```

$$undefined$$

```
> evalf(Limit( Int(1/x^2, x=a..2), a=0)); # rein numerisch
```

$$1.500000000$$

Fehler können auch bei der Minimierung selbst bei einem einfachen Beispiel auftreten. Wir betrachten $f(x,y) := x^2 + y^2$ auf $[-1,1] \times [2,3]$. Wegen $y \geq 2$ ist offensichtlich $f(x,y) \geq 4$, aber:

```
> minimize(x^2+y^2, {x, y}, {x=-1..1, y=2..3});
```

$$1$$

Deshalb sollte man den folgenden Satz immer berücksichtigen:

„Of course, just as with paper and pencil calculations, the course of the evaluation must be guided with ingenuity and cleverness by the human mind behind the calculation."

J. Dreitlein, Found. Phys. 23, 923 (1993)

In den Übungen 5.17 bis 5.21 können Sie die vorgestellten Befehle anhand weiterer Beispiele einüben.

5.6 Differentialrechnung im $\mathbb{R}^p$

Sollte der Leser noch keine Kenntnisse in der Differentialrechnung mehrerer Veränderlicher oder in gewöhnlichen Differentialgleichungen besitzen, so kann er die beiden folgenden Abschnitte auch überspringen. In Abschn. 5.8 werden keine der nun vorgestellten Befehle benötigt.

5.6.1 Partielle Ableitungen

Problemstellung: *Man berechne für die Funktion* $f(x,y) := \frac{x+y}{x}$, $x > 0$ *die partiellen Ableitungen, die* HESSE-*Matrix und die Richtungsableitung in Richtung des Vektors* $\mathbf{v} = [1,1]$ *im Punkt* $P = [1,2]$.

Zur partiellen Ableitung von Funktionen $f : \mathbb{R}^p \to \mathbb{R}$ kann man sowohl den Befehl `diff` als auch den Differentialoperator D verwenden. D ist jedoch nur dann möglich, falls man f als funktionalen Operator durch $\to$ definiert hat, ist dann aber die komfortablere Methode.

Da wir für spätere Befehle wie `hessian` das Lineare-Algebra-Paket benötigen, laden wir es zuerst:

```
> with(linalg):
```

Wir definieren die Funktion f in zwei Veränderlichen:

```
> f := (x,y) -> (x+y)/x;
```

$$f := (x,y) \to \frac{x+y}{x}$$

Um $f_x := \partial f / \partial x$, die partielle Ableitung von f nach x, auszurechnen, gibt es in Maple zwei Möglichkeiten:

```
>  fx := diff( f(x,y), x );
```

$$fx := \frac{1}{x} - \frac{x+y}{x^2}$$

```
>  fx := D[1](f);
```

$$fx := (x,\, y) \to \frac{1}{x} - \frac{x+y}{x^2}$$

Der Vorteil bei der Verwendung von D liegt darin, daß f_x wieder ein funktionaler Operator ist. Analog kann auch f_y, die partielle Ableitung nach y gebildet werden:

```
>  fy := D[2](f);
```

$$fy := (x,\, y) \to \frac{1}{x}$$

Mit D kann man auch gemischte und höhere partielle Ableitungen bequem ausrechnen; wir berechnen f_{xy}, f_{yy} und f_{xxx}:

```
>  fxy := D[1,2](f);
```

$$fxy := (x,\, y) \to -\frac{1}{x^2}$$

```
>  fyy := D[2,2](f);
```

$$fyy := 0$$

```
>  fxxx := D[1$3](f);
```

$$fxxx := (x,\, y) \to 6\,\frac{1}{x^3} - 6\,\frac{x+y}{x^4}$$

Für die letzte Anweisung hätte man auch umständlicher D[1,1,1] schreiben können, der Aufzählungsoperator $ ist hier jedoch wesentlich eleganter.

Die HESSE-*Matrix* ist bekanntlich die Matrix

$$H := \begin{pmatrix} f_{xx} & f_{xy} \\ f_{yx} & f_{yy} \end{pmatrix},$$

wobei nach dem Satz von SCHWARZ für hinreichend glattes f gilt: $f_{xy} = f_{yx}$. Wir haben zwar schon alle Größen berechnet, um die HESSE-Matrix „von Hand" aufzubauen, bequemer ist es jedoch, den Befehl **hessian** aus dem linalg-Paket zu verwenden:

```
>  H := hessian( f(x,y), [x,y] );
```

$$H := \begin{bmatrix} -2\,\dfrac{1}{x^2} + 2\,\dfrac{x+y}{x^3} & -\dfrac{1}{x^2} \\[2ex] -\dfrac{1}{x^2} & 0 \end{bmatrix}$$

Es ist sicherlich bereits aufgefallen, daß sich manche Ableitungen wesentlich vereinfachen lassen:

```
> simplify( fx(x,y) );
```

$$-\frac{y}{x^2}$$

Damit kann auch die HESSE-Matrix vereinfacht werden:

```
> H := simplify(H);
```

$$H := \begin{bmatrix} 2\dfrac{y}{x^3} & -\dfrac{1}{x^2} \\[2ex] -\dfrac{1}{x^2} & 0 \end{bmatrix}$$

Um den *Gradienten* $\mathbf{g} := \operatorname{grad} f$ von f, also den Vektor $[f_x,\ f_y]^t$ auszurechnen, gibt es den Befehl **grad** aus dem **linalg**-Paket. Auch der Gradient kann wieder vereinfacht werden:

```
> g := grad( f(x,y), [x,y] );
```

$$g := \left[\frac{1}{x} - \frac{x+y}{x^2},\ \frac{1}{x}\right]$$

```
> g := simplify(g);
```

$$g := \left[-\frac{y}{x^2},\ \frac{1}{x}\right]$$

Die *Richtungsableitung* $D_{\mathbf{v}}f(P)$ von f in Richtung des Vektors $\mathbf{v}$ im Punkt P kann für $\|\mathbf{v}\|_2 = 1$ durch $D_{\mathbf{v}}f(P) = \langle \operatorname{grad} f(P), \mathbf{v}\rangle$ berechnet werden. Wir geben den Punkt $P = (1,2)$ und den Vektor $\mathbf{v} = [1,1]^t$ vor, wobei $\mathbf{v}$ zunächst noch normiert werden muß:

```
> p := vector([1, 2]);
```

$$p := [1,\ 2]$$

```
> v1 := vector([1, 1]):
> v := v1/norm(v1,2);
```

$$v := \frac{1}{2}\,v1\,\sqrt{2}$$

Da wir den Gradienten $\mathbf{g}$ schon berechnet haben, können wir die Richtungsableitung allgemein ausrechnen und dann speziell unseren Punkt P einsetzen:

```
> Dvfx := dotprod(g, v);
```

$$Dvfx := -\frac{1}{2}\frac{y\sqrt{2}}{x^2} + \frac{1}{2}\frac{\sqrt{2}}{x}$$

```
> subs( x=p[1], y=p[2], Dvfx );
```

$$-\frac{1}{2}\sqrt{2}$$

Schließlich gilt noch, daß die Richtungsableitung in Richtung des Gradienten am größten ist. Deshalb berechnen wir noch $D_{\mathbf{g}}f(P)$. Für einen allgemeinen Punkt ergibt dies zunächst einen langen Ausdruck, weshalb wir die Ausgabe durch : unterdrücken, und dann speziell wieder P einsetzen und gleichzeitig vereinfachen:

```
>  Dgfp := dotprod( g, g/norm(g,2) ):
>  simplify( subs(x=p[1], y=p[2], Dgfp) );
```

$$\sqrt{5}$$

Problemstellung: *Man berechne die* JACOBI-*Matrix der Funktion*

$$\mathbf{f}(x,y) := \begin{pmatrix} x + y \\ \ln(xy) \end{pmatrix} .$$

Die JACOBI-*Matrix* $D\mathbf{f}(\mathbf{x})$ einer Funktion $\mathbf{f} : \mathbb{R}^n \to \mathbb{R}^m$ an der Stelle $\mathbf{x}$,

$$D\mathbf{f}(\mathbf{x}) = \begin{pmatrix} \partial f_1(\mathbf{x})/\partial x_1 & \cdots & \partial f_1(\mathbf{x})/\partial x_n \\ \vdots & & \vdots \\ \partial f_m(\mathbf{x})/\partial x_1 & \cdots & \partial f_m(\mathbf{x})/\partial x_n \end{pmatrix} ,$$

wird durch den Befehl `jacobian` aus dem `linalg`-Paket berechnet, wozu wir zuerst $\mathbf{f}$ eingeben:

```
>  f := (x,y) -> vector( [x+y, ln(x*y) ] );
```

$$f := (x, y) \to [x + y, \ln(xy)]$$

```
>  Df := jacobian( f(x,y), [x,y] );
```

$$Df := \begin{bmatrix} 1 & 1 \\ \dfrac{1}{x} & \dfrac{1}{y} \end{bmatrix}$$

5.6.2 TAYLOR-Entwicklung

Problemstellung: *Man entwickle die Funktion* $f(x,y) = x^y$ *um den Punkt* $(x_0, y_0) = (1,1)$ *nach* TAYLOR *bis zu Termen dritter Ordnung und verwende diese Entwicklung, um* $1.05^{1.02}$ *näherungsweise zu berechnen. Wie gut ist die Approximation?*

Für die TAYLOR-Entwicklungen in mehreren Veränderlichen muß zuerst die Funktion `mtaylor` geladen werden. Dies geschieht mit Hilfe des Befehls `readlib`:

```
>  readlib(mtaylor):
>  f := (x,y) -> x^y;
```

$$f := (x, y) \to x^y$$

Der Aufruf von `mtaylor` ist analog zur TAYLOR-Entwicklung in Abschn. 5.5.2, wobei das dritte Argument die Anzahl der Terme bezeichnet.

```
>  mtaylor( f(x,y), [x=1,y=1], 4 );
```

$$x + (x-1)(y-1) + \frac{1}{2}(y-1)(x-1)^2$$

Um $1.05^{1.02}$ zu approximieren, setzen wir $x = 1.05$ und $y = 1.02$ in die TAYLOR-Entwicklung ein:

```
>  t := unapply(%, x,y );
```

$$t := (x,\, y) \to x + (x-1)(y-1) + \frac{1}{2}(y-1)(x-1)^2$$

```
>  t( 1.05, 1.02 );
```

$$1.051025000$$

Um mit dem exakten Ergebnis zu vergleichen, berechnen wir $1.05^{1.02}$ auf 20 Stellen genau:

```
>  Digits := 20: 1.05^1.02; Digits := 10:
```

$$1.0510250935110245016$$

Eigentlich ist das Problem hier bereits gelöst. Wir wollen nun noch erklären, weshalb obige Entwicklung eine so einfache Gestalt hatte. Dazu betrachten wir die allgemeine TAYLOR-Entwicklung in (x_0, y_0):

```
>  mtaylor( f(x,y), [x=x0,y=y0], 4 );
```

$$e^{(y0\,\ln(x0))} + \frac{e^{(y0\,\ln(x0))}\,y0\,(x-x0)}{x0} + e^{(y0\,\ln(x0))}\,(y-y0)\ln(x0)$$

$$+ \frac{1}{2}\,\frac{e^{(y0\,\ln(x0))}\,(-y0+y0^2)\,(x-x0)^2}{x0^2}$$

$$+ \frac{1}{2}\,\frac{e^{(y0\,\ln(x0))}\,(2\,x0 + 2\,y0\,\ln(x0)\,x0)\,(y-y0)\,(x-x0)}{x0^2}$$

$$+ \frac{1}{2}\,e^{(y0\,\ln(x0))}\,(y-y0)^2\,\ln(x0)^2$$

$$+ \frac{1}{6}\,\frac{e^{(y0\,\ln(x0))}\,(2\,y0 - 3\,y0^2 + y0^3)\,(x-x0)^3}{x0^3} + \frac{1}{6}e^{(y0\,\ln(x0))}$$

$$(-3\,x0 + 6\,y0\,x0 - 3\,y0\,\ln(x0)\,x0 + 3\,y0^2\,\ln(x0)\,x0)\,(y-y0)$$

$$(x-x0)^2 / x0^3$$

$$+ \frac{1}{6}\,\frac{e^{(y0\,\ln(x0))}\,(3\,y0\,\ln(x0)^2\,x0^2 + 6\,\ln(x0)\,x0^2)\,(y-y0)^2\,(x-x0)}{x0^3}$$

$$+ \frac{1}{6}\,e^{(y0\,\ln(x0))}\,(y-y0)^3\,\ln(x0)^3$$

Die partiellen Ableitungen sehen beispielsweise wie folgt aus:

```
>  fx := D[1](f);
```

$$fx := (x,\, y) \to \frac{x^y\,y}{x}$$

```
> fxxy := D[1$2,2](f);
```

$$fxxy := (x, y) \to \frac{x^y\, y^2 \ln(x)}{x^2} - \frac{x^y\, y \ln(x)}{x^2} + 2\,\frac{x^y\, y}{x^2} - \frac{x^y}{x^2}$$

Aufgrund der speziellen Wahl von $(x_0, y_0) = (1,1)$ sind die meisten Ableitungen 0:

```
> f(1,1);
```

$$1$$

```
> D[1](f)(1,1),  D[2](f)(1,1);
```

$$1, 0$$

```
> D[1$2](f)(1,1),  D[1,2](f)(1,1),   D[2$2](f)(1,1);
```

$$0, 1, 0$$

```
> D[1$3](f)(1,1),  D[1$2,2](f)(1,1),  D[1,2$2](f)(1,1),
  D[2$3](f)(1,1);
```

$$0, 1, 0, 0$$

5.6.3 Lokale Extrema

Problemstellung: *Ein langes rechteckiges Blech der Breite b soll zu einer Rinne gebogen werden, deren Querschnitt ein gleichschenkliges Trapez ist. Wie muß die Wandbreite x und der Neigungswinkel φ der Seitenwände gewählt werden, damit die Querschnittsfläche maximal ist?*

Bezeichnet man die beiden parallelen Seiten des Trapezes wie in Abb. 5.11 mit ℓ_1 und ℓ_2, so gilt $\ell_1 = b - 2x$, $\ell_2 = \ell_1 + 2x\cos\varphi$, und die Höhe h ist $h = x\sin\varphi$. Somit gilt für die Querschnittsfläche:

$$A = \frac{\ell_1 + \ell_2}{2}\, h = (b - 2x + x\cos\varphi)x\sin\varphi\,.$$

Aufgrund der Geometrie ist zu fordern, daß $(x, \varphi) \in [0, b/2] \times [0, \pi]$.

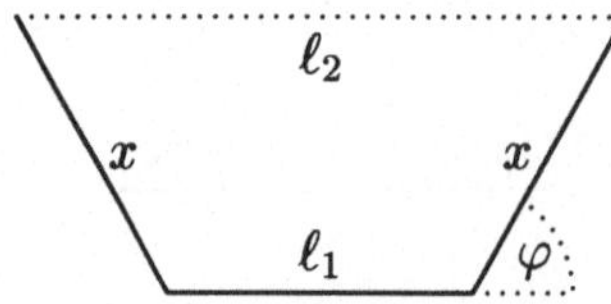

Abb. 5.11. Querschnitt einer Rinne

Wir geben die Funktion für den Querschnitt ein:

```
> A := (x,phi) -> (b-2*x+x*cos(phi))*x*sin(phi);
```

$$A := (x, \phi) \to (b - 2\,x + x\cos(\phi))\, x\sin(\phi)$$

Um A zu maximieren, muß man die partiellen Ableitungen Null setzen. Deshalb berechnen wir diese zuerst:

```
>  A1 := D[1](A);
```

$$A1 := (x, \phi) \rightarrow (-2 + \cos(\phi))\, x \sin(\phi) + (b - 2\,x + x \cos(\phi)) \sin(\phi)$$

```
>  A2 := D[2](A);
```

$$A2 := (x, \phi) \rightarrow -x^2 \sin(\phi)^2 + (b - 2\,x + x \cos(\phi))\, x \cos(\phi)$$

Zur Kontrolle auf Extrema wird später noch die HESSE-Matrix benötigt:

```
>  H := hessian( A(x,phi) , [x,phi] );
```

$$H :=$$
$$\left[2\,(-2 + \cos(\phi)) \sin(\phi), -2\,x \sin(\phi)^2 + (-2 + \cos(\phi))\, x \cos(\phi) \right.$$
$$\left. + (b - 2\,x + x \cos(\phi)) \cos(\phi) \right]$$
$$\left[-2\,x \sin(\phi)^2 + (-2 + \cos(\phi))\, x \cos(\phi) \right.$$
$$+ (b - 2\,x + x \cos(\phi)) \cos(\phi),$$
$$\left. -3\,x^2 \sin(\phi) \cos(\phi) - (b - 2\,x + x \cos(\phi))\, x \sin(\phi) \right]$$

Nun setzen wir die partiellen Ableitungen Null:

```
>  lsg := solve( {A1(x,phi)=0, A2(x,phi)=0}, {x,phi});
```

$$lsg := \{\phi = 0, x = 0\}, \{\phi = 0, x = b\}, \{x = \frac{1}{3}\,b, \phi = \pi\},$$
$$\{\phi = \arctan(\mathrm{RootOf}(\_Z^2 - 3)), x = \frac{1}{3}\,b\}$$

Die ersten drei Lösungen liegen auf dem Rand des zulässigen Gebiets, der später noch gesondert betrachtet werden muß. Wir lösen den `RootOf`-Ausdruck mit `allvalues` auf:

```
>  krit := allvalues(lsg[4]);
```

$$krit := \{\phi = \arctan(\sqrt{3}), x = \frac{1}{3}\,b\}, \{\phi = \arctan(-\sqrt{3}), x = \frac{1}{3}\,b\}$$

Aufgrund des negativen Winkels kann das zweite Ergebnis vernachlässigt werden. Wir formen deshalb nur den ersten Term um:

```
>  krit := simplify(krit[1]);
```

$$krit := \{\phi = \frac{1}{3}\,\pi, x = \frac{1}{3}\,b\}$$

Um auf Extrema zu untersuchen, setzen wir diese kritische Stelle in die HESSE-Matrix ein und vereinfachen das Ergebnis:

```
>  H1 := subs( krit, evalm(H) ):  simplify(H1);
```

$$\begin{bmatrix} -\dfrac{3}{2}\sqrt{3} & -\dfrac{1}{2}\,b \\[2mm] -\dfrac{1}{2}\,b & -\dfrac{1}{6}\,b^2\,\sqrt{3} \end{bmatrix}$$

Für ein Extremum muß die Determinante dieser Matrix > 0 sein:

```
>  det(H1);
```

$$\frac{1}{2}\, b^2$$

Wegen H1(1,1)$= -3\sqrt{3}/2 < 0$ besagt das Extremwertkriterium, daß ein lokales Maximum vorliegt, für das wir noch den Funktionswert berechnen:

```
>  maxi := subs( krit, A(x,phi) );
```

$$maxi := \frac{1}{3}\,(\frac{1}{3}\,b + \frac{1}{3}\,b\cos(\frac{1}{3}\,\pi))\,b\sin(\frac{1}{3}\,\pi)$$

```
>  simplify(maxi);
```

$$\frac{1}{12}\,b^2\,\sqrt{3}$$

Nun müssen noch die Ränder des Gebiets untersucht werden. Wir betrachten zuerst den Rand für $x = 0$:

```
>  r1 := A(0,phi);
```

$$r1 := 0$$

Nun betrachten wir den Rand für $x = b/2$:

```
>  r2 := A(b/2,phi);
```

$$r2 := \frac{1}{4}\,\cos(\phi)\,b^2\sin(\phi)$$

Da A auf diesem Rand nicht identisch Null ist, müssen wir hier nach Extrema suchen. Dazu setzen wir die erste Ableitung Null und kontrollieren mit der zweiten Ableitung:

```
>  Dr2 := diff(r2,phi);  # 1. Ableitung
```

$$Dr2 := -\frac{1}{4}\,\sin(\phi)^2\,b^2 + \frac{1}{4}\,\cos(\phi)^2\,b^2$$

```
>  D2r2 := diff(Dr2,phi);  # 2. Ableitung
```

$$D2r2 := -\cos(\phi)\,b^2\sin(\phi)$$

```
>  rand_extrem := solve(Dr2 = 0, phi);
```

$$rand\_extrem := \frac{1}{4}\,\pi,\ -\frac{1}{4}\,\pi$$

Wir untersuchen, was für ein kritischer Punkt für $\varphi = \pi/4$ vorliegt, indem wir die zweite Ableitung an der Stelle betrachten. (Die andere kritische Stelle $\varphi = -\pi/4$ liegt nicht in $[0,\pi]$ und muß deshalb nicht betrachtet werden.)

```
>  simplify( subs(phi=rand_extrem[1],D2r2) );
```

$$-\frac{1}{2}\,b^2$$

Somit liegt hier auf dem Rand ein Maximum vor. Wir berechnen seinen Wert:

```
>   A(b/2,rand_extrem[1]);
```

$$\frac{1}{8}\,b^2;$$

Wegen $\sqrt{3}/12 \approx 0.144 > 0.125 = 1/8$ liefert jedoch das lokale Maximum im Innern einen größeren Wert. Wir betrachten abschließend die Ränder für $\varphi = 0$ und $\varphi = \pi$:

```
>   r3 := A(x,0);
```

$$r3 := 0$$

```
>   r4 := A(x,Pi);
```

$$r4 := 0$$

Das lokale Maximum in Innern, für das der Winkel $\varphi = 60°$ und die Wandbreite ein Drittel der Gesamtbreite beträgt, liefert also die maximale Querschnittsfläche. Für $b = 1$ wollen wir abschließend die Funktion $A(x,\varphi)$ zeichnen.

```
>   b := 1:
>   plot3d( A(x,phi), x=0..b/2, phi=0..Pi, axes=BOXED);
```

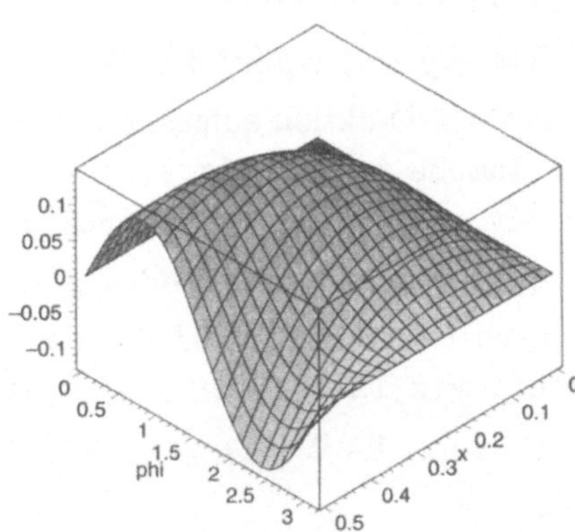

Abb. 5.12. Maximierung des Querschnitts einer Rinne

5.6.4 Extrema mit Nebenbedingungen

Problemstellung: *Man bestimme Minimum und Maximum der Funktion $f(x,y,z) := 5x + y - 3z$ auf dem Schnitt der Ebene $x + y + z = 0$ mit der Sphäre $x^2 + y^2 + z^2 = 1$.*

Zunächst wird die Zielfunktion f eingegeben:

```
>   f := (x,y,z) -> 5*x + y - 3*z;
```

$$f := (x,\,y,\,z) \to 5\,x + y - 3\,z$$

Unser Ziel ist es nun, die LAGRANGE-Funktion

$$L(x, y, z, \lambda, \mu) = f(x, y, z) + \lambda g_1(x, y, z) + \mu g_2(x, y, z)$$

aufzustellen, wobei g_1 und g_2 die beiden Nebenbedingungen in der Form $g_i(x, y, z) = 0$ sind. Dazu werden die Nebenbedingungen als Vektor **g** definiert:

```
>  g := (x,y,z) -> vector([x+y+z, x^2+y^2+z^2-1]);
```

$$g := (x, y, z) \to [x + y + z, x^2 + y^2 + z^2 - 1]$$

```
>  v := vector([lambda, mu]);
```

$$v := [\lambda, \mu]$$

Man beachte, daß das Skalarprodukt für allgemeine Variablen komplex definiert ist:

```
>  dotprod(v,g(x,y,z));
```

$$\lambda \overline{x + y + z} + \mu \left(-1 + \overline{x^2 + y^2 + z^2}\right)$$

Durch den Zusatz 'orthogonal' kann man jedoch das reelle Skalarprodukt erreichen. (Alternativ hätte man auch mittels **assume** alle Variablen als reell voraussetzen können.)

```
>  dotprod(v,g(x,y,z),'orthogonal');
```

$$\lambda \left(x + y + z\right) + \mu \left(x^2 + y^2 + z^2 - 1\right)$$

Damit kann die LAGRANGE-Funktion aufgestellt werden:

```
>  L := (x,y,z,lambda,mu) -> f(x,y,z) +
       dotprod(v, g(x,y,z),'orthogonal');
```

$$L := (x, y, z, \lambda, \mu) \to \mathrm{f}(x, y, z) + \mathrm{dotprod}(v,\, \mathrm{g}(x, y, z),\, 'orthogonal')$$

Zur Bestimmung kritischer Punkte muß $\nabla L = 0$ gesetzt werden:

```
>  DL := grad(L(x,y,z,lambda,mu),[x,y,z,lambda,mu]);
```

$$DL := [5 + \lambda + 2\mu x,\ 1 + \lambda + 2\mu y,\ -3 + \lambda + 2\mu z,\ x + y + z,$$
$$x^2 + y^2 + z^2 - 1]$$

Wir fordern nun, daß alle Komponenten des Vektors DL Null sind:

```
>  cand := solve({ DL[j]$j=1..5 });
```

$$cand := \{\lambda = -1,\ \mu = 2\,\mathrm{RootOf}(-2 + \_Z^2),\ z = \frac{1}{2}\,\mathrm{RootOf}(-2 + \_Z^2),$$
$$y = 0,\ x = -\frac{1}{2}\,\mathrm{RootOf}(-2 + \_Z^2)\}$$

Den Ausdruck **RootOf** beseitigt man durch **allvalues**:

```
>  all_cand := allvalues(cand);
```

$$all\_cand := \{\lambda = -1,\ y = 0,\ \mu = 2\sqrt{2},\ z = \frac{1}{2}\sqrt{2},\ x = -\frac{1}{2}\sqrt{2}\},$$
$$\{\lambda = -1,\ y = 0,\ \mu = -2\sqrt{2},\ z = -\frac{1}{2}\sqrt{2},\ x = \frac{1}{2}\sqrt{2}\}$$

Damit hat man zwei Kandidaten für lokale Extrema gefunden. Wir berechnen
dort jeweils den Funktionswert:

```
>  subs(all_cand[1], f(x,y,z));
```

$$-4\sqrt{2}$$

```
>  subs(all_cand[2], f(x,y,z));
```

$$4\sqrt{2}$$

Es gilt, daß eine stetige Funktion f auf einer kompakten Menge Maximum und Minimum annimmt. Da der Schnittkreis der Sphäre mit der Ebene kompakt und unsere Funktion f stetig ist, nimmt f das Minimum bei
$(-\sqrt{2}/2, 0, \sqrt{2}/2)$ und das Maximum bei $(\sqrt{2}/2, 0, -\sqrt{2}/2)$ an.

Die Menge der Nebenbedingungen wird noch gezeichnet (vgl. Abb. 5.13).
Da Ebene und Kugel implizit durch eine Gleichung gegeben sind, benötigt
man hierzu den Befehl `implicitplot` aus dem Paket `plots`.

```
>  with(plots):
>  implicitplot3d({g(x,y,z)[1], g(x,y,z)[2]}, x=-3/2..3/2,
       y=-3/2..3/2, z=-3/2..3/2, orientation=[-25,85]);
```

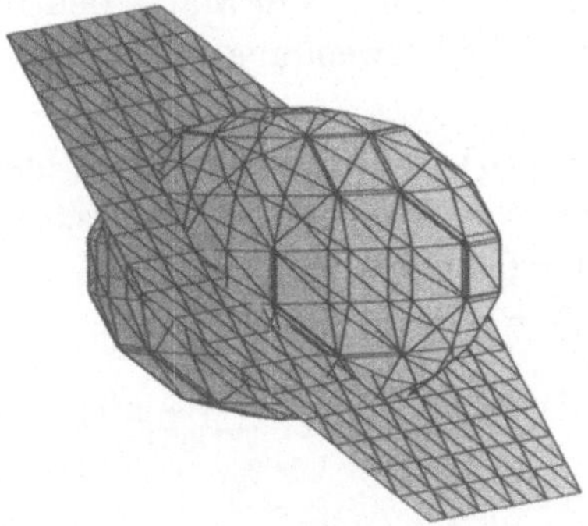

Abb. 5.13. Plot der Nebenbedingungen mit `implicitplot`

Anhand der Übungen 5.22 und 5.23 können Sie weitere Beispiele zur Differentialrechnung im $\mathbb{R}^3$ berechnen.

5.7 Gewöhnliche Differentialgleichungen

Da zahlreiche mathematische Anwendungen auf Differentialgleichungen führen, soll deren Behandlung mit Maple hier diskutiert werden. Sollte der Leser
noch keine Kenntnisse über Differentialgleichungen besitzen, so kann dieser
Abschnitt auch übergangen werden.

Eine *Differentialgleichung* (kurz: DGL) ist eine Gleichung, die eine Beziehung zwischen einer Funktion $x(t)$ und ihrer Ableitung $x'(t)$ (bzw. höheren Ableitungen) aufstellt. Es gibt eine ausführliche Theorie über die Existenz und Eindeutigkeit von Lösungen, auf die hier jedoch nicht eingegangen werden kann.

Auch in diesem Abschnitt wird wieder anhand typischer Beispiele gezeigt, welche Befehle in Maple verwendet werden können.

5.7.1 Der Befehl `dsolve`

Problemstellung: *Bestimmen Sie die allgemeine Lösung bzw. die den Anfangsbedingungen genügende Lösung der folgenden Differentialgleichungen:*

a) $x'(t) = 1 + x(t)^2$, $x(0) = 0$
b) $x'(t) - 2x(t) = 1/(1 + \exp(t))$
c) $x^{(4)}(t) + 2x'''(t) + 6x''(t) + 2x'(t) + 5x(t) = 0$
d) $x_1'(t) = x_1(t) + x_2(t), \qquad x_1(0) = 2$
$\phantom{\textbf{d)} }x_2'(t) = 4x_1(t) + x_2(t), \qquad x_2(0) = 8$

Zur Lösung gewöhnlicher Differentialgleichungen (englisch: ordinary differential equation, kurz ODE) gibt es in Maple den Befehl `dsolve`. Anhand der obigen Beispiele wird die Verwendung von `dsolve` gezeigt:

a) $x'(t) = 1 + x(t)^2$, $x(0) = 0$. Am Rande sei hier hier erwähnt, daß es sich hier um eine *separierbare* DGL handelt. Zunächst wird die DGL und die *Anfangsbedingung* $x(0) = 0$ eingegeben:

```
>  dgl := D(x)(t) = 1+x(t)^2;
```

$$dgl := \mathrm{D}(x)(t) = 1 + \mathrm{x}(t)^2$$

```
>  ini := x(0) = 0;
```

$$ini := \mathrm{x}(0) = 0$$

Dann ruft man `dsolve` auf, wobei die Lösung $x(t)$ sein soll, was als zweites Argument übergeben wird:

```
>  dsolve({dgl, ini}, x(t) );
```

$$\mathrm{x}(t) = \tan(t)$$

b) $x'(t) - 2x(t) = 1/(1 + \exp(t))$. Die Differentialgleichung wird hier mit Hilfe von `diff` eingegeben. Ebenso hätte man auch wie in a) den Differentialoperator D verwenden können.

```
>  dgl := diff(x(t),t) - 2*x(t) = 1/(1+exp(t));
```

$$dgl := (\frac{\partial}{\partial t}\,\mathrm{x}(t)) - 2\,\mathrm{x}(t) = \frac{1}{1 + e^t}$$

```
> lsg := dsolve(dgl, x(t) );
```

$$lsg := \mathrm{x}(t) = -e^{(2\,t)}\ln(1+e^t) - \frac{1}{2} + e^t + e^{(2\,t)}\ln(e^t) + e^{(2\,t)}\,\_C1$$

Maple zeigt durch $\_C1$ eine multiplikative Konstante an, die von der allgemeinen Lösung der homogenen Differentialgleichung stammt. Um diese DGL „von Hand" zu lösen, hätte man die Methode der Variation der Konstanten anwenden müssen, so daß das Lösen mit Maple sehr viel komfortabler wird. An dieser Stelle soll das von Maple berechnete Ergebnis kontrolliert werden. Dazu setzt man die berechnete Lösung wieder in die DGL ein:

```
> subs(lsg, dgl);
```

$$(\frac{\partial}{\partial t}\,(-e^{(2\,t)}\ln(1+e^t) - \frac{1}{2} + e^t + e^{(2\,t)}\ln(e^t) + e^{(2\,t)}\,\_C1))$$
$$+ 2\,e^{(2\,t)}\ln(1+e^t) + 1 - 2\,e^t - 2\,e^{(2\,t)}\ln(e^t) - 2\,e^{(2\,t)}\,\_C1 =$$
$$\frac{1}{1+e^t}$$

Da **subs** nur die Lösung $x(t)$ eingesetzt hat, verwenden wir **simplify** zur Vereinfachung:

```
> simplify(%);
```

$$\frac{1}{1+e^t} = \frac{1}{1+e^t}$$

Der Befehl **simplify** ist hier nicht in der Lage, den Ausdruck weiter zu vereinfachen, etwa auf die Form $0 = 0$. Jedenfalls steht eine wahre Aussage da, die anzeigt, das $x(t)$ tatsächlich die DGL löst.

c) $x^{(4)}(t) + 2x'''(t) + 6x''(t) + 2x'(t) + 5x(t) = 0$. Mathematisch gesprochen liegt hier eine lineare DGL höherer Ordnung mit konstanten Koeffizienten vor. In Maple verwendet man wieder den Befehl **dsolve** sowie die in Abschn. 5.5.1 eingeführte Schreibweise für höhere Ableitungen:

```
> dgl := (D@@4)(x)(t) + 2*(D@@3)(x)(t) + 6*(D@@2)(x)(t)
            + 2*D(x)(t) + 5*x(t) = 0;
```

$$dgl := (\mathrm{D}^{(4)})(x)(t) + 2\,(\mathrm{D}^{(3)})(x)(t) + 6\,(\mathrm{D}^{(2)})(x)(t) + 2\,\mathrm{D}(x)(t) + 5\,\mathrm{x}(t)$$
$$= 0$$

```
> dsolve(dgl, x(t) );
```

$$\mathrm{x}(t) = \_C1\cos(t) + \_C2\sin(t) + \_C3\,e^{(-t)}\cos(2\,t) + \_C4\,e^{(-t)}\sin(2\,t)$$

Alternativ hätte man die DGL auch in der folgenden Form unter Verwendung von **diff** schreiben können:

```
> dgl := diff(x(t),t$4) + 2*diff(x(t),t$3)
            + 6*diff(x(t),t$2) + 2*diff(x(t),t) + 5*x(t) = 0;
```

$$dgl := (\frac{\partial^4}{\partial t^4}\,\mathrm{x}(t)) + 2\,(\frac{\partial^3}{\partial t^3}\,\mathrm{x}(t)) + 6\,(\frac{\partial^2}{\partial t^2}\,\mathrm{x}(t)) + 2\,(\frac{\partial}{\partial t}\,\mathrm{x}(t)) + 5\,\mathrm{x}(t) = 0$$

Als Lösung erhält man wiederum dasselbe Ergebnis:

```
>  dsolve(dgl, x(t) );
```

$$x(t) = \_C1 \cos(t) + \_C2 \sin(t) + \_C3\, e^{(-t)} \cos(2\,t) + \_C4\, e^{(-t)} \sin(2\,t)$$

d) $x_1' = x_1 + x_2$, $x_2' = 4x_1 + x_2$; $x_1(0) = 2$, $x_2(0) = 8$. Schließlich soll noch dieses System linearer Differentialgleichungen erster Ordnung gelöst werden:

```
>  dgl1 := D(x1)(t) = x1(t) + x2(t):
>  dgl2 := D(x2)(t) = 4*x1(t) + x2(t):
```

Um die allgemeine Lösung des Systems zu erhalten, übergibt man `dsolve` (analog zum Befehl `solve`) die beiden Gleichungen:

```
>  dsolve({dgl1, dgl2}, {x1(t), x2(t)} );
```

$$\{x1(t) = \frac{1}{2}\_C1\, e^{(-t)} + \frac{1}{2}\_C1\, e^{(3\,t)} + \frac{1}{4}\_C2\, e^{(3\,t)} - \frac{1}{4}\_C2\, e^{(-t)},$$

$$x2(t) = \_C1\, e^{(3\,t)} - \_C1\, e^{(-t)} + \frac{1}{2}\_C2\, e^{(-t)} + \frac{1}{2}\_C2\, e^{(3\,t)}\}$$

Etwas schöner wäre hier zwar die Darstellung, die jeweils die Terme mit e^{-t} und e^{3t} zusammenfassen würde, dennoch ist das durch Maple berechnete Ergebnis eine allgemeine Lösung der DGL. Nun wird noch die Anfangsbedingung eingegeben und eine spezielle Lösung der DGL bestimmt, die dieser Anfangsbedingung genügt:

```
>  ini := x1(0)=2, x2(0)=8;
```

$$ini := x1(0) = 2,\ x2(0) = 8$$

```
>  dsolve({dgl1, dgl2, ini}, {x1(t),x2(t)} );
```

$$\{x1(t) = -e^{(-t)} + 3\,e^{(3\,t)},\ x2(t) = 6\,e^{(3\,t)} + 2\,e^{(-t)}\}$$

5.7.2 Numerische Lösungen

Problemstellung: *Die Van-der-Pol-Gleichung* $x'' + c(x^2 - 1)x' + x = 0$ *besitzt für* $c = 1$ *einen Grenzzyklus (limit cycle). Untersuchen Sie dieses Phänomen, indem Sie einzelne Lösungskurven sowie ein Phasendiagramm zeichnen.*

Zunächst wird diese Differentialgleichung 2. Ordnung sowie eine Anfangsbedingung eingegeben:

```
>  vdp := (D@@2)(x)(t) + c*(x(t)^2-1)*D(x)(t) + x(t) = 0;
```

$$vdp := (D^{(2)})(x)(t) + c\,(x(t)^2 - 1)\,D(x)(t) + x(t) = 0$$

```
>  vdpini1 := x(0)=1/2, D(x)(0)=1/2;
```

$$vdpini1 := x(0) = \frac{1}{2},\ D(x)(0) = \frac{1}{2}$$

Maple findet jedoch mit `dsolve` keine Lösung:

```
> lsg := dsolve({vdp, vdpini1}, x(t) );
```

$$lsg :=$$

Als Abhilfe kann man Maple durch den Zusatz `numeric` dazu bringen, die Lösung des Anfangswertproblems numerisch zu approximieren:

```
> lsg := dsolve({vdp, vdpini1}, x(t), numeric );
```

$$lsg := \mathbf{proc}(rkf45\_x) \ldots \mathbf{end}$$

Diese seltsame Antwort zeigt an, daß Maple intern als Methode ein RUNGE-KUTTA-Verfahren verwendet, um die DGL numerisch zu lösen. Diese Lösung kann mit `odeplot` aus dem Paket `plots` gezeichnet werden. Zunächst muß diese Funktion mit Hilfe von `with` geladen werden. Gibt man dann einen speziellen Wert für c vor, etwa $c = 1$, kann man die Lösung zeichnen, hier für $t \in [0, 20]$. Das Ergebnis ist in Abb. 5.14 links abgebildet.

```
> with(plots, odeplot):
> c := 1:  odeplot(lsg, [t,x(t)], 0..20);
```

Alternativ kann man auch direkt die vorgegebene DGL zeichnen. Dazu benötigt man Befehle, die im Paket `DEtools` enthalten sind. Dieses muß zuerst geladen werden:

```
> with(DEtools):
```

Benutzt man hinter dem `with`-Kommando übrigens ein Semikolon anstelle des Doppelpunktes, werden alle im Paket enthaltenen Befehle aufgelistet. Mit `DEplot` erhält man direkt die in Abb. 5.14 links dargestellte Lösung. Dabei wird dem Befehl `DEplot` hier noch zusätzlich eine Schrittweite übergeben, die die Genauigkeit der Approximation steuert:

```
> DEplot(vdp, x(t), t=0..20, {[vdpini1]}, stepsize=0.5);
```

Das vierte Argument von `DEplot` besteht aus einer Menge oder Liste von Anfangsbedingungen, die ihrerseits wiederum als Liste zu übergeben sind. Zur Verdeutlichung wird noch eine zweite Anfangsbedingung vorgegeben. Mit `DEplot` kann man nun beide Lösungen in dasselbe Schaubild zeichnen, indem man als viertes Argument die Menge der beiden Anfangsbedingungen übergibt:

```
> vdpini2 := x(0)=2, D(x)(0)=-3:
> DEplot(vdp, x(t), t=0..20, {[vdpini1], [vdpini2]},
      stepsize=0.1 );
```

Das Ergebnis ist in Abb. 5.14 rechts dargestellt.

Man vermutet schon aufgrund der Plots, daß die Lösung dieser DGL gegen eine periodische Funktion konvergiert; dies wird im folgenden Abschnitt noch näher untersucht.

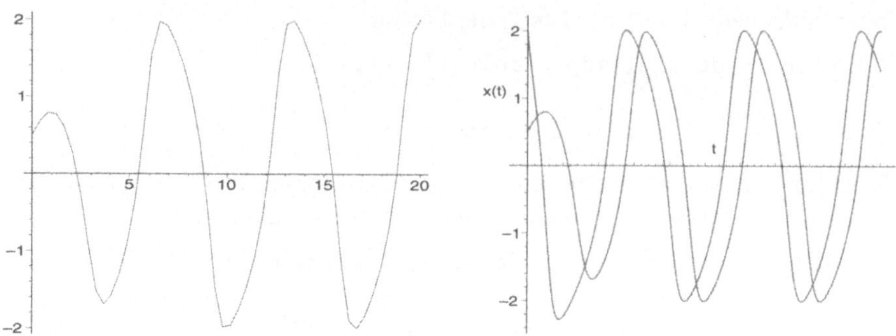

Abb. 5.14. Lösungen der Van-der-Pol-Gleichung

5.7.3 Phasendiagramme

Wir verwenden wieder für $c = 1$ die Van-der-Pol-Gleichung $x'' + (x^2 - 1)x' + x = 0$. Der Befehl `DEplot` aus dem Paket `DEtools` kann für Systeme von Differentialgleichungen erster Ordnung auch Phasendiagramme und Phasenkurven zeichnen. Deshalb wird die DGL durch das Standardverfahren $x_1 := x$, $x_2 := x'$ in ein System transformiert:

$$x_1' = x_2$$
$$x_2' = x_1'' = x'' = -(x_1^2 - 1)x_2 - x_1$$

Die Anfangsbedingungen $x(t_0) = a$, $x'(t_0) = b$ werden entsprechend zu $x_1(t_0) = a$, $x_2(t_0) = b$ mittransformiert. Wir geben diese Transformation in Maple ein:

```
>   dgl1 := D(x1)(t) = x2(t):
>   dgl2 := D(x2)(t) = -(x1(t)^2-1)*x2(t) - x1(t):
>   ini1 := x1(0)=1/2, x2(0)=1/2:
>   ini2 := x1(0)=2, x2(0)=-3:
```

Maple kann diese Transformation übrigens selbst mit Hilfe des Befehls `convertsys` durchführen. Man übergibt die DGL und eine Anfangsbedingung sowie die Bezeichner in der ursprünglichen DGL und im neu zu erzeugenden System:

```
>   SYS := convertsys(vdp, [vdpini1], x(t),t, X,DX );
```

$$SYS := [[DX_1 = X_2,\ DX_2 = -X_2\,X_1{}^2 + X_2 - X_1],$$
$$[X_1 = \mathrm{x}(t),\ X_2 = \frac{\partial}{\partial t}\mathrm{x}(t)],\ 0,\ [\tfrac{1}{2}, \tfrac{1}{2}]]$$

Man liest aus der ersten Komponente von SYS die oben eingeführte Transformation ab, wobei Maple hier (wie angegeben) die Bezeichner X_i für x_i und DX_i für x_i' verwendet. Auf die genaue Syntax dieses Befehls kann hier nicht eingegangen werden; man erhält sie in Maple durch `?convertsys`.

Mit dem Befehl `dfieldplot` kann man ein Phasendiagramm zeichnen (vgl. Abb. 5.15 links):

```
> dfieldplot( {dgl1, dgl2}, [x1(t),x2(t)], t=0..1,
      x1=-3..3, x2=-3..3);
```

Der schon im letzten Abschnitt eingeführte Befehl `DEplot` kann für ein System von Differentialgleichungen erster Ordnung zusätzlich auch noch Phasenkurven einzeichnen. Wir tun dies gleichzeitig für beide Anfangsbedingungen und erhalten die in Abb. 5.15 rechts dargestellte Figur.

```
> DEplot( {dgl1, dgl2}, [x1(t),x2(t)], t=0..30,
      {[ini1], [ini2]}, stepsize=0.1 );
```

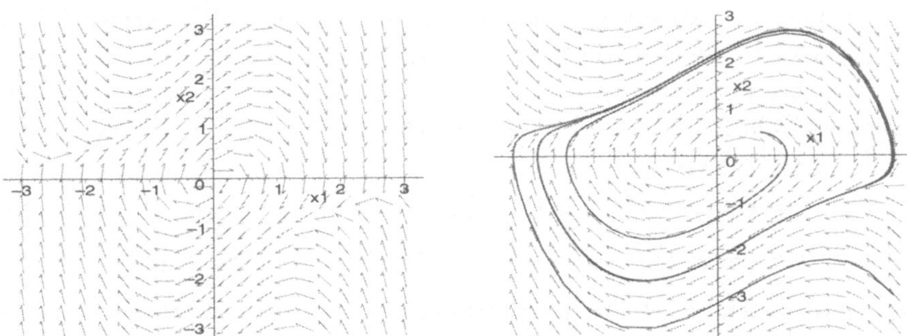

Abb. 5.15. Phasenkurven der Van-der-Pol-Gleichung

Man erkennt gut, daß beide Lösungen gegen dieselbe periodische Lösung, einen sogenannten Grenzzyklus (*limit cycle*) konvergieren.

5.7.4 Stabilität kritischer Punkte

Problemstellung: *Der Pflanzenbestand sowie die Populationen von Raubtieren und Pflanzenfressern entwickeln sich gemäß*

$$x_1' = x_1(x_3 - x_2 - 1)$$
$$x_2' = x_2(x_1 - 1)$$
$$x_3' = x_3(3 - x_1 - x_3)$$

Man bestimme alle Gleichgewichtspunkte sowie den Typ des kritischen Punktes, für den keine Spezies ausgestorben ist. Schließlich stelle man die Lösung mit $x_i(0) = 1$ dar.

Zunächst überlegt man sich, daß x_1 die Pflanzenfresser, x_2 die Raubtiere und x_3 die Pflanzen bezeichnet. Beispielsweise sagt die erste Gleichung aus, daß die Zuwachsrate x_1' der Pflanzenfresser positiv von der Anzahl der Pflanzen und negativ von der Anzahl der Raubtiere abhängt. Analog beurteilt man die übrigen Gleichungen.

```
>   f1 := x1*(x3 - x2 - 1):
>   f2 := x2*(x1 - 1):
>   f3 := x3*(3 - x1 - x3):
```

Für die kritischen Punkte gilt $x'_1 = x'_2 = x'_3 = 0$. Man bestimmt sie also mit Hilfe von `solve`:

```
>   krit := solve({f1=0, f2=0, f3=0}, {x1,x2,x3});
```

$$krit := \{x3 = 0,\ x2 = 0,\ x1 = 0\},\ \{x3 = 0,\ x1 = 1,\ x2 = -1\},$$
$$\{x2 = 0,\ x3 = 3,\ x1 = 0\},\ \{x1 = 2,\ x2 = 0,\ x3 = 1\},$$
$$\{x1 = 1,\ x2 = 1,\ x3 = 2\}$$

Der interessante kritische Punkt, für den keine Spezies ausgestorben ist, ist also $(1, 1, 2)$. Um Aussagen über seine Stabilität zu erhalten, untersucht man die Eigenwerte der JACOBI-Matrix im kritischen Punkt. Dazu wird zuerst die vektorwertige Funktion $\mathbf{f} = [f_1, f_2, f_3]^t$ definiert und dann mit Hilfe des Lineare-Algebra-Pakets die weitere Berechnung durchgeführt.

```
>   with(linalg):
>   f := vector( [f1, f2, f3] );
```

$$f := [x1\,(x3 - x2 - 1),\ x2\,(x1 - 1),\ x3\,(3 - x1 - x3)]$$

Wir untersuchen $\Re(\lambda)$ für die Eigenwerte λ der JACOBI-Matrix von $\mathbf{f}$ im kritischen Punkt:

```
>   J := jacobian(f, [x1,x2,x3] );
```

$$J := \begin{bmatrix} x3 - x2 - 1 & -x1 & x1 \\ x2 & x1 - 1 & 0 \\ -x3 & 0 & 3 - x1 - 2\,x3 \end{bmatrix}$$

Für die JACOBI-Matrix im kritischen Punkt setzen wir mit `subs` die entsprechenden Werte ein:

```
>   J_krit := subs( krit[5], evalm(J) );
```

$$J\_krit := \begin{bmatrix} 0 & -1 & 1 \\ 1 & 0 & 0 \\ -2 & 0 & -2 \end{bmatrix}$$

Nun können wir die Eigenwerte und ihre Realteile ermitteln:

```
>   eig := eigenvals(J_krit);
```

$$eig := -1,\ -\frac{1}{2} + \frac{1}{2} I \sqrt{7},\ -\frac{1}{2} - \frac{1}{2} I \sqrt{7}$$

```
>   Re_eig := map(Re,[eig]);
```

$$Re\_eig := [-1,\ \frac{-1}{2},\ \frac{-1}{2}]$$

Da alle Realteile kleiner 0 sind, besagt das Kriterium, daß $X = (1, 1, 2)$ ein stabiler Gleichgewichtspunkt ist.

Um die Lösung mit $x_i(0) = 1$ zu zeichnen, wandeln wir die Terme f_1, f_2 und f_3 in die übliche Form um:

```
> dgl1 := D(x1)(t) = subs(x1=x1(t),x2=x2(t),x3=x3(t), f1);
```
$$dgl1 := D(x1)(t) = x1(t)\,(x3(t) - x2(t) - 1)$$

```
> dgl2 := D(x2)(t) = subs(x1=x1(t),x2=x2(t),x3=x3(t), f2);
```
$$dgl2 := D(x2)(t) = x2(t)\,(x1(t) - 1)$$

```
> dgl3 := D(x3)(t) = subs(x1=x1(t),x2=x2(t),x3=x3(t), f3);
```
$$dgl3 := D(x3)(t) = x3(t)\,(3 - x1(t) - x3(t))$$

```
> ini := x1(0)=1, x2(0)=1, x3(0)=1;
```
$$ini := x1(0) = 1,\ x2(0) = 1,\ x3(0) = 1$$

Maple findet keine explizite Lösung des Systems von Differentialgleichungen:

```
> lsg := dsolve({dgl1,dgl2,dgl3,ini}, {x1(t),x2(t),x3(t)});
```
$$lsg :=$$

Deshalb berechnet man die numerische Lösung:

```
> lsg := dsolve({dgl1,dgl2,dgl3,ini}, {x1(t),x2(t),x3(t)},
        numeric );
```
$$lsg := \mathbf{proc}(rkf45\_x) \ldots \mathbf{end}$$

Unter Verwendung der Funktion `odeplot` zeichnen wir die Funktionen $x_1(t)$, $x_2(t)$ und $x_3(t)$ in dasselbe Schaubild, das in Abb. 5.16 dargestellt ist. Aufgrund der Stabilität des kritischen Punktes $(1, 1, 2)$ konvergiert die Lösung gegen diesen Punkt.

```
> with(plots, odeplot):
> odeplot(lsg, [[t,x1(t)], [t,x2(t)], [t,x3(t)]], 0..12);
```

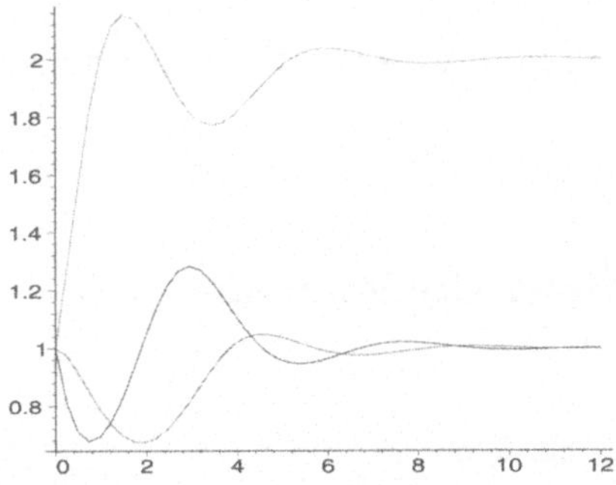

Abb. 5.16. Populationsmodell

Weitere Aufgaben zur Lösung gewöhnlicher Differentialgleichungen mit Hilfe von Maple findet man in den Übungen 5.24 bis 5.27.

5.8 Programme in Maple

Wie in MATLAB wurde auch in Maple zunächst das interaktive Arbeiten direkt am Maple-Prompt vorgestellt. Nun gibt es jedoch auch in Maple ebenso die Möglichkeit, eigene Prozeduren zu schreiben. Die dazu verwendete Syntax ähnelt derjenigen von MATLAB, wenn sich auch die verwendeten Befehlsnamen geringfügig unterscheiden.

5.8.1 Kontrollfluß

Bevor wir uns einige Beispiele für Maple-Programme anschauen, wird zunächst die Syntax vorgestellt.

do-Schleifen: Die Syntax einer Schleife ist variabler als in MATLAB. Es gibt nur einen Schleifentyp, bei dem die in eckige Klammern gesetzten Terme wegfallen können:

```
[for <var>] [from <expr>] [by <expr>] [to <expr>]
[while <expr>]
do
  <Befehle>
od;
```

Die andere zulässige Variante lautet:

```
[for <var>] [in <expr>] [while <expr>]
do
  <Befehle>
od;
```

Auch wenn diese Syntax zunächst sehr komplex erscheint, können damit doch die aus MATLAB bekannten Schleifentypen erzeugt werden, etwa die **for**-Schleife:

```
for <var> from <expr> by <expr> to <expr>
do
  <Befehle>
od;
```

Wird durch **by** nicht explizit eine Schrittweite vorgegeben, wird als Standardwert 1 verwendet:

```
> y := 0:
> for k from 1 to 3 do
>   y := y + k^2;
> od:
> y;
```

Ein zweites Beispiel mit negativer Schrittweite:

```
> liste := []:
> for k from 5 to 1 by -1/2 do
>   liste := [ op(liste), k ]:
> od:
> liste;
```

$$[5, \frac{9}{2}, 4, \frac{7}{2}, 3, \frac{5}{2}, 2, \frac{3}{2}, 1]$$

Würde hier hinter od am Ende der Schleife ein Semikolon statt des Doppelpunktes stehen, würden alle Zwischenergebnisse ausgegeben.

Auch die aus MATLAB bekannte **while**-Schleife kann mit der **do**-Schleife in Maple realisiert werden. Die Syntax lautet:

```
while <expr> do <Befehle> od:
```

Ein Beispiel für die **while**-Schleife ist:

```
> x := -3: y := 0:
> while x < 3 do
>   x := x+1: y := y+x^2:
> od:
> x, y;
```

$$3, 19$$

Gemäß der Syntaxdefinition kann man sogar `for` und `while` in derselben Schleife verwenden (auch wenn das hier nicht besonders elegant ist):

```
> summe := 0:
> for k from 1 by 2 while k<20 do
>   summe := summe+k:
> od:
> summe;
```

$$100$$

Läßt man schließlich alle optionalen Argumente in eckigen Klammern weg, so bleibt eine Endlosschleife der Form

```
do <Befehle> od:
```

übrig. Hier muß der Anwender mit Hilfe des Sprungbefehls `break` selbst dafür sorgen, daß die Schleife verlassen wird. Dabei wird (wie in MATLAB) hinter die innerste Schleife gesprungen:

```
> k := 0:
> do
>   k := k-2:
>   if k < -7 then break: fi:
>   print(k):
> od:
```

$$-2$$
$$-4$$
$$-6$$

Dabei wird der Befehl **print** verwendet, um die aktuelle Belegung von k auszugeben. Die Verzweigung mit **if** wird später detailliert vorgestellt.

Bei der Variante der **do**-Schleife mit „in" erstreckt sich die Schleife über alle Elemente einer Aufzählung. Dabei kann als Aufzählungstyp eine Folge, Liste oder Menge verwendet werden:

```
>   for k in 1,3,9 do print(k): od:
```

$$1$$
$$3$$
$$9$$

Leider hat die Maple-Schleife Schwierigkeiten mit symbolischen Ausdrücken:

```
>   for k from a to 5*a by a do print(k): od:
```

```
Error, increment of for loop must be numeric
```

Maple kann hier nicht eine Schleife mit a, $2a$, ... , $5a$ bilden (wie man es erhofft hatte), solange a keinen konkreten Wert hat. Selbst eine Schleife, in der π auftritt, macht Schwierigkeiten:

```
>   for phi from 0 to Pi/2 by Pi/6 do
>     print(sin(phi)):
>   od:
```

```
Error, increment of for loop must be numeric
```

Diese Schwierigkeiten treten auch bei der Verwendung der **while**-Schleife auf:

```
>   x := 0:
>   while x <= Pi/2 do
>     print(sin(phi)); x := x+Pi/6:
>   od:
```

```
Error, cannot evaluate boolean
```

Eine Abhilfe besteht darin, π mit Hilfe von **evalf** als Gleitpunktzahl darzustellen. Dann liegt aber auch die Lösung in Gleitpunktdarstellung vor, und die Rundungsfehler führen sogar dazu, daß der Wert für $\pi/2$ gar nicht mehr berechnet wird:

```
>   for phi from 0 to evalf(Pi/2) by evalf(Pi/6) do
>     print(sin(phi));
>   od:
```

$$0$$
$$.5000000002$$
$$.8660254042$$

Deshalb verwendet man hier eine **while**-Schleife, in der x nur in der logischen Abfrage in Gleitpunktdarstellung umgewandelt wird:

```
>   x := 0:
>   while evalf(x) <= evalf(Pi/2) do
>     print(sin(x)): x := x+Pi/6;
>   od:
```

$$0$$
$$1$$
$$\frac{1}{2}$$
$$\frac{1}{2}\sqrt{3}$$
$$1$$

Verzweigungen: Die Syntax der **if**-Anweisung, bei der wieder die optionalen Terme in eckigen Klammern entfallen können, lautet:

```
if <log. Ausdruck> then
  <Befehle>
[elif <log. Ausdruck> then
  <Befehle>]
[else <Befehle>]
fi:
```

Dabei können weitere Abfragen durch `elif` beliebig oft wiederholt werden. Man beachte auch hier die syntaktischen Unterschiede zu MATLAB: nach der logischen Abfrage steht ein zusätzliches **then**, und am Ende wird mit `fi` und nicht mit **end** abgeschlossen. Die logische Abfrage auf Gleichheit und Ungleichheit erfolgt durch = und <>, nicht wie in MATLAB durch == und ~=.

Zwei Beispiele sollen den Gebrauch der **if**-Anweisung verdeutlichen:

```
>   x := 2: y := a:
>   if x < 3 then y := b; fi:
>   y;
```

$$b$$

```
>   x := 2:
>   if x > 10 then y := 1:
>   elif x > 5 then y := 2:
>   elif x > 0 then y := 3:
>   else y := 4:
>   fi;
```

$$y := 3$$

Das Beispiel zeigt auch, daß anhand des Doppelpunktes oder Semikolons am Ende der **if**-Anweisung (hinter `fi`) gesteuert wird, ob das Ergebnis angezeigt wird.

5.8.2 Maple-Prozeduren

Wie in MATLAB können auch in Maple Programme geschrieben werden, die vom Benutzer wie Maple-interne Funktionen aufgerufen werden können.

Problemstellung: *Man schreibe ein Programm zur Berechnung der n-ten* FIBONACCI-*Zahl.*

Die FIBONACCI-Zahlen 1, 1, 2, 3, 5, 8, 13, 21, ... wurden in Abschn. 4.1 schon detailliert untersucht und mit Hilfe von MATLAB implementiert. Es gibt zwar in Maple bereits die Funktion fibonacci im Paket der kombinatorischen Funktionen, dennoch eignet sich dieses Beispiel gut, um das Schreiben von Maple-Prozeduren zu erlernen.

Zunächst muß die Syntax einer Prozedur eingeführt werden:

```
<Name> := proc(<Parameter>)
  [local <Variablen>:]
  [global <Variablen>:]
  [options <Optionen>:]
  <Befehle>
end:
```

Dabei ist `<Name>` der Name der Funktion und `proc` das Schlüsselwort, das die Prozedur einleitet. `<Parameter>` steht für eine Folge von Variablen, die beim Aufruf übergeben werden. Weitere Variablen, die man innerhalb der Funktion benötigt, werden hinter `local` oder `global` deklariert. Auf mögliche `Optionen` wird später eingegangen. Das Schlüsselwort `end` beendet die Prozedur. Der *Rückgabewert* einer Prozedur ist das Ergebnis des letzten Kommandos oder ein durch `RETURN(...)` explizit zurückgegebener Wert.

Eine erste Variante, um die FIBONACCI-Zahlen zu implementieren, könnte so aussehen:

```
> FIB01 := proc(n)
>    if n=1 or n=2 then 1;
>    else FIB01(n-1) + FIB01(n-2);
>    fi:
> end:
```

Dabei kann die Prozedur direkt in Maple eingegeben werden, wobei zu lange Zeilen durch einen Zeilenumbruch mittels SHIFT-ENTER getrennt werden können. Nun kann man die Funktion aufrufen. Man sieht, daß für großes n aufgrund der Rekursion die Bearbeitungszeit hoch ist (vgl. auch Abschn. 4.1), und daß für „falsche" Werte von n Fehler auftreten:

```
> FIB01(7), FIB01(25);
```

$$13, 75025$$

```
> FIB01(3.5);
```

```
Error, (in FIB01) too many levels of recursion
```

```
> FIBO1(-1);
```

`Error, (in FIBO1) too many levels of recursion`

Möchte man diese Funktion abspeichern, so verwendet man den Befehl **save**, dem man den gewünschten Dateinamen übergibt. Dieser sollte die Endung .m haben, da die Funktion in einem Maple-internen Format abgespeichert wird:

```
> save FIBO1, 'FIBONA1.m';
```

Die lange Berechnungszeit für großes n kann durch eine iterative Prozedur wesentlich reduziert werden. Wir schreiben das iterative Programm mit Hilfe eines Editors in die Datei `FIBONA2.map`. Dateien mit Maple-Programmen dürfen einen beliebigen Namen, jedoch nicht die Endung .m haben, da diese für das Maple-interne Format reserviert ist. Hinter einem #-Zeichen kann (wie in LaTeX und MATLAB hinter %) Kommentar eingegeben werden.

```
# Interative Berechnung der Fibonacci-Zahlen
FIBO2 := proc(n)
  local f1, f2, f3, k;                 # lokale Variablen
  if n=1 or n=2 then RETURN(1): fi:    # triviale Faelle
  f1 := 1:  f2 := 1:                   # Initialisierung
  for k from 3 to n do                 # Iteration
    f3 := f1 + f2:                     # neue Zahl
    f1 := f2:  f2 := f3:               # Update
  od:
  f3:
end:                                   # Ergebnis steht in f3
```

Diese Datei, und damit die darin enthaltene Funktion (oder auch mehrere Funktionen), lädt man in Maple mit Hilfe von **read**. Dabei können in Maple viele Funktionen in derselben Datei stehe, und der Funktionsname muß auch nicht mit dem Dateinamen korrespondieren.

```
> read 'FIBONA2.map';
> FIBO2(7), FIBO2(25);
```

$$13, 75025$$

Es fällt auf, daß die Berechnung nun wesentlich rascher erfolgt. Allerdings treten auch hier noch für „falsche" Werte von n ungewünschte Ergebnisse auf:

```
> FIBO2(3.5), FIBO2(-1);
```

$$2, f3$$

Das letzte Ergebnis kommt deshalb zustande, weil die **for**-Schleife nie durchlaufen wird und deshalb $f3$ nicht initialisiert ist.

Maple bietet Mechanismen, um beide Varianten zu verbessern. Zunächst kann bei der Übergabe der Parameter zusätzlich ein Typ angegeben werden, von welchem die übergebene Größe sein muß, und der mit Hilfe von :: an die

Übergabevariable angehängt wird, etwa: `n::integer`. An Typen stehen beispielsweise zur Verfügung: `integer`, `float`, `nonnegint`, `posint`, `positive`,
`even`, `odd`, `complex`, `vector`, `matrix`, `list`, `set`.

Man kann damit die erste Zeile der Datei `FIBONA2.map` wie folgt im Editor
modifizieren und die Funktion in der Datei `FIBONA3.map` abspeichern:

```
fibo3 := proc(n::posint)   # n integer, > 0
```

Lädt man diese neue Funktion, werden jetzt die falschen Eingaben von Maple
abgelehnt:

```
>  read 'FIBONA3.map';
>  FIBO3(3.5);

Error, FIBO3 expects its 1st argument, n, to be of type posint,
but received 3.5
```

Eine analoge Meldung liefert nun auch der Aufruf `fibo2(-1)`.

Die ursprüngliche rekursive Methode war wesentlich eleganter programmiert, hatte aber den Nachteil der hohen Rechenzeit, da viele Rekursionsaufrufe mehrfach erfolgen. Um hier Abhilfe zu schaffen, bietet Maple die
Option, sich schon berechnete Funktionsaufrufe zu merken. Dazu verwendet man lediglich `options remember`; die Interna der Speicherung bleiben
dem Anwender verborgen. Wir haben diese Version der FIBONACCI-Zahlen
in `FIBONA4.map` implementiert:

```
>  read 'FIBONA4.map';
```

Mit Hilfe des Befehls `print` kann die Funktion von Maple gezeigt werden,
wobei allerdings die Kommentare nicht mit ausgegeben werden:

```
>  print(FIBO4);
```

$$\textbf{proc}(n{::}posint)$$
$$\textbf{option } remember;$$
$$\textbf{if } n = 1 \textbf{ or } n = 2 \textbf{ then } 1 \textbf{ else } \text{FIBO4}(n-1) + \text{FIBO4}(n-2) \textbf{ fi}$$
$$\textbf{end}$$

Man stellt fest, daß auch für größere Werte von n die Berechnung durch
die `remember`-Option sehr schnell geworden ist und daß auch hier falsche
Eingaben abgelehnt werden:

```
>  FIBO4(-1);

Error, FIBO4 expects its 1st argument, n, to be of type posint,
but received -1

>  FIBO4(25);
```

$$75025$$

Die Unterscheidung zwischen *lokalen* und *globalen* Variablen erfolgt wie in
MATLAB (vgl. Abschn. 3.9.3) und wird deshalb nur an einem kurzen Beispiel
demonstriert:

```
>  f := proc(x)
>     local u:  global v:
```

```
>     v := x+1;   u:= v+2;
> end:
> f(1);
```

$$4$$

Durch die Deklaration von v als *globale* Variable wird auch auf der Kommandoebene der Wert von v verändert; die *lokale* Variable u bleibt dort hingegen unbekannt:

```
> u, v;
```

$$u, 2$$

Man kann sogar noch Hilfetexte zu seinen Funktionen mit Hilfe von `makehelp` erstellen. Weiter ist es möglich, mit Befehlen wie `open` und `close` Datenfiles zu öffnen oder zu schließen, sowie mit `readdata` und `sscanf` Daten zu lesen oder mit `printf` zu schreiben. Darauf kann hier jedoch nicht näher eingegangen werden.

5.8.3 Weitere Beispiele

Anhand zweier kleiner Beispiele soll die Erstellung eigener Maple-Prozeduren erläutert werden:

Problemstellung: *Man schreibe eine Prozedur, die aus einer Liste alle komplexen Einträge streicht.*

In Maple kann man mit Hilfe von `map` die Funktionen `Re` und `Im` für Real- und Imaginärteil auf alle Einträge der Liste anwenden. Dennoch muß für jedes Element einzeln kontrolliert werden, ob der Imaginärteil 0 ist. Deshalb wird eine Schleife über alle Einträge x_j verwendet, wobei x_j an die neue Liste angefügt wird, falls $\Im(x_j) = 0$. Damit kann das Programm wie folgt (beispielsweise in der Datei `LISTREAL.map`) geschrieben werden:

```
ListeReal := proc(Liste::list)
  local i, n, x, NeueFolge;    # lokale Variablen
  n := nops(Liste);           # Anzahl der Listenelemente
  NeueFolge := NULL;          # initialisiere leere neue Folge
  for i from 1 by 1 to n do   # Schleife ueber alle Eintraege
    x := Liste[i];
    if Im(x) = 0              # ggf. an Folge anhaengen
      then NeueFolge := NeueFolge , x;
    fi;
  od;
  RETURN([ NeueFolge ]);      # Folge in Liste umwandeln
end:
```

Nun lädt man das Programm. Die Tests zeigen, daß die Prozedur tatsächlich das gewünschte Ergebnis liefert und auch aufgrund der Typüberprüfung Fehleingaben abweist:

```
> read 'LISTREAL.map';
> L := [1, 2*I+2, 3, exp(2+I) ];
```

$$L := [1, 2 + 2\,I, 3, e^{(2+I)}]$$

```
> ListeReal(L);
```

$$[1, 3]$$

```
> ListeReal(I);
```

```
Error, ListeReal expects its 1st argument, Liste, to be of type
list, but received (-1)^(1/2)
```

```
> ListeReal([I]);
```

$$[]$$

Problemstellung: *Definiert man für $A_1, \dots, A_n \in \mathbb{R}^2$ eine Punktfolge $0 = P_0, P_1, P_2, \dots$ durch $P_{j+1} := (P_j + A_k)/2$, wobei der Index $k = k(j)$ zufällig in $\{1, \dots, n\}$ gewählt wird, so kann man zeigen, daß diese Punktfolge P_k gegen eine fraktale Menge konvergiert. Man stelle diese Menge grafisch dar, indem man hinreichend viele Punkte der Folge plottet. Für $n = 3$ ist dieses Fraktal als* SIERPINSKI-*Dreieck bekannt.*

Um das Problem zu lösen, schreibt man ein Programm, das als Eingabe die Punkte sowie die Anzahl der zu berechnenden Iterierten erhält. Dabei sollen die Punkte als Liste der Form

$$[\,[a_{1,x}, a_{1,y}], \dots, [a_{n,x}, a_{n,y}]\,]$$

gespeichert werden. Man erhält mit dem Befehl nops die Anzahl der Operanden der Liste, also genau die Anzahl n der Punkte. Man berechnet zuerst m Punkte zum Start, die nicht gezeichnet werden, da die Iteration ja erst gegen diese fraktale Menge konvergiert. Dann berechnet man weitere *anz* Punkte für den Plot. Somit kann die Prozedur folgendermaßen implementiert werden:

```
fraktal := proc(A::list, anz::posint)
  local j, k, m, n, zufall, P, Punkte;
  m := 100;                 # Anzahl der Startiterationen
  n := nops(A);             # Anzahl der Punkte
  zufall := rand(1..n);     # Zufallszahlen zwischen 1 und n
  # Start-Iterationen
  P := [0,0];
  for j from 1 to m do
    k := zufall();          # zufaellige Zahl aus [1,n]:
    P := [ (P[1]+A[k,1])/2, (P[2]+A[k,2])/2 ]:
  od:
  # Iterationen fuer Plot
  Punkte := [];
  for j from 1 to anz do
```

```
  k := zufall();          # zufaellige Zahl aus [1,n]:
  P := [ (P[1]+A[k,1])/2, (P[2]+A[k,2])/2 ]:
  Punkte := [ op(Punkte), P ];
 od:
 # Plot: Punkte als kleine Pixel zeichnen
 plot(Punkte, style=point, symbol=POINT, axes=none);
end:
```

Wählt man die Punkte $(0,0)$, $(1,0)$ und $(0,1)$, so erhält man das in Abb. 5.17 dargestellte SIERPINSKI-Dreieck, wobei 5000 Punkte gezeichnet wurden:

```
> read 'FRAKTAL.map':
> A := [ [0,0], [1,0], [0,1] ];
```

$$A := [[0, 0], [1, 0], [0, 1]]$$

```
> fraktal(A, 5000);
```

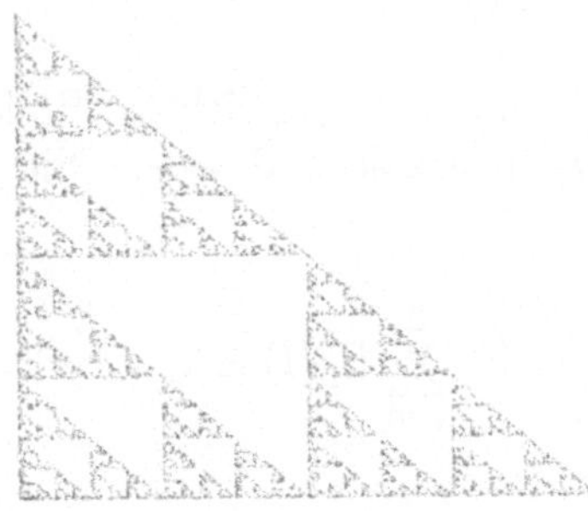

Abb. 5.17. SIERPINSKI-Dreieck für die Punkte $(0,0)$, $(1,0)$, $(0,1)$

Übungen

5.1 Starten Sie Maple und definieren Sie die Variable

$$y := \sin x - \sin 3x - 2\cos(\frac{\pi}{2} + x)\cos 2x$$

Was fällt Ihnen gleich nach der Eingabe auf? Versuchen Sie, y weiter zu vereinfachen.

5.2 Ordnen Sie den Ausdruck $p := at^2 + bt - a + bt^3 - 7bt^2 + 3at + 5b$ nach Potenzen von t um. Bringen Sie p auch in die Form $p = (\cdots) \cdot a + (\cdots) \cdot b$, in der gleichzeitig nach Termen mit a und mit b geordnet ist.

5.3 Versuchen Sie, in Maple für vorgegebenes k und φ die Werte

$$\sin \varphi, \sin 2\varphi, \dots, \sin k\varphi.$$

auf zwei Varianten zu berechnen. Erzeugen Sie dazu zunächst die Liste $[x, 2x, \dots, kx]$, wenden Sie die Sinusfunktion auf die Liste an und setzen Sie dann $x = \varphi$ ein, oder führen Sie die Berechnung in einem Schritt durch.

5.4 Speichern Sie Ihre Maple-Sitzung als LaTeX-Datei ab und versuchen Sie, das Ergebnis mit LaTeX zu übersetzen.

5.5 Berechnen Sie den Schnittpunkt der Ebene $\mathcal{E} : x + 2y + z = 0$ mit der Geraden $\mathcal{G} : (1, 1, 1)^t + \mathbb{R}(-2, 0, 1)^t$.

5.6 Berechnen Sie *alle* Schnittpunkte von $f(x) = \ln x$ und $g(x) = \sin(\pi x)$.

5.7 Im Computer Aided Geometric Design (CAGD) spielen die durch

$$B_i^n(t) := \binom{n}{i} \cdot t^i \cdot (1 - t)^{n-i}, \; i = 0, \dots, n \tag{5.1}$$

definierten BERNSTEIN-*Polynome* eine wichtige Rolle. Definieren Sie allgemein die Funktion $B_i^n(t)$ in Maple und weisen Sie speziell für $n = 3$ die *Partition der Eins* nach:

$$\sum_{i=0}^{n} B_i^n(t) \equiv 1. \tag{5.2}$$

5.8 Zeichnen Sie für festes n (z. B. $n = 3$) alle BERNSTEIN-Polynome $B_i^n(t)$ in einem Schaubild. Zur Definition von $B_i^n(t)$ vergleiche man Formel (5.1) in Übung 5.7.

5.9 Zeichnen Sie den sogenannten „Affensattel" $f(x, y) = x^3 - 3y^2x$ für $(x, y) \in [-3, 3]^2$.

5.10 Parametrisieren Sie die Rotationsfläche, die entsteht, wenn eine Funktion $f(z)$ um die z-Achse rotiert, und stellen Sie die Fläche mit Hilfe von `plot3d` dar. In Abb. 3.6 auf S. 65 sind zwei Rotationsflächen für $f(z) = z^2 + 4$ und $f(z) = z^3 - z$ dargestellt.

5.11 Bauen Sie die in (3.1) auf Seite 63 definierte HILBERT-Matrix H in Abhängigkeit von n auf, ohne den Befehl `hilbert` zu verwenden. Ein Aufruf $H(4)$ sollte die 4×4-HILBERT-Matrix liefern. Ermitteln Sie die Determinante und Inverse von H für verschiedene Werte von n.

5.12 Lösen Sie mit Maple die Gleichungssysteme in Abschn. 4.7 unter Verwendung der Matrizen (4.4) und (4.5).

5.13 Verwenden Sie das Orthogonalisierungsverfahren von GRAM-SCHMIDT,

$$\mathbf{x}_1 := \frac{\mathbf{x}_1}{\|\mathbf{x}_1\|}$$

$$\mathbf{x}_i := \mathbf{x}_i - \sum_{k=1}^{i-1} \langle \mathbf{x}_i, \mathbf{x}_k \rangle \cdot \mathbf{x}_k, \quad \mathbf{x}_i := \frac{\mathbf{x}_i}{\|\mathbf{x}_i\|}, \qquad i = 2, \dots, n \qquad (5.3)$$

zur Orthogonalisierung der Vektoren

$$\mathbf{x}_1 = [1, -2, 0, 2]^t, \ \mathbf{x}_2 = [5, -5, 2, 6]^t, \ \mathbf{x}_3 = [1, 1, 0, -1]^t.$$

Bemerkung: Das `linalg`-Paket enthält zwar eine Funktion `GramSchmidt`, die Vektoren orthogonalisiert, jedoch keine Normierung durchführt. Diese Funktion soll aber nicht verwendet werden.

5.14 Für welche λ sind die Vektoren

$$[2, \lambda, 3], \ [1, -1, 2], \ [-\lambda, 4, -3]$$

linear abhängig? Stellen Sie für diese λ den dritten Vektor durch die ersten beiden dar.

5.15 Bestimmen Sie für die beiden Geraden

$$\mathcal{G}_1 : \begin{pmatrix} 3 \\ 2 \\ -2 \end{pmatrix} + \lambda \begin{pmatrix} 1 \\ 2 \\ 1 \end{pmatrix}, \quad \mathcal{G}_2 : \begin{pmatrix} -1 \\ -1 \\ 2 \end{pmatrix} + \mu \begin{pmatrix} 4 \\ -1 \\ -2 \end{pmatrix}$$

die Ebene $\mathcal{E}_1$ durch $\mathcal{G}_1$ parallel zu $\mathcal{G}_2$, die Ebene $\mathcal{E}_2$, die $\mathcal{G}_2$ enthält und senkrecht zu $\mathcal{G}_1$ ist, sowie die Schnittgerade von $\mathcal{E}_1$ und $\mathcal{E}_2$.

5.16 Wie groß ist der Abstand des Punktes $P(1, 2, 3)$ von der Ebene durch die Punkte $A(1, 3, 2)$, $B(-2, 1, -2)$ und $C(5, -3, 3)$? In welchem Punkt trifft das Lot von P auf die Ebene?

5.17 Bestimmen Sie den Parameter t so, daß die Kurve $f(x) = x(x - t)^2$ die Gerade $g : y = 4$ berührt.

5.18 Bestimmen Sie die Parameter a und b so, daß die Funktion

$$f(x) := 1 + \frac{a - bx}{x^3}$$

an der Stelle $x = 1$ eine doppelte Nullstelle hat. Zeichnen Sie die resultierende Funktion für $x > 0$. Berechnen Sie für $c > 0$ die Fläche A_c, die von f und den Geraden $y = 1$ und $x = c$ eingeschlossen wird, sowie den Grenzwert $\lim_{c \to \infty} A_c$.

5.19 Berechnen Sie die Fläche, die von den beiden Funktionen $f(x) = 1 - (x - 1)^2$ und $g(x) = x^3$ eingeschlossen wird.

5.20 Berechnen Sie das Volumen und die Oberfläche einer Kugel mit Radius R.

5.21 Es sei $\mathbf{c}(t) : I \to \mathbb{R}^3$ eine reguläre Raumkurve (d. h. die Ableitung $\mathbf{c}'(t)$ existiert und ist $\neq 0$). Dann ist durch

$$\mathbf{x}(t,v) := \mathbf{c}(t) + v \cdot \mathbf{c}'(t)\,, \quad (t,v) \in I \times \mathbb{R}$$

die sogenannte *Tangentenfläche* von $\mathbf{c}$ definiert. Zeichnen Sie mit Maple verschiedene Tangentenflächen, beispielsweise zwei Windungen der Schraubfläche an die Schraublinie $\mathbf{c}(t) = (\cos t, \sin t, t)$ für $(t,v) \in [0,4\pi] \times [0,2]$.

5.22 Berechnen Sie die partiellen Ableitungen bis zur dritten Ordnung der Funktion $f(x,y) := \exp(y \sin x) \cos y$ sowie die JACOBI-Matrix der Funktion

$$\mathbf{g}(x,y) := \begin{pmatrix} xy \\ 2x \\ e^x y - \ln(2 + \sin x) \end{pmatrix}.$$

5.23 Man bestimme den Quader mit der kleinsten Oberfläche, in den ein vorgegebenes Volumen V hineinpaßt.

5.24 Durch die Differentialgleichung

$$v'(t) = g - c \cdot v^2(t)\,, \quad v(0) = 0$$

wird die Geschwindigkeit eines Körpers im freien Fall unter Berücksichtigung des Luftwiderstandes beschrieben. Lösen Sie die DGL mit Maple und untersuchen Sie, ob die Geschwindigkeit unbeschränkt wächst. Zeichnen Sie die Lösung für verschiedene Werte von c und g.

5.25 Das folgende System gewöhnlicher Differentialgleichungen stellt ein Räuber-Beute-Problem dar:

$$\begin{aligned} x' &= r(1-x) - yg_1(x) \\ y' &= -ry + yg_1(x) - (1 - x - y)g_2(y) \end{aligned}$$

Dabei ist $g_i(x) := x/(a_i + b_i x)$. Lösen Sie für $r = 3/10$, $a_1 = 1/10$, $b_1 = 1$, $a_2 = b_2 = 1/2$ das System mit den Anfangsbedingungen $x(0) = 1/2$, $y(0) = 1/10$ und weisen Sie durch einen Plot nach, daß das System gegen einen Grenzzyklus konvergiert.

5.26 Lösen Sie das LORENZ-System

$$\begin{aligned} u' &= -\alpha u + \alpha v \\ v' &= -uw + \beta u - v \\ w' &= uv - \gamma w \end{aligned}$$

numerisch auf dem Intervall $[0,30]$ für die Parameter $\alpha = 10$, $\beta = 28$, $\gamma = 8/3$ und den Anfangswert $(u(0), v(0), w(0)) = (1,1,1)$. Verwenden Sie die Funktion `DEplot3d` zur Visualisierung der Lösung (vgl. Abb. 5.18).

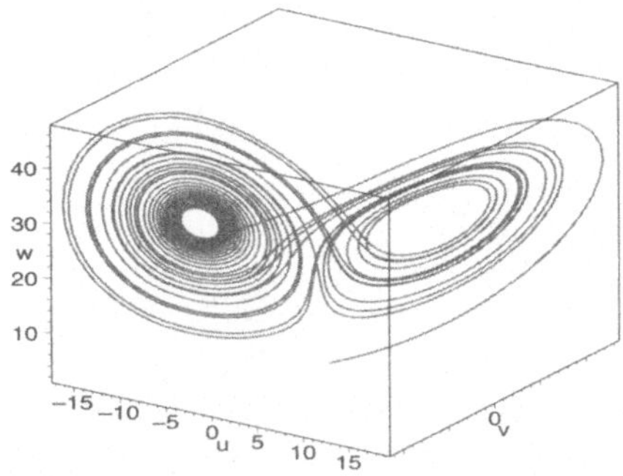

Abb. 5.18. Das LORENZ-System

5.27 Man schreibe eine iterative und eine rekursive Maple-Prozedur, die $n!$ berechnet.

Hinweis: In Maple kann man $n!$ durch die Eingabe von n! berechnen – aber das soll in dieser Aufgabe nicht verwendet werden!

5.28 Schreiben Sie eine Maple-Funktion, die das in Übung 5.13 eingeführte Orthogonalisierungsverfahren nach GRAM-SCHMIDT implementiert.

5.29 Sei $z \mapsto r(z)$ eine rationale Funktion und

$$r^k(z) := \begin{cases} z & \text{für } k = 0, \\ r(r^{k-1}(z)) & \text{für } k = 1, 2, \ldots \end{cases}$$

$\mathcal{F}_{att}$ und $\mathcal{F}_{rep}$ seien die Mengen der anziehenden bzw. abstoßenden Fixpunkte von r. $\mathcal{A}_r$ sei die Menge aller komplexen Zahlen $z \in \mathbb{C} \cup \infty$, für welche die Folge $z, r(z), r^2(z), \ldots$ gegen $\mathcal{F}_{att}$ konvergiert. Das Komplement von $\mathcal{A}_r$ in $\mathbb{C} \cup \infty$ hat im allgemeinen eine sehr komplizierte Struktur und wird als „JULIA-Menge" $\mathcal{J}_r$ bezeichnet. Nach einem Satz von FATOU läßt sich $\mathcal{J}_r$ als Abschluß (*closure*) einer Menge darstellen:

$$\mathcal{J}_r = \text{closure}\{z \in \mathbb{C} \,;\, r^k(z) \in \mathcal{F}_{rep} \text{ für ein } k \geq 0\}$$

Benutzen Sie diese Charakterisierung zur näherungsweisen grafischen Darstellung der JULIA-Menge von $r(z) := z^2 - c$ für einige Werte von $c \in \mathbb{C}$, etwa für $c = 1$ und $c = \mathbf{i}$ (siehe Abb. 5.19).

Hinweis: Die beiden Fixpunkte von $r(z)$ sind $z_{1,2} = (1 \pm \sqrt{1 + 4c})/2$, und für den abstoßenden Fixpunkt $\mathcal{F}_{rep}$ ist $|r'(z)| > 1$, also $2|z| > 1$. Im Programm iteriert man rückwärts, d. h. man startet mit $\mathcal{F}_{rep}$ und bestimmt diejenigen Punkte, deren Bildpunkt $\mathcal{F}_{rep}$ ist.

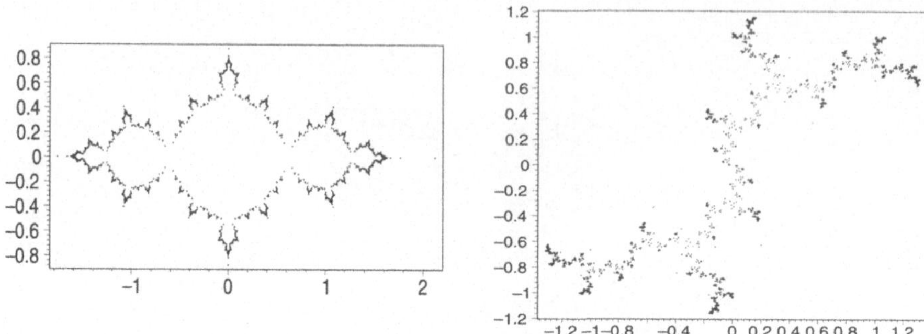

Abb. 5.19. JULIA-Mengen für $c = 1$ und $c = i$

6. Beispiele zu Maple

In diesem Kapitel wird anhand einiger Beispiele das Arbeiten mit Maple vorgestellt, wobei stellenweise Kenntnisse über gewöhnliche Differentialgleichungen oder Funktionen mehrerer Veränderlicher vorausgesetzt werden.

6.1 Roboter-Kinematik

Problemstellung: *Ein Roboter besteht aus drei Stangen s_1, s_2 und s_3 der Länge $|s_1| = 2$, $|s_2| = 1$ und $|s_3| = 1$. Die Stange s_1 ist im Boden drehbar gelagert (Winkel α), die Stangen s_1 und s_2 bzw. s_2 und s_3 sind durch Gelenke miteinander verbunden (Winkel β bzw. γ). In der Ruhelage ist $\beta = \gamma = \pi/2$ und $\alpha = 0$, der Arbeitspunkt A des Roboters befindet sich also im Punkt $\mathbf{f}(0, \pi/2, \pi/2) = (1, 0, 1)$. Man bestimme den Ort $\mathbf{f}(\alpha, \beta, \gamma)$ des Arbeitspunkts in Abhängigkeit von den drei Winkeln α, β und γ. Man zeige, daß der Roboter jeden Punkt in einer Umgebung der Ruhelage erreichen kann und berechne, wie die Winkel α, β und γ näherungsweise eingestellt werden müssen, um den Arbeitspunkt in einen Punkt $(1 + \Delta x, \Delta y, 1 + \Delta z)$ in der Nähe der Ruhelage zu steuern.*

Die Geometrie des Roboters ist in Abb. 6.1 dargestellt.

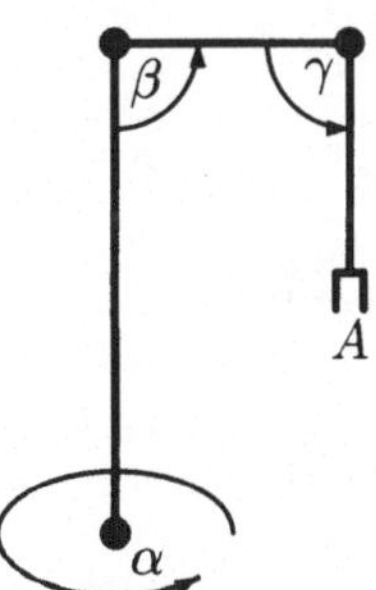

Abb. 6.1. Geometrie eines einfachen Roboters

Um den Roboter zu zeichnen, wurde eine kleine Prozedur `robotplot` geschrieben und in der Datei `ROB_PLOT.map` abgespeichert. Sie wird zuerst mit `read` geladen. Außerdem wird das Lineare-Algebra-Paket benötigt.

```
>  with(linalg):
>  read 'ROB_PLOT.map';
```

Zunächst muß $\mathbf{f}(\alpha,\beta,\gamma)$ ermittelt werden. Bezeichnet man die beiden Gelenke mit P und Q, so ist $P = (0,0,2)$. Zur Vereinfachung setzt man zunächst $\alpha = 0$. Dann ist $Q = (0,2) + (\sin\beta, -\cos\beta)$ und $A = Q + (-\sin(\beta+\gamma), \cos(\beta+\gamma))$. Berücksichtigt man jetzt noch die Drehung um α in der xy-Ebene, so erhält man:

$$\mathbf{f}(\alpha,\beta,\gamma) = \begin{pmatrix} 0 \\ 0 \\ 2 \end{pmatrix} + \begin{pmatrix} \cos\alpha \cdot \sin\beta \\ \sin\alpha \cdot \sin\beta \\ -\cos\beta \end{pmatrix} + \begin{pmatrix} -\cos\alpha \cdot \sin(\beta+\gamma) \\ -\sin\alpha \cdot \sin(\beta+\gamma) \\ \cos(\beta+\gamma) \end{pmatrix}$$

In Maple wird für α, β, γ hier kurz a, b, c geschrieben; also:

```
>  f := (a,b,c) -> vector([0,0,2]) + vector([cos(a)*sin(b),
   sin(a)*sin(b), -cos(b)]) + vector([-cos(a)*sin(b+c),
   -sin(a)*sin(b+c), cos(b+c)]);
```

$$f := (a, b, c) \to [0, 0, 2] + [\cos(a)\sin(b), \sin(a)\sin(b), -\cos(b)]$$
$$+ [-\cos(a)\sin(b+c), -\sin(a)\sin(b+c), \cos(b+c)]$$

Wir berechnen die Ruhestellung des Roboters, gleichzeitig auch als Kontrolle unserer Überlegungen:

```
>  evalm( f(0,Pi/2,Pi/2) );
```

$$[1, 0, 1]$$

Nun wird der Roboter noch mittels der Funktion `robotplot` in der Ruhelage gezeichnet (vgl. Abb. 6.2 links):

```
>  robotplot(0,Pi/2,Pi/2);
```

Wir wollen später aus einer vorgegebenen Position die zugehörigen Winkel berechnen. Dazu muß $\mathbf{f}$ umgekehrt werden. Um zu überprüfen, ob dies möglich ist, muß mit Hilfe des Satzes von der Umkehrabbildung kontrolliert werden, ob die JACOBI-Matrix $D\mathbf{f}$ in der Ausgangsstellung invertierbar ist:

```
>  Df := jacobian( f(a,b,c), [a,b,c] );
```

$$Df :=$$
$$[-\sin(a)\sin(b) + \sin(a)\sin(b+c),$$
$$\cos(a)\cos(b) - \cos(a)\cos(b+c), -\cos(a)\cos(b+c)]$$
$$[\cos(a)\sin(b) - \cos(a)\sin(b+c),$$
$$\sin(a)\cos(b) - \sin(a)\cos(b+c), -\sin(a)\cos(b+c)]$$
$$[0, \sin(b) - \sin(b+c), -\sin(b+c)]$$

Speziell für die Ruhelage setzen wir $\alpha = 0$, $\beta = \gamma = \pi/2$ in die JACOBI-Matrix ein und vereinfachen das Ergebnis mit `simplify`:

```
>  Df0 := subs(a=0, b=Pi/2, c=Pi/2, evalm(Df) ):
>  Df0 := simplify(Df0);
```

$$Df0 := \begin{bmatrix} 0 & 1 & 1 \\ 1 & 0 & 0 \\ 0 & 1 & 0 \end{bmatrix}$$

Um zu kontrollieren, ob `Df0` invertierbar ist, prüfen wir, ob die Determinante von Null verschieden ist:

```
>  det(Df0);
```

$$1$$

Damit ist `Df0` invertierbar und **f** in einer Umgebung der Ruhelage umkehrbar. Bezeichnen wir $\varphi := (\alpha, \beta, \gamma)$, so wollen wir nun die Winkeländerung $\Delta\varphi$ bei einer Veränderung des Arbeitspunktes um ΔA berechnen:

$$\mathbf{f}(\varphi) = A, \quad \mathbf{f}(\varphi + \Delta\varphi) \overset{!}{=} A + \Delta A$$

Durch TAYLOR-Entwicklung erhalten wir die lineare Approximation:

$$\mathbf{f}(\varphi + \Delta\varphi) \approx \mathbf{f}(\varphi) + Df(\varphi)\Delta\varphi$$

Somit soll gelten:

$$\mathbf{f}(\varphi) + Df(\varphi)\Delta\varphi \approx A + \Delta A$$

Schließlich ist $\mathbf{f}(\varphi) = A$, und es folgt $Df(\varphi)\Delta\varphi \approx \Delta A$. Aufgrund der Invertierbarkeit von $Df(\varphi)$ erhält man daraus die Näherung: $\Delta\varphi \approx Df(\varphi)^{-1}\Delta A$.

```
>  Delta_phi := inverse(DF0)&*vector([dx,dy,dz]);
```

$$Delta\_phi := \begin{bmatrix} 0 & 1 & 0 \\ 0 & 0 & 1 \\ 1 & 0 & -1 \end{bmatrix} \&* [dx,\ dy,\ dz]$$

Damit kann der geänderte Winkel angegeben werden:

```
>  phi := vector([0,Pi/2,Pi/2]) + Delta_phi:
>  evalm(phi);
```

$$\left[dy,\ \frac{1}{2}\pi + dz,\ \frac{1}{2}\pi + dx - dz \right]$$

Als Beispiel wählen wir $dx = 0.3$, $dy = dz = 0.4$, also den Punkt $A = (1.3, 0.4, 1.4)$.

```
>  dx := 3/10: dy := 2/5: dz := 2/5:
```

Die Näherung für die geänderten Winkel ist damit:

```
>  phi := evalm(phi);
```

$$\phi := \left[\frac{2}{5},\ \frac{1}{2}\pi + \frac{2}{5},\ \frac{1}{2}\pi - \frac{1}{10} \right]$$

Da φ nur eine Näherung ist, wird noch untersucht, welcher Punkt tatsächlich erreicht wird.

```
>  evalm( F(phi[1], phi[2], phi[3]) );
```

$$\left[\cos(\tfrac{2}{5})^2 + \cos(\tfrac{2}{5})\sin(\tfrac{3}{10}),\ \sin(\tfrac{2}{5})\cos(\tfrac{2}{5}) + \sin(\tfrac{2}{5})\sin(\tfrac{3}{10}),\right.$$
$$\left. 2 + \sin(\tfrac{2}{5}) - \cos(\tfrac{3}{10})\right]$$

```
>  evalf(%);
```

$$[1.120545490,\ .4737590344,\ 1.434081853]$$

In der Praxis wird man diese Näherung als Startwert eines NEWTON-Verfahrens verwenden und so lange iterieren, bis die Differenz zwischen dem vorgegebenen Punkt und der tatsächlichen Position von A Null ist.

Wir verwenden wieder die Funktion `robotplot`, um den veränderten Roboter zu zeichnen (siehe Abb. 6.2 rechts):

```
>  robotplot( phi[1], phi[2], phi[3] );
```

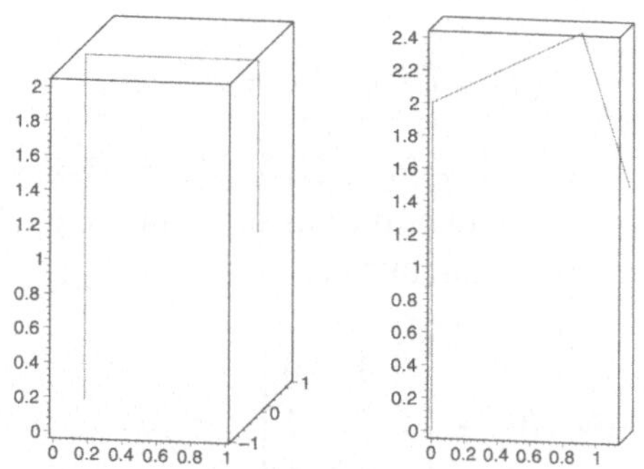

Abb. 6.2. Roboter-Kinematik

Der Vollständigkeit halber wird hier noch die Prozedur `robotplot` aufgeführt, ohne auf alle Details einzugehen. Darin werden zuerst die vier Punkte des Roboters berechnet. Dann wird mit Hilfe der Funktion `curve` ein Plot-Datenobjekt erzeugt, das eine Linie durch die vier Punkte darstellt. Durch den Befehl `display` kann dieses Objekt geplottet werden. Die Befehle `curve` und `display` müssen dazu aus den entsprechenden Paketen `plottools` und `plots` geladen werden.

```
robotplot := proc(a,b,c)
local a1, b1, c1, P1, P2, P3, P4, ROB;
  with(plots,display):      # benoetigte Grafik-Funkt.
  with(plottools,curve):    #   zusaetzlich laden
  a1 := evalf(a);           # Winkel in numerische Werte
```

```
b1 := evalf(b);             #    umwandeln
c1 := evalf(c);
P1 := [ 0,0,0 ];            # Punkte des Roboters
P2 := [ 0,0,2 ];
P3 := [ cos(a1)*sin(b1),sin(a1)*sin(b1),2-cos(b1) ];
P4 := [ cos(a1)*(sin(b1)-sin(b1+c1)),
   sin(a1)*(sin(b1)-sin(b1+c1)),2-cos(b1)+cos(b1+c1) ];
ROB := curve([ P1, P2, P3, P4 ]):
display(ROB, orientation=[-80,80], axes=BOXED,
        scaling = CONSTRAINED);
end:                        # Roboter zeichnen
```

Man vergleiche auch das MATLAB-Computerpraktikum zur Roboter-Kinematik in Kap. 7.

6.2 Mathematisches Pendel

Problemstellung: *Die Gleichung eines Pendels mit Reibung lautet*

$$x''(t) + rx'(t) + \sin x(t) = 0.$$

Skizzieren Sie das Phasendiagramm und einige Lösungskurven.

In der Differentialgleichung bezeichnet $x(t)$ den Auslenkungswinkel, den das Pendel zur Zeit t von der vertikalen Ruhestellung hat, und r steht für einen Reibungskoeffizienten. Da für das Pendel eine Differentialgleichung vorgelegt ist, werden zunächst die zur Behandlung von DGLs benötigten Funktionen geladen und dann die DGL für das Pendel eingegeben.

```
> with(DEtools):
> dgl_pendel := (D@@2)(x)(t) + r*D(x)(t) + sin(x(t)) = 0;
```

$$dgl\_pendel := (\mathrm{D}^{(2)})(x)(t) + r\,\mathrm{D}(x)(t) + \sin(\mathrm{x}(t)) = 0$$

Zunächst wird untersucht, ob Maple die DGL analytisch lösen kann:

```
> lsg := dsolve(dgl_pendel, x(t) );
```

$$lsg := \mathrm{x}(t) = \_a \,\&\mathrm{where}\, \left[\{\_\mathrm{b}(\_a)\,(\frac{\partial}{\partial\_a}\,\_\mathrm{b}(\_a)) + r\,\_\mathrm{b}(\_a) + \sin(\_a) = 0\}, \right.$$

$$\left. \{\_\mathrm{b}(\_a) = \frac{\partial}{\partial t}\,\mathrm{x}(t),\, \_a = \mathrm{x}(t)\},\, \left\{\mathrm{x}(t) = \_a,\, t = \int \frac{1}{\_\mathrm{b}(\_a)}\,d\_a + \_C1\right\} \right]$$

Maple formt die Differentialgleichung zwar um, aber eine Lösung kann nicht explizit angegeben werden. Deshalb geben wir Anfangswerte der Form $x(0) = 0$, $x'(0) = v$ vor und versuchen, Lösungskurven zu zeichnen. Diese Anfangsbedingungen entsprechen einem Impuls zur Zeit $t = 0$ aus der Ruhelage heraus.

```
> ini_pendel := [x(0)=0, D(x)(0)=v]:
> ini1 := subs(v=2, ini_pendel);
```

$$ini1 := [\text{x}(0) = 0,\ \text{D}(x)(0) = 2]$$

```
> ini2 := subs(v=3, ini_pendel);
```

$$ini2 := [\text{x}(0) = 0,\ \text{D}(x)(0) = 3]$$

Für einen Plot müssen wir den Reibungskoeffizienten r noch festlegen:

```
> r := 1/5:
```

Wir plotten zwei Kurven für $v = 2$ und $v = 3$:

```
> DEplot(dgl_pendel, x(t), t=0..20, [ini1,ini2],
     stepsize=0.1);
```

Die Ergebnisse sind in Abb. 6.3 links dargestellt. Man erkennt, daß das Pendel mit $v = 2$ langsam ausschwingt, während das Pendel mit $v = 3$ zunächst einmal überschwingt, bevor es ausschwingt, da der Winkel $x(t)$ hier nicht gegen 0 sondern gegen 2π (eine Umdrehung) konvergiert.

Für dieses Beispiel lohnt es sich, auch noch das Phasendiagramm anzuschauen. Dazu wird zuerst r wieder auf den allgemeinen Wert zurückgesetzt und dann die DGL mit Hilfe des Befehls **convertsys** in ein System erster Ordnung transformiert:

```
> r := 'r':
> convertsys(dgl_pendel, ini_pendel, x(t),t, X,DX);
```

$$[[DX_1 = X_2,\ DX_2 = -r\,X_2 - \sin(X_1)],\ [X_1 = \text{x}(t),\ X_2 = \frac{\partial}{\partial t}\,\text{x}(t)],\ 0,\ [0,\ v]]$$

Aus der ersten Komponente liest man das folgende System ab:

$$x_1'(t) = x_2(t)$$
$$x_2'(t) = -rx_2(t) - \sin x_1(t),$$

wobei die zweite Komponente besagt, daß $x_1 = x$ und $x_2 = x'$. Den letzten beiden Komponenten entnimmt man sogar die transformierte Anfangsbedingung: $X(0) = [x_1(0), x_2(0)] = [0, v]$. Damit kann man das System in Maple eingeben:

```
> dgl_sys := D(x1)(t) = x2(t),
           D(x2)(t) = -r*x2(t)-sin(x1(t));
```

$$dgl\_sys := \text{D}(x1)(t) = \text{x2}(t),\ \text{D}(x2)(t) = -r\,\text{x2}(t) - \sin(\text{x1}(t))$$

```
> ini_sys := [x1(0)=0, x2(0)=v]:
> ini1 := subs(v=2, ini_sys);
```

$$ini1 := [\text{x1}(0) = 0,\ \text{x2}(0) = 2]$$

```
> ini2 := subs(v=3, ini_sys);
```

$$ini2 := [\text{x1}(0) = 0,\ \text{x2}(0) = 3]$$

Wir zeichnen die Lösungskurve wieder für die beiden Anfangswerte mit $v = 2$ und $v = 3$, nachdem wir r auf $1/5$ festgesetzt haben:

```
>  r := 1/5:
>  DEplot([dgl_sys], [x1(t),x2(t)], t=0..20, [ini1,ini2],
      stepsize=0.1, scaling=CONSTRAINED);
```

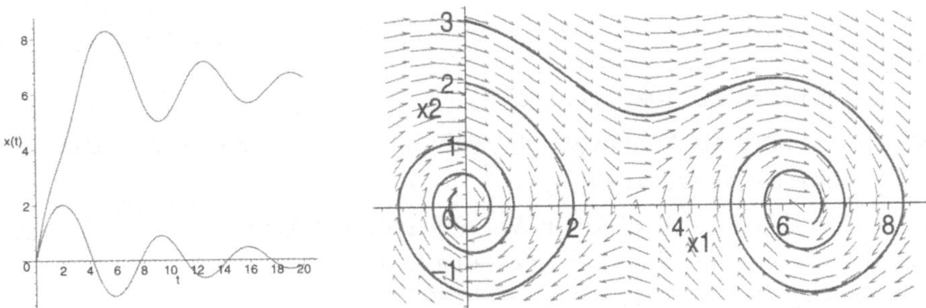

Abb. 6.3. Mathematisches Pendel

Man sieht auch im Phasendiagramm (Abb. 6.3 rechts) gut, daß das Pendel für $v = 3$ zunächst einmal durchschwingt, bevor es auspendelt.

6.3 Der Hund und die Wurst

Problemstellung: *Ein Hund möchte einen Fluß der Breite a durchschwim-men. Er startet vom Uferpunkt $(a, 0)$, sein Ziel ist die Wurst im gegenüber-liegenden Uferpunkt $(0, 0)$. Die Eigengeschwindigkeit v_H des Hundes ist kon-stant, die Richtung immer genau auf sein Ziel hin gerichtet. Der Eigenge-schwindigkeit des Hundes überlagert ist die Strömungsgeschwindigkeit v_F des Flusses, diese ist konstant über die gesamte Flußbreite. Man stelle eine Dif-ferentialgleichung für die Bewegung des Hundes auf. Dann bestimme man daraus die Bahnkurve und diskutiere deren Verlauf in Abhängigkeit von dem Quotienten $q := v_F/v_H$. In welcher Zeit erreicht der Hund sein Ziel?*

Befindet sich der Hund im Punkt (x, y), so ist seine Richtung auf die Wurst gerade $(-x, -y)$. Berücksichtigt man noch die Eigengeschwindigkeit sowie die Strömungsgeschwindigkeit, so erhält man die Differentialgleichung

$$\begin{pmatrix} \dot{x} \\ \dot{y} \end{pmatrix} = v_F \begin{pmatrix} 0 \\ 1 \end{pmatrix} - v_H \frac{1}{\sqrt{x^2 + y^2}} \begin{pmatrix} x \\ y \end{pmatrix} .$$

Zuerst werden die benötigten Tools geladen und die Differentialgleichung ein-gegeben:

```
>  with(DEtools):
```

```
> dgl_x := D(x)(t) = -vH*x(t)/sqrt(x(t)^2+y(t)^2);
```

$$dgl\_x := D(x)(t) = -\frac{vH\,x(t)}{\sqrt{x(t)^2 + y(t)^2}}$$

```
> dgl_y := D(y)(t) = vF - vH*y(t)/sqrt(x(t)^2+y(t)^2);
```

$$dgl\_y := D(y)(t) = vF - \frac{vH\,y(t)}{\sqrt{x(t)^2 + y(t)^2}}$$

Der Startpunkt ist $(a,0)$, somit lautet die Anfangsbedingung: $x(0) = a$, $y(0) = 0$.

```
> ini := [x(0)=a, y(0)=0]:
```

Wir geben noch als Annahmen vor, daß v_H, v_F und a jeweils > 0 sind:

```
> assume(vH>0, vF>0, a>0):
```

In der Regel kennzeichnet Maple Variablen, für die Annahmen getroffen wurden, mit einer Tilde. Wegen der besseren Lesbarkeit haben wir dies in diesem Abschnitt jedoch ausgeschaltet.

Wir untersuchen, ob Maple die Differentialgleichung explizit lösen kann:

```
> lsg := dsolve({dgl_x, dgl_y}, [x(t),y(t)]);
```

$$lsg := \left\{ -\frac{\sqrt{\%1}\,x(t)}{\frac{\partial}{\partial t}x(t)} = -\left(x(t)\left(\frac{\partial^2}{\partial t^2}x(t)\right)\sqrt{\frac{x(t)^2}{(\frac{\partial}{\partial t}x(t))^2}}\,vH^2 \right.\right.$$

$$-\,vF\sqrt{\%1}\left(\frac{\partial}{\partial t}x(t)\right)^2\sqrt{\frac{x(t)^2}{(\frac{\partial}{\partial t}x(t))^2}} - x(t)\left(\frac{\partial}{\partial t}x(t)\right)^3$$

$$\left.+ x(t)\left(\frac{\partial}{\partial t}x(t)\right)vH^2 \right) \Big/ \left(\sqrt{\%1}\left(\frac{\partial}{\partial t}x(t)\right)^2\right) \Bigg\},$$

$$\left\{ y(t) = \frac{\sqrt{\%1}\,x(t)}{\frac{\partial}{\partial t}x(t)}, \; y(t) = -\frac{\sqrt{\%1}\,x(t)}{\frac{\partial}{\partial t}x(t)} \right\}$$

$$\%1 := -\left(\frac{\partial}{\partial t}x(t)\right)^2 + vH^2$$

Da Maple keine explizite Lösung findet, werden zuerst einige Phasendiagramme gezeichnet, um sich einen Überblick zu verschaffen. Dazu setzen wir a und v_F auf 1 fest und wählen $v_H = 2$, 1, 0.9:

```
> a := 1:  vF := 1:
> vH := 2: DEplot({dgl_x,dgl_y},[x(t),y(t)], t=0..1, [ini],
                stepsize=0.01);
```

Der resultierende Plot ist in Abb. 6.4 links dargestellt. Dabei wurde die Schrittweite für die numerische Approximation der Lösung klein gewählt, um ein gutes Ergebnis zu erhalten. Wir zeichnen noch die Lösungskurven für $v_H = 1$ und $v_H = 0.9$ (siehe Abb. 6.4 Mitte bzw. rechts):

```
> vH := 1: DEplot({dgl_x,dgl_y},[x(t),y(t)], t=0..1, [ini],
                stepsize=0.01);
```

```
>  vH := 9/10:   DEplot({dgl_x,dgl_y},[x(t),y(t)], t=0..10,
                  [ini], stepsize=0.01);
```

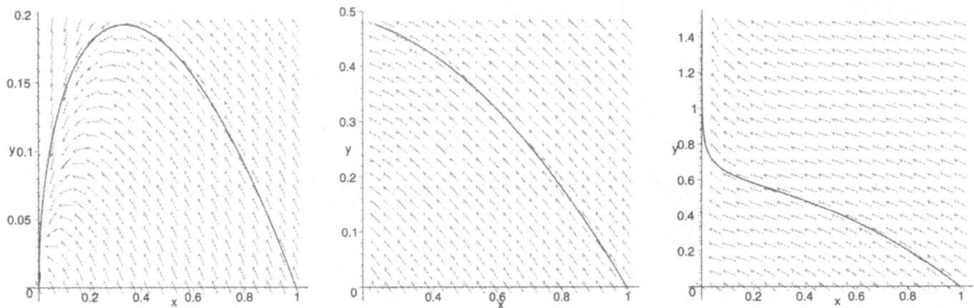

Abb. 6.4. Bahnkurve des Hundes für $v_H = 2,\ 1,\ 0.9$

Wie man erwarten würde, erreicht der Hund die Wurst, falls seine Eigengeschwindigkeit größer als die Strömungsgeschwindigkeit des Flusses ist, und er wird im umgekehrten Fall abgetrieben. Für den Fall $v_H = v_F$ scheint er gemäß Abb. 6.4, das Ufer an einem falschen Punkt zu erreichen.

Da Maple die DGL in der derzeitigen Formulierung nicht lösen kann, versuchen wir, Sie auf eine DGL der Form $y(x)$ zu transformieren. Dazu sei $\dot{x}(t) \neq 0$, da sonst $x(t) = $ const ist und das Problem trivial wird.

Betrachtet man die Umkehrfunktion $t(x)$ zu $x(t)$, dann ist $y(t) = y(t(x))$, und mit dem Umkehrsatz gilt:

$$\frac{dy}{dx} = y'(t(x)) \cdot t'(x) = \dot{y}(t) \cdot \frac{1}{\dot{x}(t)}$$

Also erhält man eine neue DGL für $y = y(x)$:

$$y'(x) = \frac{\dot{y}(t)}{\dot{x}(t)}\ , \quad y(a) = 0$$

Das soll nun in Maple durchgeführt werden, wozu wir zunächst a, v_F und v_H wieder als Variable zurücksetzen und dann für $x(t)$, $y(t)$ kurz x, y schreiben und in die rechte Seite der DGL einsetzen. Dabei steht `rhs` (bzw. `lhs`) für die rechte (bzw. linke) Seite einer Gleichung.

```
>  a := 'a':   vF := 'vF':   vH := 'vH':
>  assume(vH>0, vF>0, a>0):
>  dx := subs( x(t)=x, y(t)=y(x), rhs(dgl_x) );
```

$$dx := -\frac{vH\,x}{\sqrt{x^2 + y(x)^2}}$$

```
> dy := subs( x(t)=x, y(t)=y(x), rhs(dgl_y) );
```

$$dy := vF - \frac{vH\,y(x)}{\sqrt{x^2 + y(x)^2}}$$

```
> dgl := D(y)(x) = dy/dx;
```

$$dgl := D(y)(x) = -\frac{\left(vF - \dfrac{vH\,y(x)}{\sqrt{x^2 + y(x)^2}}\right)\sqrt{x^2 + y(x)^2}}{vH\,x}$$

Diese Darstellung läßt sich noch mit Hilfe von `simplify` vereinfachen:

```
> dgl := simplify(dgl);
```

$$dgl := D(y)(x) = \frac{-vF\,\sqrt{x^2 + y(x)^2} + vH\,y(x)}{vH\,x}$$

Nun wird noch die neue Anfangsbedingung eingegeben:

```
> ini := y(a)=0:
```

Kann Maple die umgeformte DGL lösen?

```
> dsolve({dgl, ini}, y(x) );
```

$$y(x) = \left(-\frac{1}{2}x^2 + \frac{1}{2}e^{\left(\frac{\left(-2\ln(x)+2\frac{\ln(a)\,(vF+vH)}{vF}\right)vF}{vH}\right)}\right)e^{\left(\frac{\left(\ln(x)-\frac{\ln(a)\,(vF+vH)}{vF}\right)vF}{vH}\right)},$$

$$y(x) = \left(-\frac{1}{2}x^2 + \frac{1}{2}e^{\left(\frac{\left(2\ln(x)+2\frac{\ln(a)\,(-vF+vH)}{vF}\right)vF}{vH}\right)}\right)e^{\left(\frac{vF\left(-\ln(x)-\frac{\ln(a)\,(-vF+vH)}{vF}\right)}{vH}\right)}$$

Gibt man zusätzlich $x \geq 0$ vor, findet Maple eine einfachere Lösung:

```
> assume(x >= 0):
> lsg := dsolve({dgl, ini}, y(x) );
```

$$lsg := y(x) = \sinh\left(\frac{(-\ln(x) + \ln(a))\,vF}{vH}\right)x$$

Da diese Lösung noch den Sinus Hyperbolicus enthält, wollen wir versuchen, sie zu vereinfachen. Dafür wird zuerst sinh in exp-Schreibweise umgewandelt:

```
> convert( % , exp);
```

$$y(x) = \left(\frac{1}{2}e^{\left(\frac{(-\ln(x)+\ln(a))\,vF}{vH}\right)} - \frac{1}{2}\frac{1}{e^{\left(\frac{(-\ln(x)+\ln(a))\,vF}{vH}\right)}}\right)x$$

```
> simplify( % );
```

$$y(x) = \frac{1}{2}\left(e^{\left(-2\frac{(\ln(x)-\ln(a))\,vF}{vH}\right)} - 1\right)x\,e^{\left(\frac{(\ln(x)-\ln(a))\,vF}{vH}\right)}$$

Durch Ausklammern kann der Term weiter vereinfacht werden:

```
> expand( % );
```

$$y(x) = \frac{1}{2}\frac{x\,a^{\left(\frac{vF}{vH}\right)}}{x^{\left(\frac{vF}{vH}\right)}} - \frac{1}{2}\frac{x\,x^{\left(\frac{vF}{vH}\right)}}{a^{\left(\frac{vF}{vH}\right)}}$$

Wir definieren $q := v_F/v_H$ und führen dies mit **subs** in die Gleichung ein:

```
>   q := vF/vH:
>   subs(q='Q', %% );   # %%: Vorletzter Ausdruck
```

$$y(x) = \frac{1}{2}\,\frac{x\,a^Q}{x^Q} - \frac{1}{2}\,\frac{x\,x^Q}{a^Q}$$

(Dabei durfte nicht q='q' substituiert werden, da sonst die Änderung nur temporär ist, vgl. Abschn. 5.1.3). Nun kann man mit **unapply** y als Funktion von x schreiben:

```
>   y := unapply( rhs(%), x );
```

$$y := x \to \frac{1}{2}\,\frac{x^{\sim}\,a^Q}{x^{\sim Q}} - \frac{1}{2}\,\frac{x^{\sim}\,x^{\sim Q}}{a^Q}$$

Zur Kontrolle setzen wir den Startpunkt $x = a$ ein:

```
>   y(a);
```

$$0$$

Da $y(x)$ für $x = 0$ nicht definiert ist, wollen wir nun für $Q = 1/2$ (also $v_F = 1$, $v_H = 2$), $Q = 1$ ($v_F = v_H$) und $Q = 10/9$ ($v_H = 9/10$) den Grenzwert von y für $x \to 0$ untersuchen. Zuerst setzen wir $Q := 1/2$, der Hund ist also schneller als die Strömung:

```
>   Q := 1/2:   y(x);
```

$$\frac{1}{2}\,\sqrt{x}\,\sqrt{a} - \frac{1}{2}\,\frac{x^{(3/2)}}{\sqrt{a}}$$

```
>   limit(y(x), x=0);
```

$$0$$

Wie erwartet erreicht der Hund die Wurst. Setzen wir nun $q = 1$, so ist die Strömungsgeschwindigkeit des Flusses gleich der Geschwindigkeit des Hundes:

```
>   Q := 1:   y(x);
```

$$\frac{1}{2}\,a - \frac{1}{2}\,\frac{x^2}{a}$$

```
>   limit(y(x), x=0);
```

$$\frac{1}{2}\,a$$

Der Hund erreicht also das gegenüberliegende Ufer bei $y = a/2$. Schließlich setzen wir noch $q := 10/9$, was dem oben untersuchten Fall $v_F = 1$, $v_H = 9/10$ entspricht:

```
>   Q := 10/9:   y(x);
```

$$\frac{1}{2}\,\frac{a^{(10/9)}}{x^{(1/9)}} - \frac{1}{2}\,\frac{x^{(19/9)}}{a^{(10/9)}}$$

```
>  limit(y(x), x=0);
```

$$\textit{undefined}$$

Der Grenzwert ist zwar nicht definiert, der rechtsseitige Grenzwert kann jedoch ausgerechnet werden:

```
>  limit(y(x), x=0, right);
```

$$\infty$$

Der Hund erreicht also nur für $q := v_F/v_H < 1$ sein Ziel. Für $q = 1$ erreicht er das Ufer bei $y = a/2$ und für $q > 1$ wird er abgetrieben.

Um die Zeit zu ermitteln, in der der Hund das andere Ufer erreicht, berechnet man $t(x)$. Wieder unter Verwendung des Umkehrsatzes ist:

$$t'(x) = \frac{1}{\dot{x}(t)}\,, \quad t(a) = 0$$

In Maple setzen wir für y unsere Lösung ein, nachdem wir Q wieder zurückgesetzt haben:

```
>  Q := 'Q':
>  y := y(x);
```

$$y := \frac{1}{2}\frac{x\,a^Q}{x^Q} - \frac{1}{2}\frac{x\,x^Q}{a^Q}$$

Nun können wir die Differentialgleichung für die Zeit t sowie die Anfangsbedingung eingeben:

```
>  dx := -vH*x/sqrt(x^2+y^2);
```

$$dx := -\frac{vH\,x}{\sqrt{x^2 + (\frac{1}{2}\frac{x\,a^Q}{x^Q} - \frac{1}{2}\frac{x\,x^Q}{a^Q})^2}}$$

```
>  1/dx;
```

$$-\frac{\sqrt{x^2 + (\frac{1}{2}\frac{x\,a^Q}{x^Q} - \frac{1}{2}\frac{x\,x^Q}{a^Q})^2}}{vH\,x}$$

```
>  dgl_time := D(t)(x) = simplify(%);
```

$$dgl\_time := D(t)(x) = -\frac{1}{2}\frac{\sqrt{2\,x^2 + x^{(2-2Q)}\,a^{(2Q)} + x^{(2+2Q)}\,a^{(-2Q)}}}{vH\,x}$$

```
>  ini_time := t(a)=0:
```

Nun lösen wir diese DGL für die Zeit:

```
>  lsg := dsolve({dgl_time, ini_time}, t(x) );
```

$$lsg := t(x) = \int_a^x -\frac{1}{2}\frac{\sqrt{2\,u^2 + u^{(2-2Q)}\,a^{(2Q)} + u^{(2+2Q)}\,a^{(-2Q)}}}{vH\,u}\,du$$

Versucht man nun, die speziellen Werte für Q einzusetzen, vereinfacht Maple
$t(x)$ nicht, weshalb man die DGL für die speziellen Werte neu löst:

```
>   Q := 1/2:
>   lsg;
```

$$t(x) = \int_a^x -\frac{1}{2}\,\frac{\sqrt{2\,u^2 + u\,a + \dfrac{u^3}{a}}}{vH\,u}\,du$$

```
>   lsg1 := dsolve({dgl_time, ini_time}, t(x) );
```

$$lsg1 := t(x) = -\frac{1}{3}\,\frac{(x\,a)^{(3/2)}}{vH\,a^2} - \frac{\sqrt{x\,a}}{vH} + \frac{4}{3}\,\frac{a}{vH}$$

Wir weisen das Ergebnis durch **unapply** der Funktion `loes1` zu:

```
>   loes1 := unapply( rhs(lsg1), x );
```

$$loes1 := x \to -\frac{1}{3}\,\frac{(x^{\tilde{}}\,a)^{(3/2)}}{vH\,a^2} - \frac{\sqrt{x^{\tilde{}}\,a}}{vH} + \frac{4}{3}\,\frac{a}{vH}$$

Wir untersuchen, zu welcher Zeit $x = 0$ erreicht wird, und erhalten:

```
>   loes1(0);
```

$$\frac{4}{3}\,\frac{a}{vH}$$

Zum Abschluß wird noch $Q = 1$ untersucht. In diesem Fall gleicher Geschwindigkeit erreicht der Hund wie berechnet bei $a/2$ das Ufer.

```
>   Q := 1:
>   lsg2 := dsolve({dgl_time, ini_time}, t(x) );
```

$$lsg2 := t(x) = -\frac{1}{4}\,\frac{x^2}{vH\,a} - \frac{1}{2}\,\frac{a\ln(x)}{vH} + \frac{1}{4}\,\frac{a\,(1 + 2\ln(a))}{vH}$$

```
>   loes2 := unapply( rhs(lsg2), x );
```

$$loes2 := x \to -\frac{1}{4}\,\frac{x^{\tilde{}2}}{vH\,a} - \frac{1}{2}\,\frac{a\ln(x^{\tilde{}})}{vH} + \frac{1}{4}\,\frac{a\,(1 + 2\ln(a))}{vH}$$

In welcher Zeit t wird in diesem Fall $x = 0$ erreicht?

```
>   loes2(0);
```

```
Error, (in ln) singularity encountered
```

Aufgrund des Logarithmus darf natürlich $x = 0$ nicht eingesetzt werden.
Deshalb lassen wir Maple den rechtsseitigen Grenzwert ausrechnen:

```
>   limit(loes2(x), x=0, right);
```

$$\infty$$

Fazit: Nur für $q := v_F/v_H < 1$ erreicht der Hund in endlicher Zeit die Wurst.
Für $q = 1$ „konvergiert" er für $t \to \infty$ bei $y = a/2$ gegen das Ufer. Für $q > 1$
wird er ganz abgetrieben.

6.4 Das Billard-Problem

Dieser Abschnitt ist dem von Stanislav Bartoň geschriebenen Kapitel „The Generalized Billiard Problem" aus [2] entlehnt.

Wir betrachten einen „Billardtisch", der durch die (differenzierbare) Randkurve $\mathbf{c}(t) = (x(t), y(t))$ gegeben ist, sowie zwei Punkte A und B, die „Kugeln" des Billards. Die „Kugel" A soll so gestoßen werden, daß sie nach einer Bandenberührung B trifft. Die Situation ist in Abb. 6.5 gezeigt.

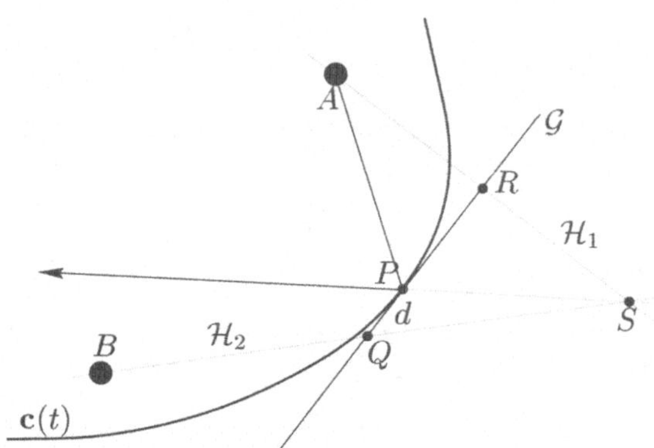

Abb. 6.5. „Billard": Reflexion an der Bande

Wie in der Skizze dargestellt ist, entspricht die Reflexion an der Bande der Spiegelung an der Tangente an $\mathbf{c}(t)$ im Kurvenpunkt P. Mit den Bezeichnungen aus der Abbildung besteht also das Ziel darin, P auf $\mathbf{c}(t)$ so zu bestimmen, daß $|d| = \text{dist}(P, Q) = 0$.

Für die Berechnung werden die Geraden $\mathcal{G}$, $\mathcal{H}_1$ und $\mathcal{H}_2$ in impliziter Form dargestellt: $\mathcal{G} : y - P_y = m \cdot (x - P_x)$. Dabei hat die Tangente $\mathcal{G}$ an die Kurve $\mathbf{c}(t)$ in P die Steigung $m_1 := y'(t)/x'(t)$, und für $\mathcal{H}_1$ ist aufgrund der Orthogonalität zu $\mathcal{G}$ die Steigung $m_2 := -1/m_1$.

Man versucht, in Maple möglichst lange allgemein zu rechnen und beispielsweise die spezielle Randkurve $\mathbf{c}(t)$ oder die konkreten Punktkoordinaten erst möglichst spät einzuführen, um bei sich ändernder Geometrie weniger Größen neu berechnen zu müssen. Deshalb werden in Maple zuerst die Geraden allgemein eingegeben:

```
>   g := y - P[2] = m[1]*(x - P[1]);
```

$$g := y - P_2 = m_1\,(x - P_1)$$

```
>   h1 := y - A[2] = m[2]*(x - A[1]):
>   h2 := y - B[2] = m[3]*(x - B[1]):
```

Dann schneidet man die Geraden $\mathcal{G}$ und $\mathcal{H}_1$ zur Bestimmung von R:

```
>   Sgh1 := solve({g,h1}, {x,y});
```

$$Sgh1 := \{ y = -\frac{-P_2\,m_2 + m_1\,A_2 - m_1\,m_2\,A_1 + m_1\,P_1\,m_2}{-m_1 + m_2},$$

$$x = -\frac{-P_2 + m_1\,P_1 + A_2 - m_2\,A_1}{-m_1 + m_2} \}$$

```
>  R[1] := rhs(Sgh1[2]); R[2] := rhs(Sgh1[1]);
```

$$R_1 := -\frac{-P_2 + m_1\,P_1 + A_2 - m_2\,A_1}{-m_1 + m_2}$$

$$R_2 := -\frac{-P_2\,m_2 + m_1\,A_2 - m_1\,m_2\,A_1 + m_1\,P_1\,m_2}{-m_1 + m_2}$$

Den Punkt S erhält man aus der Spiegelbedingung $S = 2R - A$. In Maple verwendet man den \$-Operator, um die Sequenz zu erzeugen:

```
>  S := [ 2*R[i]-A[i] $i=1..2 ]:
```

Für Q schneidet man die Geraden $\mathcal{G}$ und $\mathcal{H}_2$:

```
>  Sgh2 := solve({g,h2}, {x,y});
```

$$Sgh2 := \{ x = -\frac{-P_2 + m_1\,P_1 + B_2 - m_3\,B_1}{-m_1 + m_3},$$

$$y = -\frac{-P_2\,m_3 + m_1\,B_2 - m_1\,m_3\,B_1 + m_1\,P_1\,m_3}{-m_1 + m_3} \}$$

```
>  Q[1] := rhs(Sgh2[1]): Q[2] := rhs(Sgh2[2]):
```

Nun kann die Distanz von P und Q angegeben werden:

```
>  d := [P[i]-Q[i] $i=1..2]:
```

Wir berechnen den quadratischen Abstand, um Wurzelziehen zu vermeiden, und erhalten die Funktion f, die vom Kurvenparameter t abhängt, und deren Nullstellen später gesucht werden:

```
>  f := d[1]^2 + d[2]^2;
```

$$f := (P_1 + \frac{-P_2 + m_1\,P_1 + B_2 - m_3\,B_1}{-m_1 + m_3})^2$$

$$+ (P_2 + \frac{-P_2\,m_3 + m_1\,B_2 - m_1\,m_3\,B_1 + m_1\,P_1\,m_3}{-m_1 + m_3})^2$$

Nach der allgemeinen Definition der Geraden und Schnittpunkte gibt man jetzt die Steigungen m_i der Geraden ein:

```
>  m[1] := diff(y(t),t) / diff(x(t),t):
>  m[2] := -1/m[1]:
>  m[3] := (S[2] - B[2]) / (S[1] - B[1]):
```

Schließlich gibt man vor, daß P auf der Kurve $\mathbf{c}(t) = (x(t), y(t))$ liegt:

```
>  P := [ x(t), y(t) ]:
```

Nach der allgemeinen Beschreibung in Maple wollen wir nun das Problem für konkrete Geometrien angehen.

a) Kreis: Zuerst soll der „Billardtisch" der Einheitskreis $\mathbf{c}(t) = (\cos t, \sin t)$ sein.

```
>  x(t) := cos(t):  y(t) := sin(t):
>  A := [-1/2, -1/2]:  B := [3/5, 0]:
```

f läßt sich zwar direkt ausgeben, aber es ist besser, es zuerst zu vereinfachen:

```
>  fs := simplify(f);
```

$$fs := 2(36\cos(t)^3\sin(t) - 23\cos(t)\sin(t) - 24\cos(t)^2\sin(t) - 3\sin(t)$$
$$+ 36\cos(t)^3 - 12\cos(t)^2 - 5 - 21\cos(t))\Big/ ($$
$$10\cos(t)\sin(t) - 200\sin(t) + 24\cos(t)^2 - 425 + 40\cos(t))$$

f hängt also tatsächlich nur noch von t ab. Nun sucht man die Nullstellen t_* von f mit **solve**, für die A nach Reflexion an $\mathbf{c}(t_*)$ gerade B trifft:

```
>  sol := solve(fs=0, t);
```

$$sol := \arctan(-2\,\%1 - 5\,\%1^2 + 6\,\%1^3 + 1,\ \%1)$$
$$\%1 := \mathrm{RootOf}(4 + 9\,\_Z - 23\,\_Z^2 - 24\,\_Z^3 + 36\,\_Z^4)$$

Wir beseitigen wie gewohnt den **RootOf**-Ausdruck durch **allvalues**:

```
>  sol := allvalues(sol);
```

$$sol := \arctan(\frac{2}{3} - \frac{1}{6}\,\%2 - 5\,(\frac{1}{6} + \frac{1}{12}\,\%2)^2 + 6\,(\frac{1}{6} + \frac{1}{12}\,\%2)^3,\ \frac{1}{6} + \frac{1}{12}\,\%2),$$
$$\arctan(\frac{2}{3} + \frac{1}{6}\,\%2 - 5\,(\frac{1}{6} - \frac{1}{12}\,\%2)^2 + 6\,(\frac{1}{6} - \frac{1}{12}\,\%2)^3,\ \frac{1}{6} - \frac{1}{12}\,\%2),$$
$$\arctan(\frac{2}{3} - \frac{1}{6}\,\%1 - 5\,(\frac{1}{6} + \frac{1}{12}\,\%1)^2 + 6\,(\frac{1}{6} + \frac{1}{12}\,\%1)^3,\ \frac{1}{6} + \frac{1}{12}\,\%1),$$
$$\arctan(\frac{2}{3} + \frac{1}{6}\,\%1 - 5\,(\frac{1}{6} - \frac{1}{12}\,\%1)^2 + 6\,(\frac{1}{6} - \frac{1}{12}\,\%1)^3,\ \frac{1}{6} - \frac{1}{12}\,\%1)$$
$$\%1 := \sqrt{58 - 6\sqrt{17}}$$
$$\%2 := \sqrt{58 + 6\sqrt{17}}$$

Es fällt auf, daß Maple hier (und schon im vorigen Ausdruck) Terme der Form $\arctan(b, a)$ zurückliefert. Dabei wird für reelles a und b der Hauptzweig des Arguments der komplexen Zahl $a + \mathbf{i} \cdot b$ berechnet, so daß $-\pi < \arctan(b, a) \leq \pi$. Wertet man den obigen Ausdruck jedoch mit **evalf** numerisch aus, muß man sich darum nicht sorgen und erhält:

```
>  sol := [ evalf(sol) ];
```

$$sol := [-.3906200112, -2.203515605, -.8667958833, 1.890135171]$$

Wir verwenden eine kleine Funktion, die das Ergebnis grafisch darstellt. In dieser Funktion **BillardPlot** werden zunächst die Kurvenpunkte $P = \mathbf{c}(t_*)$ aus den numerischen Werten für t_* in **sol** berechnet, an denen reflektiert wird. Dann werden die Plots der Bahnkurven, der Punkte und des Tischrandes mit Hilfe des Befehls `display` aus dem Paket `plots` in einem Bild dargestellt. Wir laden die Funktion und geben sie mit Hilfe des Befehls `print` aus, wobei alle Kommentare von Maple bei der Ausgabe unterdrückt werden:

```
> with(plots):  read 'BILLPLOT.map':
> print(BillardPlot);
```

$$\mathbf{proc}(A,\, B,\, x,\, y,\, t0,\, t1,\, zeros)$$

$\quad \mathbf{local}\, i,\, n,\, P,\, Bahn,\, PlotBahnen,\, PlotKugeln,\, PlotTisch;$

$\qquad n := \mathrm{nops}(zeros)\,;$

$\qquad \mathbf{for}\, i\, \mathbf{to}\, n\ \mathbf{do}$

$\qquad\quad P_{1,i} := \mathrm{evalf}(\mathrm{subs}(t = zeros_i,\, x))\,;$

$\qquad\quad P_{2,i} := \mathrm{evalf}(\mathrm{subs}(t = zeros_i,\, y))\,;$

$\qquad\quad Bahn_i := [A,\, [P_{1,i},\, P_{2,i}],\, B]$

$\qquad \mathbf{od};$

$\qquad PlotBahnen := \mathrm{plot}(\{\mathrm{seq}(Bahn_i,\, i = 1..n)\})\,;$

$\qquad PlotKugeln := \mathrm{plot}(\{A,\, B\},\, style = POINT,\, symbol = circle)\,;$

$\qquad PlotTisch := \mathrm{plot}([x,\, y,\, t = t0..t1],\, thickness = 3)\,;$

$\qquad \mathrm{display}(\{PlotBahnen,\, PlotKugeln,\, PlotTisch\},$

$\qquad\qquad scaling = constrained,\, axes = boxed)$

$\quad \mathbf{end}$

Nun kann die Reflexion am kreisförmigen „Billardtisch" geplottet werden, das Ergebnis ist in Abb. 6.6 links dargestellt.

```
> BillardPlot(A,B, x(t),y(t), 0,2*Pi, sol);
```

b) PASCALsche Schnecke: Nun soll der „Billardtisch" die PASCALsche Schnecke

$$\mathbf{c}(t) = \begin{pmatrix} \alpha \cos^2 t + \beta \cos t \\ \alpha \sin t \cos t + \beta \sin t \end{pmatrix}, \quad \alpha, \beta > 0$$

sein.

```
> x(t) := alpha*cos(t)^2 + beta*cos(t):
> y(t) := alpha*sin(t)*cos(t) + beta*sin(t):
```

Wir wählen speziell $\alpha := 1$ und $\beta := 5/4$, sowie die Punkte $A = (3/2, -1/2)$ und $B = (-1/10, 3/4)$.

```
> alpha := 1:  beta := 5/4:
> A := [3/2,-1/2]:  B := [-1/10,3/4]:
```

Man vereinfacht wieder den sonst sehr komplizierten Ausdruck für f, wobei die Ausgaben hier weitgehend unterdrückt werden, da ähnlich wie beim Kreis vorgegangen wird:

```
> fs := simplify(f):
```

Die Suche nach Nullstellen t_* von f liefert wieder einen `RootOf`-Ausdruck, den wir beseitigen und gleich numerisch auswerten:

```
>  sol := solve(fs=0, t):
>  sol := evalf( allvalues(sol) ):
```

$$sol := -2.972026418 - .3510417775\,I,\ -2.972026418 + .3510417775\,I,$$
$$2.825218209,\ 2.675088339,\ 2.002012423,\ -1.331445605,$$
$$.5322663016,\ -.3369001628$$

Man stellt fest, daß f auch komplexe Nullstellen hat. Da diese jedoch geometrisch für uns uninteressant sind, verwenden wir eine Funktion, die alle *reellen* Einträge aus einer Liste herausgreift; sie wurde im Abschnitt 5.8.3 bereits eingehend beschrieben:

```
>  read 'LISTREAL.map':
>  print(ListeReal);
```

$$\mathbf{proc}(Liste::list)$$
$$\mathbf{local}\,i,\ n,\ x,\ NeueFolge;$$
$$n := \mathrm{nops}(Liste)\,;$$
$$NeueFolge := NULL\,;$$
$$\mathbf{for}\,i\,\mathbf{to}\,n\ \mathbf{do}$$
$$x := Liste_i\,;\ \mathbf{if}\,\Im(x) = 0\,\mathbf{then}\,NeueFolge := NeueFolge,\ x\,\mathbf{fi}$$
$$\mathbf{od};$$
$$\mathrm{RETURN}([NeueFolge])$$
$$\mathbf{end}$$

Wir rufen die Funktion auf und erhalten:

```
>  sol := ListeReal([sol]);
```

$$sol := [2.825218209,\ 2.675088339,\ 2.002012423,\ -1.331445605,$$
$$.5322663016,\ -.3369001628]$$

Nun kann Maple das Ergebnis auch für die PASCALsche Schnecke zeichnen (vgl. Abb. 6.6 rechts).

```
>  BillardPlot(A, B, x(t),y(t), 0,2*Pi, sol);
```

Für kompliziertere „Billardtische" kann Maple keine oder nicht mehr alle Nullstellen von f finden, da die Formel für $f(t)$ zu kompliziert wird. Deshalb wird jetzt allgemein versucht, f zu vereinfachen. Dazu müssen wir zunächst die festgesetzten Größen zurücksetzen:

```
>  x(t) := 'x(t)':  y(t) := 'y(t)':
>  unassign('A', 'B', 'alpha', 'beta'):
```

Da f eine rationale Funktion ist, bringen wir sie mit Hilfe von `normal` in die normalisierte Form $f(t) = z(t)/n(t)$. Da die Ausgabe sehr lang ist, wird sie hier unterdrückt.

```
>  f := normal(f):
```

Fortan genügt es, Nullstellen des Zählers $z(t)$ zu suchen, sofern der Nenner $n(t)$ dort keine Nullstelle hat. Durch `numer` erhält man den Zähler (englisch: numerator) von f:

```
>  f_zaehler := numer(f);
```

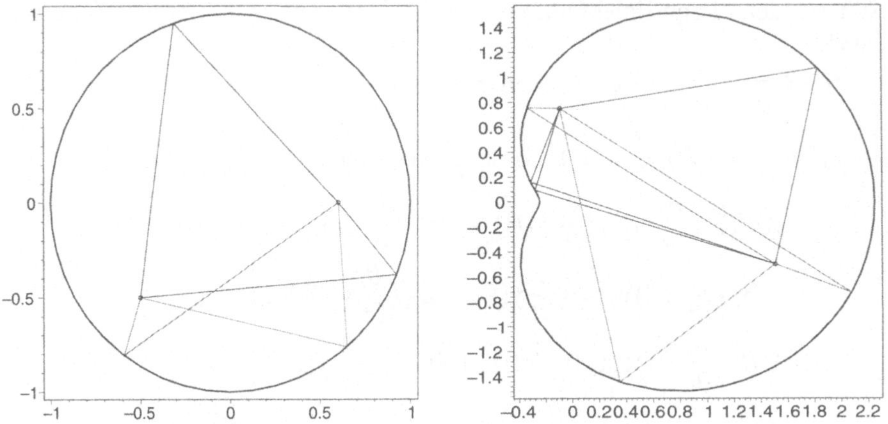

Abb. 6.6. Reflexion an Kreis und PASCALscher Schnecke

$$f\_zaehler := (-B_2\,(\frac{\partial}{\partial t}\,\mathrm{x}(t))^2\,A_1 + (\frac{\partial}{\partial t}\,\mathrm{x}(t))^2\,B_1\,\mathrm{y}(t) - (\frac{\partial}{\partial t}\,\mathrm{x}(t))^2\,B_1\,A_2$$

$$- 2\,\mathrm{y}(t)^2\,(\frac{\partial}{\partial t}\,\mathrm{x}(t))\,(\frac{\partial}{\partial t}\,\mathrm{y}(t)) + \mathrm{y}(t)\,(\frac{\partial}{\partial t}\,\mathrm{x}(t))^2\,A_1$$

$$+ 2\,B_2\,(\frac{\partial}{\partial t}\,\mathrm{x}(t))\,\mathrm{y}(t)\,(\frac{\partial}{\partial t}\,\mathrm{y}(t)) - B_2\,(\frac{\partial}{\partial t}\,\mathrm{y}(t))^2\,\mathrm{x}(t)$$

$$- 2\,B_2\,(\frac{\partial}{\partial t}\,\mathrm{x}(t))\,A_2\,(\frac{\partial}{\partial t}\,\mathrm{y}(t)) + B_2\,A_1\,(\frac{\partial}{\partial t}\,\mathrm{y}(t))^2 + B_1\,(\frac{\partial}{\partial t}\,\mathrm{y}(t))^2\,A_2$$

$$+ 2\,(\frac{\partial}{\partial t}\,\mathrm{x}(t))\,B_1\,A_1\,(\frac{\partial}{\partial t}\,\mathrm{y}(t)) - 2\,(\frac{\partial}{\partial t}\,\mathrm{x}(t))\,B_1\,\mathrm{x}(t)\,(\frac{\partial}{\partial t}\,\mathrm{y}(t))$$

$$+ 2\,\mathrm{y}(t)\,(\frac{\partial}{\partial t}\,\mathrm{y}(t))^2\,\mathrm{x}(t) + 2\,\mathrm{y}(t)\,(\frac{\partial}{\partial t}\,\mathrm{x}(t))\,A_2\,(\frac{\partial}{\partial t}\,\mathrm{y}(t))$$

$$- \mathrm{y}(t)\,A_1\,(\frac{\partial}{\partial t}\,\mathrm{y}(t))^2 - \mathrm{y}(t)\,B_1\,(\frac{\partial}{\partial t}\,\mathrm{y}(t))^2 - (\frac{\partial}{\partial t}\,\mathrm{y}(t))^2\,\mathrm{x}(t)\,A_2$$

$$- 2\,(\frac{\partial}{\partial t}\,\mathrm{y}(t))\,\mathrm{x}(t)\,(\frac{\partial}{\partial t}\,\mathrm{x}(t))\,A_1 + 2\,(\frac{\partial}{\partial t}\,\mathrm{x}(t))\,\mathrm{x}(t)^2\,(\frac{\partial}{\partial t}\,\mathrm{y}(t))$$

$$- 2\,\mathrm{x}(t)\,(\frac{\partial}{\partial t}\,\mathrm{x}(t))^2\,\mathrm{y}(t) + \mathrm{x}(t)\,(\frac{\partial}{\partial t}\,\mathrm{x}(t))^2\,A_2 + \mathrm{x}(t)\,B_2\,(\frac{\partial}{\partial t}\,\mathrm{x}(t))^2)^2$$

Den Nenner (englisch: denominator) erhält man durch **denom**:

```
>  f_nenner := denom(f):
```

Der Zähler hat die Form $(h(t))^2$. Da Nullstellen von f gesucht werden, genügt es, Nullstellen von h zu bestimmen. Mit $\mathrm{op}(\mathtt{i}, expression)$ erhält man den i-ten Operanden von *expression*; bei einem Ausdruck der Form $(h(t))^2$ ist der erste Operand $h(t)$:

```
>  expr := (h(t))^2:  op(1,expr), op(2,expr);
```

$$h(t)\,,\ 2$$

Wir wenden diesen Befehl auf unseren Zähler an, um das Quadrat „loszuwerden":

```
>  f_neu := op(1, f_zaehler);
```

$$f\_neu := -B_2 \left(\frac{\partial}{\partial t} \mathrm{x}(t)\right)^2 A_1 + \left(\frac{\partial}{\partial t} \mathrm{x}(t)\right)^2 B_1 \mathrm{y}(t) - \left(\frac{\partial}{\partial t} \mathrm{x}(t)\right)^2 B_1 A_2$$

$$- 2 \mathrm{y}(t)^2 \left(\frac{\partial}{\partial t} \mathrm{x}(t)\right) \left(\frac{\partial}{\partial t} \mathrm{y}(t)\right) + \mathrm{y}(t) \left(\frac{\partial}{\partial t} \mathrm{x}(t)\right)^2 A_1$$

$$+ 2 B_2 \left(\frac{\partial}{\partial t} \mathrm{x}(t)\right) \mathrm{y}(t) \left(\frac{\partial}{\partial t} \mathrm{y}(t)\right) - B_2 \left(\frac{\partial}{\partial t} \mathrm{y}(t)\right)^2 \mathrm{x}(t)$$

$$- 2 B_2 \left(\frac{\partial}{\partial t} \mathrm{x}(t)\right) A_2 \left(\frac{\partial}{\partial t} \mathrm{y}(t)\right) + B_2 A_1 \left(\frac{\partial}{\partial t} \mathrm{y}(t)\right)^2 + B_1 \left(\frac{\partial}{\partial t} \mathrm{y}(t)\right)^2 A_2$$

$$+ 2 \left(\frac{\partial}{\partial t} \mathrm{x}(t)\right) B_1 A_1 \left(\frac{\partial}{\partial t} \mathrm{y}(t)\right) - 2 \left(\frac{\partial}{\partial t} \mathrm{x}(t)\right) B_1 \mathrm{x}(t) \left(\frac{\partial}{\partial t} \mathrm{y}(t)\right)$$

$$+ 2 \mathrm{y}(t) \left(\frac{\partial}{\partial t} \mathrm{y}(t)\right)^2 \mathrm{x}(t) + 2 \mathrm{y}(t) \left(\frac{\partial}{\partial t} \mathrm{x}(t)\right) A_2 \left(\frac{\partial}{\partial t} \mathrm{y}(t)\right)$$

$$- \mathrm{y}(t) A_1 \left(\frac{\partial}{\partial t} \mathrm{y}(t)\right)^2 - \mathrm{y}(t) B_1 \left(\frac{\partial}{\partial t} \mathrm{y}(t)\right)^2 - \left(\frac{\partial}{\partial t} \mathrm{y}(t)\right)^2 \mathrm{x}(t) A_2$$

$$- 2 \left(\frac{\partial}{\partial t} \mathrm{y}(t)\right) \mathrm{x}(t) \left(\frac{\partial}{\partial t} \mathrm{x}(t)\right) A_1 + 2 \left(\frac{\partial}{\partial t} \mathrm{x}(t)\right) \mathrm{x}(t)^2 \left(\frac{\partial}{\partial t} \mathrm{y}(t)\right)$$

$$- 2 \mathrm{x}(t) \left(\frac{\partial}{\partial t} \mathrm{x}(t)\right)^2 \mathrm{y}(t) + \mathrm{x}(t) \left(\frac{\partial}{\partial t} \mathrm{x}(t)\right)^2 A_2 + \mathrm{x}(t) B_2 \left(\frac{\partial}{\partial t} \mathrm{x}(t)\right)^2$$

Es fällt auf, daß der Zähler viele Terme mit $\left(\frac{\partial}{\partial t} x(t)\right)^2$ enthält. Diese werden mittels **has** und **select** ausgewählt. Dabei wird durch **has**(a,b) ein boolescher Wert berechnet, der angibt, ob b ein Teilausdruck von a ist. Mit **select** werden diejenigen Operanden ausgewählt, auf die eine geforderte Eigenschaft zutrifft:

```
>  hilf1 := select( has, f_neu, diff(x(t),t)^2 );
```

$$hilf1 := -B_2 \left(\frac{\partial}{\partial t} \mathrm{x}(t)\right)^2 A_1 + \left(\frac{\partial}{\partial t} \mathrm{x}(t)\right)^2 B_1 \mathrm{y}(t) - \left(\frac{\partial}{\partial t} \mathrm{x}(t)\right)^2 B_1 A_2$$

$$+ \mathrm{y}(t) \left(\frac{\partial}{\partial t} \mathrm{x}(t)\right)^2 A_1 - 2 \mathrm{x}(t) \left(\frac{\partial}{\partial t} \mathrm{x}(t)\right)^2 \mathrm{y}(t) + \mathrm{x}(t) \left(\frac{\partial}{\partial t} \mathrm{x}(t)\right)^2 A_2$$

$$+ \mathrm{x}(t) B_2 \left(\frac{\partial}{\partial t} \mathrm{x}(t)\right)^2$$

Ebenso kann man die Terme, die $\left(\frac{\partial}{\partial t} y(t)\right)^2$ enthalten, auswählen:

```
>  hilf2 := select( has, f_neu, diff(y(t),t)^2 ):
```

Beide Hilfsterme können faktorisiert werden:

```
>  factor(hilf1);
```

$$-\left(\frac{\partial}{\partial t} \mathrm{x}(t)\right)^2$$
$$\left(A_1 B_2 - B_1 \mathrm{y}(t) + B_1 A_2 - \mathrm{y}(t) A_1 + 2 \mathrm{x}(t) \mathrm{y}(t) - \mathrm{x}(t) A_2 - B_2 \mathrm{x}(t)\right)$$

```
>  factor(hilf2);
```

$$\left(\frac{\partial}{\partial t}\,\mathrm{y}(t)\right)^2$$

$$(A_1\,B_2 - B_1\,\mathrm{y}(t) + B_1\,A_2 - \mathrm{y}(t)\,A_1 + 2\,\mathrm{x}(t)\,\mathrm{y}(t) - \mathrm{x}(t)\,A_2 - B_2\,\mathrm{x}(t))$$

Man beachte, daß auch die Summe beider Terme faktorisiert werden kann:

```
>  factor(hilf1 + hilf2);
```

$$\left(\left(\frac{\partial}{\partial t}\,\mathrm{y}(t)\right) - \left(\frac{\partial}{\partial t}\,\mathrm{x}(t)\right)\right)\left(\left(\frac{\partial}{\partial t}\,\mathrm{y}(t)\right) + \left(\frac{\partial}{\partial t}\,\mathrm{x}(t)\right)\right)$$

$$(A_1\,B_2 - B_1\,\mathrm{y}(t) + B_1\,A_2 - \mathrm{y}(t)\,A_1 + 2\,\mathrm{x}(t)\,\mathrm{y}(t) - \mathrm{x}(t)\,A_2 - B_2\,\mathrm{x}(t))$$

Die restlichen Terme des Zählers enthalten $\left(\frac{\partial}{\partial t}x(t)\right)\left(\frac{\partial}{\partial t}y(t)\right)$. Sie können in zwei Schritten selektiert werden:

```
>  hilf3 := select( has, f_neu, diff(x(t),t) ):
>  hilf4 := select( has, hilf3, diff(y(t),t) ):
```

Damit kann der Zähler in faktorisierter Form neu geschrieben werden:

```
>  f_neu_simple := factor(hilf1 + hilf2) + factor(hilf4);
```

$$f\_neu\_simple := \left(\left(\frac{\partial}{\partial t}\,\mathrm{y}(t)\right) - \left(\frac{\partial}{\partial t}\,\mathrm{x}(t)\right)\right)\left(\left(\frac{\partial}{\partial t}\,\mathrm{y}(t)\right) + \left(\frac{\partial}{\partial t}\,\mathrm{x}(t)\right)\right)$$

$$(A_1\,B_2 - B_1\,\mathrm{y}(t) + B_1\,A_2 - \mathrm{y}(t)\,A_1 + 2\,\mathrm{x}(t)\,\mathrm{y}(t) - \mathrm{x}(t)\,A_2 - B_2\,\mathrm{x}(t))$$

$$+ 2\left(\frac{\partial}{\partial t}\,\mathrm{y}(t)\right)\left(\frac{\partial}{\partial t}\,\mathrm{x}(t)\right)(-\mathrm{y}(t)^2 + \mathrm{y}(t)\,B_2 - A_2\,B_2 + B_1\,A_1 - B_1\,\mathrm{x}(t)$$

$$+ A_2\,\mathrm{y}(t) - \mathrm{x}(t)\,A_1 + \mathrm{x}(t)^2)$$

Nach so vielen Umformungen ist eine Überprüfung angebracht, ob auch alle Terme berücksichtigt wurden:

```
>  simplify( f_neu - f_neu_simple);
```

$$0$$

Somit können jetzt Nullstellen von `f_neu_simple` gesucht werden, für die dann auch das ursprüngliche $f(t)$ Null ist. Nach dieser aufwendigen Umformung wollen wir uns an etwas „exotischere" Formen des Billardtischs wagen.

c) Verkürzte Epizykloide: Nun soll der „Billardtisch" eine (verkürzte) *Epizykloide* sein. Diese Kurve entsteht, wenn ein kleiner Kreis mit Radius α außen auf einem großen Kreis mit Radius β abrollt. Dabei wird ein Punkt M auf dem kleinen Kreis markiert, dessen Abstand vom Mittelpunkt $\lambda\alpha$ beträgt. Seine Bahnkurve besitzt die Parametrisierung

$$\mathbf{c}(t) = \begin{pmatrix} (\alpha + \beta)\cos t - \lambda \cdot \alpha \cos((\alpha + \beta)t/\alpha) \\ (\alpha + \beta)\sin t - \lambda \cdot \alpha \sin((\alpha + \beta)t/\alpha) \end{pmatrix}.$$

Für $\lambda = 1$ befindet sich M auf dem Rand des kleinen Kreises, und man erhält die „klassische" Epizykloide.

```
>  x(t) := (alpha+beta)*cos(t)
          - lambda*alpha*cos((alpha+beta)*t/alpha):
```

```
> y(t) := (alpha+beta)*sin(t)
          - lambda*alpha*sin((alpha+beta)*t/alpha):
```

Wir wählen speziell $\alpha := 1$, $\beta := 3$, $\lambda := 3/4$, sowie die Punkte $A = (2, -2)$ und $B = (-3, 1)$.

```
> alpha := 1:  beta := 3:  lambda := 3/4:
> A := [2,-2]:  B := [-3,1]:
```

Würde man versuchen, den mit `simplify` vereinfachten Ausdruck für f auszugeben, so wäre die Ausgabe immer noch sehr lang und für weitere Berechnungen zu unhandlich. Der modifizierte Zähler läßt sich jedoch wesentlich vereinfachen (und bleibt dennoch kompliziert genug), so daß Maple Nullstellen finden kann:

```
> fs := simplify(f_neu_simple);
```

$$
\begin{aligned}
fs := {} & -\frac{941}{2}\sin(t) + 8022\cos(t)^3\sin(t) - 11232\sin(t)\cos(t)^5 \\
& + 1344\sin(t)\cos(t)^4 + 9216\cos(t)^8 + 2304\cos(t)^7 - 7104\cos(t)^5 \\
& - 18432\cos(t)^6 + 4608\sin(t)\cos(t)^7 - 2304\sin(t)\cos(t)^6 \\
& - 1130\cos(t) - 1405\cos(t)\sin(t) - 1250\cos(t)^2 \\
& + 1602\cos(t)^2\sin(t) + 10698\cos(t)^4 + 5856\cos(t)^3 - \frac{587}{4}
\end{aligned}
$$

Wir ermitteln die Nullstellen des Zählers, die allerdings wieder den schon bekannten `RootOf`-Ausdruck enthalten:

```
> sol := solve(fs = 0, t):
```

Der `RootOf`-Ausdruck wird durch `allvalues` beseitigt und anschließend noch numerisch ausgewertet:

```
> sol := evalf( allvalues(sol) );
```

$$
\begin{aligned}
sol := {} & -2.940338486,\ 2.706202049 + .1054006113\,I, \\
& 2.706202049 - .1054006113\,I,\ 2.175612186, \\
& -2.090394388 - .2112283655\,I,\ -2.090394388 + .2112283655\,I, \\
& -2.097052037,\ 1.991805145 + .1676553328\,I, \\
& 1.991805145 - .1676553328\,I,\ -1.126242978,\ 1.023935378, \\
& -.7176067819 - .2223158881\,I,\ -.7176067819 + .2223158881\,I, \\
& -.05982932231,\ .08559913845 + .1825422276\,I, \\
& .08559913845 - .1825422276\,I
\end{aligned}
$$

Da die Nullstellen teilweise komplex sind, werden die reellen wieder mit der Funktion `ListeReal` ausgewählt:

```
> sol := ListeReal([sol]);
```

$$
\begin{aligned}
sol := {} & [-2.940338486,\ 2.175612186,\ -2.097052037,\ -1.126242978, \\
& 1.023935378,\ -.05982932231]
\end{aligned}
$$

Man sollte nun die Nullstellen noch in den Nenner von f einsetzen, um zu kontrollieren, daß f dort keinen Pol hat:

```
>   hilf := seq(subs(t=sol[i], f_nenner), i=1..nops(sol)):
>   evalf( hilf );
```

122121.2837, 128.4387181, 26.46541955, 182502.0166, 283475.9052,
    100.8668978

Da der Nenner an keiner Nullstelle des Zählers verschwindet, können wir die Lösung für alle Nullstellen zeichnen (siehe Abb. 6.7 links).

```
>   BillardPlot(A, B, x(t),y(t), 0, 2*Pi, sol);
```

d) Verkürzte Hypozykloide: Die *Hypozykloide* ist wie die Epizykloide eine Rollkurve, nur daß jetzt der kleine Kreis mit Radius α auf der Innenseite des großen Kreises mit Radius β abrollt. Man erhält die Parametrisierung

$$\mathbf{c}(t) = \begin{pmatrix} (\beta - \alpha)\cos t + \lambda \cdot \alpha \cos((\beta - \alpha)t/\alpha) \\ (\beta - \alpha)\sin t - \lambda \cdot \alpha \sin((\beta - \alpha)t/\alpha) \end{pmatrix} .$$

Wir geben diese allgemeine Parametrisierung ein:

```
>   alpha := 'alpha':  beta := 'beta':  lambda := 'lambda':
>   x(t) := (beta-alpha)*cos(t)
            + lambda*alpha*cos((beta-alpha)*t/alpha)
>   y(t) := (beta-alpha)*sin(t)
            - lambda*alpha*sin((beta-alpha)*t/alpha):
```

Wir wählen speziell $\alpha := 1$, $\beta := 8$, $\lambda := 3/4$ und die Punkte $A = (4, -2)$ und $B = (-1, 5)$.

```
>   alpha := 1:  beta := 8:  lambda := 3/4:
>   A := [4,-2]:  B := [-1,5]:
```

Auch hier würde `simplify(d)` noch einen Ausdruck liefern, der nicht einmal auf eine Seite paßt, und man verwendet wieder die modifizierte Form, deren Ausgabe („nur" eine halbe Seite) wir hier jedoch auch unterdrücken. Da sich der Charakter der jeweiligen Ausgabe nicht wesentlich von derjenigen der Epizykloide unterscheidet, werden nur einige Zwischenergebnisse abgedruckt.

```
>   fs := simplify(f_neu_simple):
```

Nun sucht man wieder die Nullstellen dieses Ausdrucks:

```
>   sol := solve( fs = 0, t ):
>   sol := evalf( allvalues(sol) ):
```

Die Nullstellen sind zumeist komplex. Wir suchen wieder die reellen Nullstellen mit der Funktion `ListeReal`:

```
>   sol := ListeReal( [sol] );
```

$sol := [-3.131899416, -2.783958005, 2.636828261, 2.373631414,$
    $-2.357228091, -1.911465335, 1.894502687, -1.581831376,$
    $1.571619156, 1.220244294, -1.074713866, -.7984533808,$
    $.7829647140, .3884128439, -.3716097364, -.0005921509858]$

Wir testen wieder, ob der Nenner an diesen Stellen verschwindet:

```
> hilf := seq(subs(t=sol[i], f_nenner), i=1..nops(sol)):
> evalf( hilf );
```

$$3766.839917, .5870984612\,10^7, .3066680815\,10^7, 3621.396638,$$
$$3659.209380, .5570039564\,10^7, .2444689642\,10^7, 3896.933309,$$
$$1480.878750, .1473144392\,10^7, .3285239122\,10^7, 3093.623782,$$
$$1195.042816, .1650004909\,10^7, .2711245875\,10^7, 1476.360635$$

Da keine Polstellen vorliegen, plotten wir abschließend noch diesen „Billardtisch" (vgl. Abb. 6.7 rechts).

```
> BillardPlot(A, B, x(t),y(t), 0, 2*Pi, sol);
```

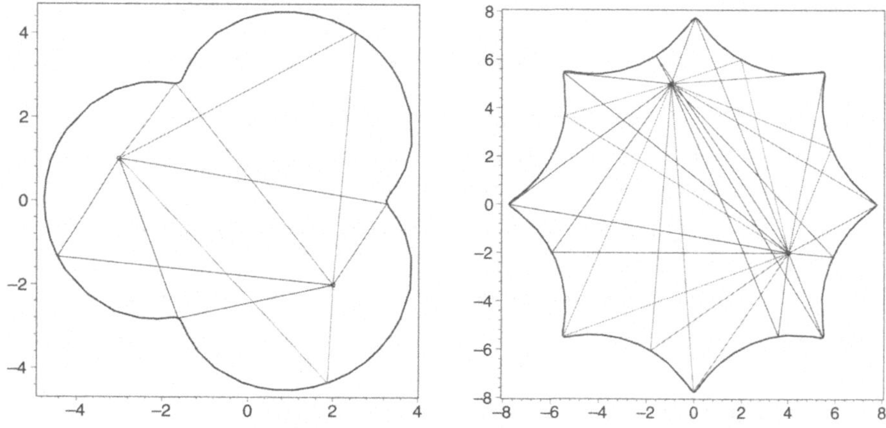

Abb. 6.7. Reflexion an Epizykloide und Hypozykloide

7. Weiterführende Aufgaben

Die folgenden Aufgabenstellungen aus den unterschiedlichsten Bereichen wie Analysis, Algebra, Graphentheorie oder Computer-Geometrie gehen in ihrem Umfang über den Rahmen der bisherigen Übungsaufgaben hinaus. Sie sind als Computerpraktikum konzipiert und verlangen auch, sich zunächst theoretisch mit dem Themengebiet vertraut zu machen. Somit sind sowohl die mathematische Idee als auch ihre Umsetzung in einem Programm zu erbringen. Zu einer gelungenen Bearbeitung der Aufgabenstellung gehört auch eine detaillierte LaTeX-Dokumentation sowie Testprogramme, die den Aufruf des Programms und seine Möglichkeiten aufzeigen.

Bei vielen der Themen bietet sich zusätzlich eine „optische Aufarbeitung" des Themas an. Hierzu verfügt insbesondere MATLAB über sehr gute Möglichkeiten, um mit eigenen Schaltflächen eine grafische Benutzeroberfläche zu programmieren, mit deren Hilfe man das Programm bequem durch Maus-Klick steuern kann – der Phantasie sind hier keine Grenzen gesetzt. Jedoch muß für diese Art der interaktiven Programmsteuerung auf das Handbuch verwiesen werden.

Langzahlarithmetik

In MATLAB soll eine Langzahlarithmetik mit beliebiger, aber fester Stellenzahl implementiert werden.

Eine Zahl $\pm 0.a_1 a_2 \ldots \cdot 10^k$ wird als Vektor der Form $[k, \pm 1, a_1, a_2, \ldots]$ gespeichert. Es ist darauf zu achten, daß eine Zahl $\neq 0$ in normalisierter Darstellung gespeichert wird, d. h. die erste Ziffer a_1 ist $\neq 0$. Die Null wird als $[0, 0, 0, \ldots]$ dargestellt.

Man schreibe Funktionen zur Konvertierung von bzw. in die MATLAB-Gleitpunktdarstellung. Dann implementiere man die Grundrechenarten $+$, $-$, $*$, $/$, wobei zu berücksichtigen ist, daß die fest vorgegebene Stellenzahl n durch Runden erhalten bleibt.

Man programmiere eine Funktion zur Berechnung der p-ten Wurzel einer Zahl a. Dabei soll eine Iteration verwendet werden, die man aus dem NEWTON-Verfahren für die Funktion $f(x) = a/x^p - 1$ erhält. Mit dieser Funktion berechne man $\sqrt{2}$ auf 20 Stellen und überprüfe das Ergebnis mit Hilfe von Maple.

Partialbruchzerlegung

In MATLAB soll die Zerlegung einer beliebigen rationalen Funktion in ihre Partialbrüche programmiert werden, z. B.:

$$\frac{2}{x^2 - 1} = \frac{1}{x - 1} - \frac{1}{x + 1}$$

Dabei wird die rationale Funktion durch zwei Koeffizientenvektoren dargestellt.

Entwickeln Sie ein Datenformat für die Partialbrüche, und berechnen Sie die Partialbruchzerlegung. Achten Sie auf die Behandlung von Nullstellen des Nennerpolynoms, deren Imaginärteil sehr klein ist. Berechnen Sie mit Hilfe der Partialbruchzerlegung ein bestimmtes Integral für die vorgelegte rationale Funktion.

Implementieren Sie zusätzlich eine LaTeX-Ausgabe Ihres MATLAB-Programms. Dabei sollen die rationale Funktion, die Zerlegung in die Partialbrüche und die Berechnung des Integrals automatisch in eine LaTeX-Datei geschrieben werden.

Konvexe Hülle

Die konvexe Hülle einer Punktmenge ist das kleinste konvexe Polygon, das alle Punkte der Punktmenge enthält (siehe Abb. 7.1 links).

Es soll ein Algorithmus zur Berechnung der konvexen Hülle in MATLAB implementiert werden. Versuchen Sie, eine Strategie zu finden, die mit möglichst wenig Rechenzeit auskommt. Visualisieren Sie das Ergebnis.

Als *Erweiterung* implementiere man den in [9] beschriebenen QUICKHULL-Algorithmus, der mit einem sogenannten *divide and conquer*-Ansatz die Problemstellung in kleinere Teilprobleme aufspaltet und so die Laufzeit drastisch reduziert.

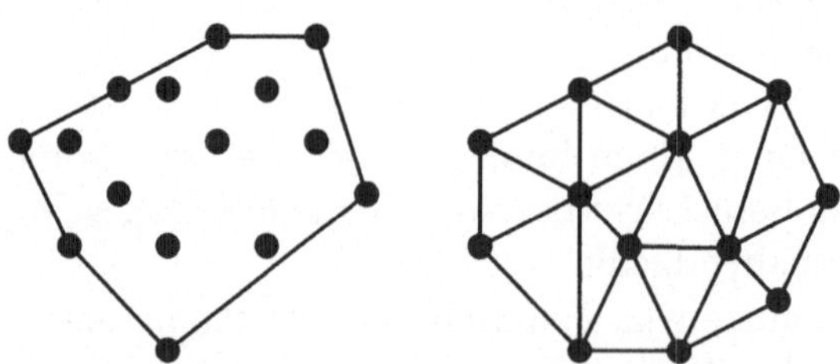

Abb. 7.1. Konvexe Hülle und Triangulierung einer Punktmenge

Triangulierung einer Punktmenge

In MATLAB soll ein Programm zur Zerlegung einer ebenen Punktmenge in Dreiecke (*Triangulierung*) geschrieben werden. Eine Triangulierung ist in Abb. 7.1 rechts dargestellt. (Triangulierungen sind übrigens eine wesentliche Grundlage für die in den Ingenieurwissenschaften häufig eingesetzten Finite-Element-Verfahren.)

Ein möglicher Ansatz ist die *Greedy*-Triangulierung. Dabei werden zuerst alle $n(n-1)/2$ möglichen Kanten zwischen den n Punkten nach ihrer Länge sortiert. Dann werden nacheinander, beginnend mit der kürzesten Kante, diejenigen Kanten eingefügt, die keine der bereits eingefügten Kanten schneiden (vergleiche auch [9]).

Für die Triangulierung soll zusätzlich der kleinste und der größte Winkel aller Dreiecke berechnet werden. Man stelle die Punktmenge und ihre Triangulierung grafisch dar.

Allgemeines Billard-Problem

Gegeben sei ein (nicht notwendig rechteckiger) Billardtisch mit zwei Kugeln darauf. Es soll ein k-Bänder simuliert werden. Das bedeutet, daß die erste Kugel so gestoßen werden soll, daß sie nach k Bandenberührungen die zweite Kugel trifft. (Für $k = 2$ vergleiche man die Maple-Lösung in Abschn. 6.4.)

Die Aufgabe soll iterativ in MATLAB gelöst werden, wobei ausgehend von einem ersten Stoß der Randpunkt für die erste Bandenberührung korrigiert werden soll, bis die zweite Kugel nach k Bandenberührungen getroffen wird. Die Form des Billardtischs soll dazu als parametrisierte Kurve in einer Datei übergeben werden.

Polygone

Es soll eine MATLAB-Programmbibliothek für ebene Polygone entwickelt werden. Dazu schreibe man Funktionen, die Umfang bzw. Flächeninhalt eines Polygons berechnen, und die ein Polygon drehen bzw. zentrisch strecken. Man schreibe außerdem Funktionen, welche die Operationen $\cup$, $\cap$ und $\setminus$ für Polygone implementieren.

Nutzen Sie die grafischen Möglichkeiten von MATLAB, um die Ergebnisse zu visualisieren. Darüber hinaus kann auch eine komfortable Eingabe von Polygonen mit Hilfe der Maus realisiert werden.

Subdivision mit dem Doo-Sabin-Algorithmus

Im Computer Aided Geometric Design (CAGD) gibt es bekannte Verfahren, die durch Unterteilung (*Subdivision*) aus Polyedern glatte Flächen erzeugen.

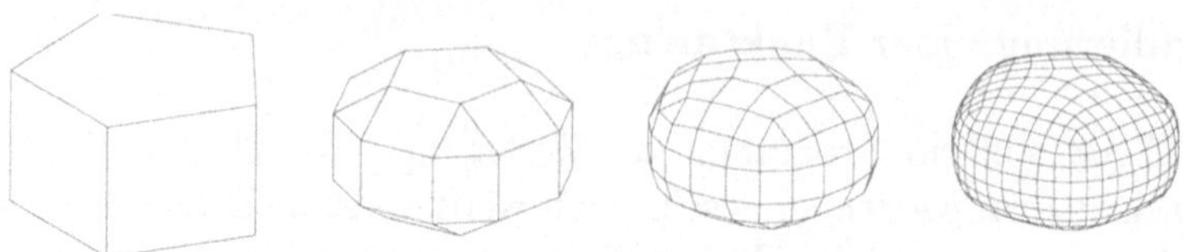

Abb. 7.2. Der Doo-Sabin-Algorithmus zur Subdivision

Im Doo-Sabin-Algorithmus werden die Randflächen des Polyeders verkleinert und entsprechende Eckpunkte durch neue Flächen miteinander verbunden (siehe Abb. 7.2).

Zur Berechnung der neuen Eckpunkte $\tilde{P}_i$ eines n-Ecks mit Eckpunkten $P_0, P_1, \ldots, P_{n-1}$ des Polyeders wird die folgende Maske verwendet: $\tilde{P}_0 = \alpha_0 P_0 + \alpha_1 P_1 + \cdots + \alpha_{n-1} P_{n-1}$, wobei sich die Gewichte α_j wie folgt berechnen:

$$\alpha_j = \frac{\delta_{j,0}}{4} + \frac{3 + 2\cos(2\pi j/n)}{4n}, \quad j = 0, \ldots, n-1.$$

Beispielsweise ist für ein Randviereck $(n = 4)$: $\alpha_0 = 9/16$, $\alpha_1 = \alpha_3 = 3/16$, $\alpha_2 = 1/16$, und $\tilde{P}_2$ berechnet sich durch $\tilde{P}_2 = 1/16 \cdot (9P_2 + 3P_1 + 3P_3 + P_0)$.

Implementieren Sie den Doo-Sabin-Algorithmus in MATLAB, und stellen Sie die Ergebnisse der Subdivision-Schritte grafisch dar. Überlegen Sie sich eine geeignete Datenstruktur, um die Polyeder zu speichern. Beachten Sie dabei, daß Sie Informationen über benachbarte Polygone benötigen, um die neuen Flächen zu erzeugen.

Bernstein-Polynome

Im Computer Aided Geometric Design (CAGD) spielen die Bernstein-Polynome $B_i^n(t)$ eine zentrale Rolle. Mit ihrer Hilfe werden die Bézier-Kurven

$$\mathbf{b}(t) := \sum_{i=0}^{n} \mathbf{b}_i B_i^n(t), \quad B_i^n(t) := \binom{n}{i} t^i (1 - t)^{n-i}$$

definiert. Dabei werden $\mathbf{b}_0, \ldots, \mathbf{b}_n$ als *Kontrollpunkte* der Bézier-Kurve bezeichnet. In Abb. 7.3 ist eine Bézier-Kurve mit dem zugehörigen Kontrollpolygon ihrer Kontrollpunkte dargestellt.

Analog zu den MATLAB-Befehlen für Polynome soll eine Programmbibliothek für Bézier-Kurven aufgebaut werden, die Funktionen wie Auswertung, Addition, Subtraktion, Multiplikation, Graderhöhung, Umwandlung von bzw. in Monomdarstellung, Differentiation und Integration umfaßt. Eine Bézier-Kurve soll dabei als Koeffizientenvektor der sogenannten *Kontrollpunkte* $[\mathbf{b}_0, \ldots, \mathbf{b}_n]$ dargestellt werden.

Mit Hilfe dieser Funktionen sollen als Anwendung Plots der Kurve, Interpolation von Punkten und der bekannte de Casteljau-Algorithmus implementiert werden.

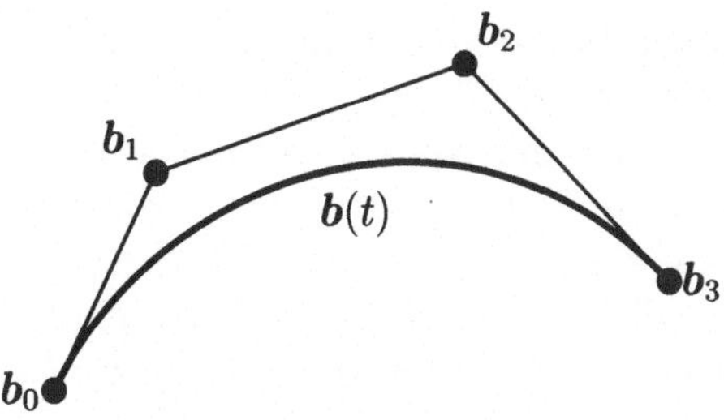

Abb. 7.3. Eine BÉZIER-Kurve mit Kontrollpolygon

Für diese Aufgabenstellung ist elementares Hintergrundwissen aus dem Bereich des CAGD hilfreich, das man beispielsweise in [1] findet.

Roboter-Kinematik

Für den in Abb. 7.4 dargestellten Roboter mit drei Drehgelenken soll eine Steuerung geschrieben werden.

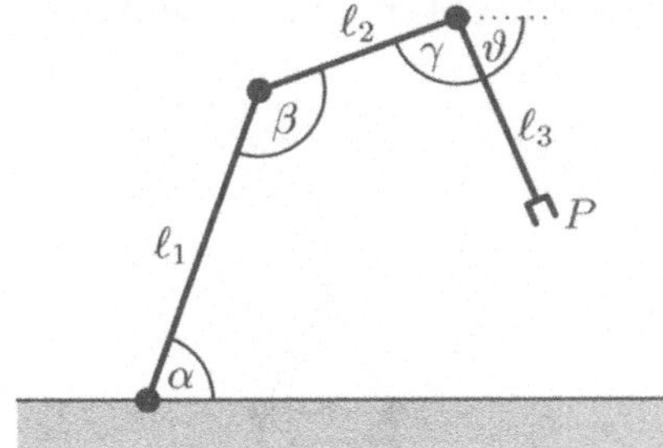

Abb. 7.4. Ein Roboter mit drei Drehgelenken

Schreiben Sie zur Steuerung des Roboters mit Hilfe des NEWTON-Verfahrens ein Programm, das die Gelenkparameter $\mathbf{x} = [\alpha, \beta, \gamma]$ zu einer vorgegebenen Position P und Angriffsrichtung ϑ des Endeffektors berechnet, wenn sich der Roboter in einer anderen Position oder in seiner Ruhestellung ($\alpha = \beta = \gamma = \pi/2$) befindet. Dabei sollen jeweils die Gelenkparameter einer benachbarten Position als Startnäherung für das NEWTON-Verfahren verwendet werden. Bestimmen Sie einen Weg (z. B. die lineare Verbindung), auf dem sich der Endeffektor bewegen soll, und berechnen Sie die Gelenkparameter für eine hinreichend große Anzahl von Zwischenpunkten. Stellen Sie den Weg des Roboterarms grafisch dar.

Travelling-Salesman-Problem

Das Travelling-Salesman-Problem (Handlungsreisendenproblem) ist ein bekanntes Problem der Graphentheorie. Gegeben ist eine Menge von Knoten (Städte) und gewichteten Kanten (Straßen mit Kosten), und gesucht ist eine möglichst kurze Rundtour, die alle Städte mindestens einmal besucht und dann zum Ausgangsort zurückkehrt (siehe Abb. 7.5 links).

Überlegen Sie sich ein Datenformat, das die Knoten, Kanten und Gewichte enthält. Im allgemeinen ist es für große Graphen nicht möglich, alle Kombinationen durchzugehen, da dies viel zu aufwendig ist. Entwickeln Sie deshalb einen Algorithmus, der eine möglichst kurze Route in „erträglicher" Rechenzeit findet. Stellen Sie das Problem und die berechnete Route grafisch dar.

Chinese-Postman-Problem

Das Chinese-Postman-Problem entstammt wie das Travelling-Salesman-Problem der Graphentheorie. Es ist wiederum eine Menge von Knoten und gewichteten Kanten gegeben. Gesucht ist eine möglichst kurze Rundtour, die jede Kante (Straße) mindestens einmal durchläuft (siehe Abb. 7.5 rechts).

Überlegen Sie sich auch hier ein Datenformat, das die Knoten, Kanten und Gewichte enthält. Gesucht ist ein Algorithmus, der effizient eine möglichst kurze Route findet, da es auch hier für große Graphen nicht möglich ist, alle Kombinationen durchzurechnen. Stellen Sie das Problem und die berechnete Route grafisch dar.

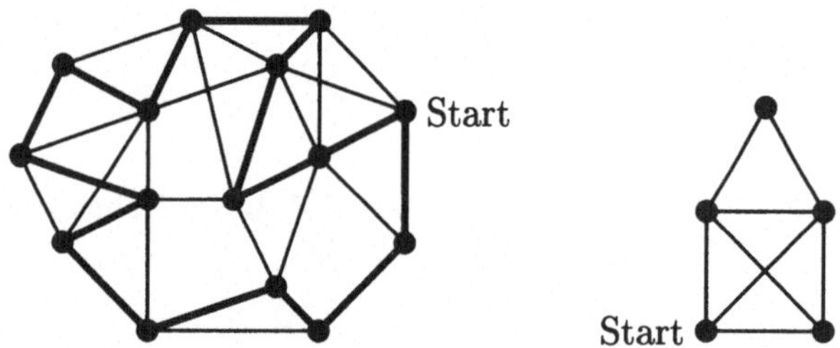

Abb. 7.5. Travelling-Salesman- und Chinese-Postman-Problem

Das Spiel „Vier gewinnt"

Das Spiel „Vier gewinnt" soll in MATLAB implementiert werden. Ziel des Spiels ist es, als erster vier eigene Steine in einer horizontalen, vertikalen oder diagonalen Reihe zu haben. Dabei steht das Spielbrett mit $m \times n$ Feldern senkrecht, d. h. die Spielsteine werden abwechselnd von oben in die jeweilige Spalte geworfen.

Implementieren sie die Varianten Mensch ↔ Mensch, Mensch ↔ Computer und Computer ↔ Computer. Entwickeln Sie dazu eine möglichst gute Strategie für den Computer. Eine Möglichkeit wäre, die verschiedenen Spielzüge zu bewerten und anschließend den besten oder aus mehreren ungefähr gleich starken Zügen einen per Zufallsgenerator auszuwählen.

Eine Maus-Steuerung der Eingaben und eine schöne grafische Aufarbeitung des aktuellen Spielbretts bieten sich an.

Zusatz: Erweitern Sie das Spiel zu „Gobang". Dabei müssen fünf gleiche Steine in einer Reihe liegen, und es darf an jede freie Position gesetzt werden.

Das Spiel „Kalaha"

Kalaha ist ein altes afrikanisches Brettspiel, bei dem das Spielbrett aus zweimal sechs Spielfeldern und dem Kalaha-Feld besteht (siehe Abb. 7.6). Zu Beginn werden in jedes Spielfeld k Steine gelegt ($k \in \{3, \dots, 6\}$). Die Spieler entnehmen abwechselnd alle Steine eines ihrer Spielfelder und legen, so weit diese Steine reichen, im Gegenuhrzeigersinn in jedes der folgenden Felder einen Stein, wobei lediglich das gegnerische Kalaha-Feld ausgenommen bleibt. Erreicht ein Spieler mit dem letzten Stein das eigene Kalaha-Feld, darf er nochmals spielen. Endet der Zug in einem eigenen leeren Spielfeld, so werden dieser Stein und alle Steine des gegenüberliegenden gegnerischen Feldes in das eigene Kalaha-Feld gelegt. Das Spiel ist beendet, sobald auf einer Seite keine Steine mehr liegen. Gewonnen hat derjenige Spieler, der die meisten Steine in seinem Kalaha-Feld hat.

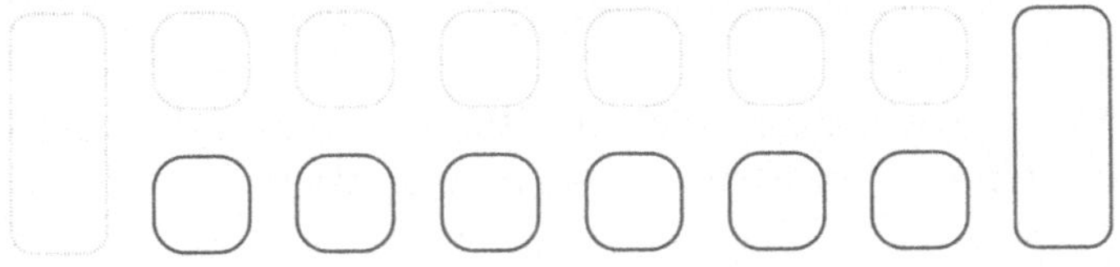

Abb. 7.6. Spielbrett für Kalaha

Implementieren sie die Spielvarianten Mensch ↔ Mensch, Mensch ↔ Computer und Computer ↔ Computer, und entwickeln Sie eine Strategie, um mögliche Züge des Computers zu bewerten. Dabei soll wahlweise der stärkste Zug oder bei mehreren gleichwertigen guten Zügen einer mit dem Zufallsgenerator ermittelt werden.

Stellen Sie die augenblickliche Spielsituation grafisch dar, und versuchen Sie, eine komfortable Spielsteuerung zu programmieren.

Das Spiel „Reversi"

Reversi ist ein Brettspiel, das mit zweifarbigen Steinen auf einem 8×8 Spielfeld gespielt wird (siehe Abb. 7.7). Dabei wird abwechselnd so gesetzt, daß durch einen neuen Stein mindestens ein gegnerischer Stein eingeschlossen wird. Alle diese eingeschlossenen gegnerischen Steine werden dann umgedreht, das heißt, sie bekommen die Farbe der eigenen Spielsteine. Kann ein Spieler nicht ziehen, ist der Gegner nochmals an der Reihe. Das Spiel ist

beendet, wenn alle Felder besetzt sind oder kein Spieler mehr ziehen kann.
Sieger ist, wer die meisten eigenen Steine hat.

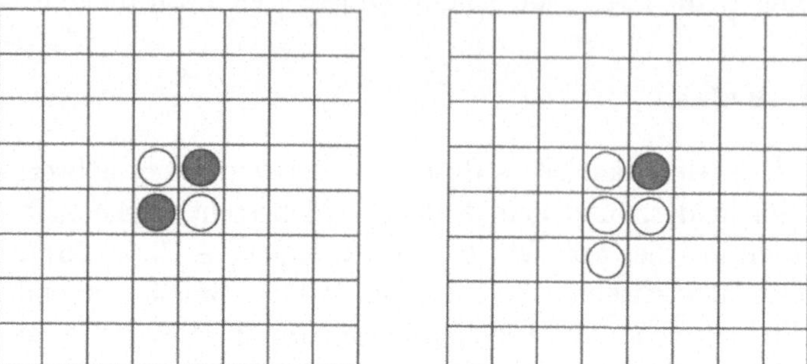

Abb. 7.7. Reversi: Anfangsaufstellung und Situation nach einem möglichen Zug

Implementieren sie die Varianten Mensch ↔ Mensch, Mensch ↔ Computer und Computer ↔ Computer. Achten Sie darauf, welche Züge überhaupt zulässig sind. Versuchen Sie, Strategien zu entwickeln, um eine Spielsituation zu analysieren, und implementieren Sie damit die Züge des Computers. Bei mehreren ungefähr gleich starken Möglichkeiten kann eine per Zufallsgenerator ausgewählt werden.

Stellen Sie die augenblickliche Spielsituation grafisch dar, und versuchen Sie, eine komfortable Spielsteuerung zu programmieren.

A. Unix

In diesem Kapitel werden einige Grundbegriffe eingeführt, die es einem Anfänger ermöglichen sollen, mit einem Computer umzugehen. Der Anwender soll hier das „Handwerkszeug" erlernen, um mit den Anwendungen arbeiten zu können. Dazu gehören beispielsweise der Umgang mit einem Fenster-System, die Datei-Verwaltung (z. B. erzeugen, löschen und kopieren von Dateien) oder die Datei-Erstellung mit Hilfe eines Editors.

An Instituten oder Hochschulen steht dem Anwender häufig ein Rechnerpool mit einer größeren Anzahl vernetzter Rechner zur Verfügung. Deshalb erfolgt hier eine Einführung in das Unix-Betriebssystem, das häufig in solchen Pools installiert ist. Andere Betriebssysteme verwenden ähnliche Konzepte, auch wenn sich die Namen der verwendeten Befehle dann geringfügig unterscheiden. Sollte der Leser, etwa von seinem eigenen PC, bereits ein anderes Betriebssystem kennen und die Programmpakete auch dort zur Verfügung haben, kann er dieses Kapitel auch überlesen.

A.1 Erste Gehversuche an Workstations

Im Gegensatz zu vielen Personal Computern (PC) ist eine Workstation ein Arbeitsplatz-Rechner, der an ein Datennetz angeschlossen ist. Workstations zeichnen sich dadurch aus, daß mehrere Benutzer gleichzeitig darauf arbeiten können (*multi-user*) und daß viele Programme gleichzeitig ablaufen (*multi-tasking*). Workstations mit dem Betriebssystem Unix gibt es von vielen Anbietern, wie beispielsweise DEC, HP, IBM, Silicon Graphics und SUN, man kann aber auch PCs mit dem Betriebssystem Linux dazu zählen.

A.1.1 Anmelden am Computer – Login

Zunächst braucht ein Anwender in einem Rechnerpool eine Zugangsberechtigung (*account*), ohne die er auf keinem der Rechner arbeiten kann. Dazu erhält er von der Systemverwaltung einen Benutzernamen (*login name*, *user name*) und ein Paßwort (*password*).

Um auf einem Rechner arbeiten zu können, muß man sich am Computer „anmelden" (*login*). Dazu gibt man Benutzername und Paßwort ein, üblicherweise in einem eigenen Fenster am Bildschirm, das etwa so aussehen kann:

```
login:    nowottny
password: _
```

Wichtig ist, daß man gleich bei der ersten Sitzung am Rechner unbedingt sein Paßwort ändern sollte – es darf keiner anderen Person bekannt sein! Man ändert das Paßwort mit dem Befehl `passwd`. Nach Eingabe von `passwd` wird man zuerst nach dem bisherigen Paßwort gefragt und muß dann (in der Regel zweimal) sein neues Paßwort eingeben.

A.1.2 Der Window-Manager

Um dem Benutzer die Bedienung des Rechners zu erleichtern, ist auf UNIX in der Regel ein Fenster-System aufgesetzt. Es bietet typischerweise folgende Elemente:

- Benutzeroberfläche mit verschiedenen Fenstern (z. B. Eingabe-Fenster, Programme, Uhr)
- Maus-Steuerung (z. B. Fenster verschieben, vergrößern, öffnen, schließen)
- verschiedene Aktionen oder Programme durch Maus-Klick starten (z. B. neues Eingabe-Fenster, Editor aufrufen, E-Mail, logout)

A.1.3 Abmelden vom System – Logout

Unter *logout* versteht man das Beenden der Sitzung am Rechner. In der Regel kann mit der Maus ein entsprechender Menüpunkt angewählt werden. Dabei erscheint dieses Menü häufig, indem man mit einer der Maus-Tasten an einer „leeren" Stelle auf den Bildschirmhintergrund klickt.

Da auf einer Workstation gegebenenfalls viele Benutzer arbeiten, gilt generell:

Niemals eine Workstation ausschalten!

– auch dann, wenn der Rechner „abgestürzt" ist, also nicht mehr auf eine Eingabe reagiert.

A.2 Kurzeinführung in UNIX

In diesem Abschnitt werden grundlegende Konzepte von UNIX vorgestellt. Im Rahmen einer Einführung können selbstverständlich nicht alle Befehle vorgestellt werden. Für weiterführende Informationen sollte man hierzu eines der vielen Bücher über UNIX verwenden.

A.2.1 Was ist UNIX?

UNIX ist ein Betriebssystem, das Ende der 60er Jahre entwickelt wurde und heute weit verbreitet ist, insbesondere in Rechnerpools.

- Eine Aufgabe des Betriebssystems ist die Verwaltung der System-Ressourcen (Prozessoren, Speicher, Platten, Zugriffsrechte, ...).
- UNIX ermöglicht, daß mehrere Benutzer gleichzeitig viele Programme auf demselben Rechner ablaufen lassen können (*multi-user*, *multi-tasking*).
- UNIX übernimmt das Datei-Management (kopieren, löschen, ...).
- UNIX bietet den Rahmen für Anwender-Programme, indem Eingabe-Fenster (*shell*) zur Verfügung stehen, in denen der Benutzer Befehle eingeben und Programme aufrufen kann.

A.2.2 Datei-Verwaltung

Eine Datei (*file*) ist eine „Ansammlung von Zeichen", die unter einem bestimmten Dateinamen auf einem Datenträger (z. B. Festplatte, Diskette, CD-ROM, ...) abgelegt ist. In unseren Anwendungen ist eine Datei beispielsweise eine Textdatei, ein MATLAB-Programm oder auch ein ausführbares Programm wie `latex` oder `matlab`. Zulässige Dateinamen sind dabei in UNIX (nahezu) beliebige Zeichenkombinationen, wie etwa `my_file.txt` oder `Programm.Daten.old`.

Dateibaum: Der Dateibaum ist die hierarchische Struktur, in der die Dateien auf dem Datenträger angeordnet sind. Er ist in der Regel analog zu Abb. A.1 strukturiert und besteht aus vielen Unterverzeichnissen, die in der Figur durch Kästchen dargestellt sind.

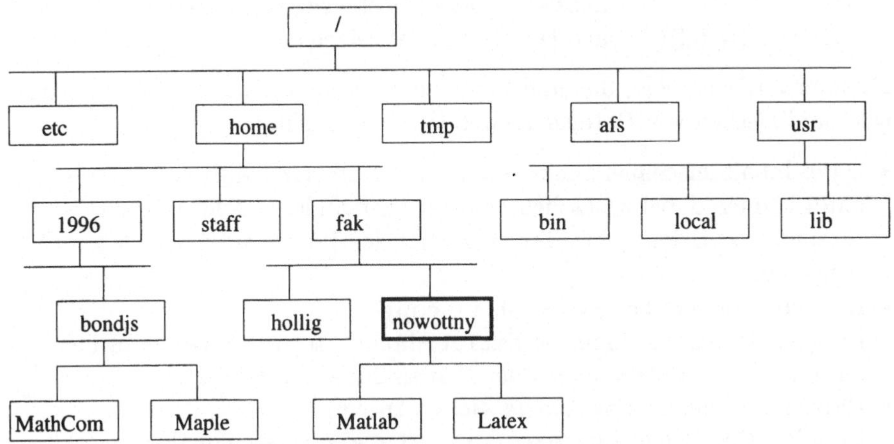

Abb. A.1. Beispiel für einen Dateibaum in UNIX

Jeder Benutzer eines Rechnerpools hat ein „Home-Verzeichnis", das in den Dateibaum eingegliedert ist, und auf das in der Regel nur der Benutzer selbst Zugriff hat. Es ist in der Figur dick umrandet. Öffnet man ein neues Eingabe-Fenster, befindet man sich darin in der Regel im Home-Verzeichnis. Mit `pwd` (= **print working directory**) bekommt man das aktuelle Unterverzeichnis angezeigt.

Bewegen im Dateibaum: `cd` (= **change directory**). Um sich im Dateibaum zu bewegen, das heißt, um in ein anderes Unterverzeichnis zu wechseln, gibt es folgende Befehle:

- nach „oben" in das übergeordnete Verzeichnis: `cd ..`
- nach „unten" in ein Unterverzeichnis: `cd` *Verzeichnis-Name*, z. B.: `cd Matlab`
- absolut: man gibt den kompletten Verzeichnisnamen an, z. B.: `cd /usr/bin`
- ins eigene Home-Verzeichnis (in der Abbildung dick umrandet): `cd`
- relativ zum Home-Verzeichnis, z. B.: `cd ~/Matlab/`. Dabei wird durch ~ abgekürzt das eigene Home-Verzeichnis angesprochen.

Unterverzeichnisse: Unterverzeichnisse werden angelegt, um Dateien übersichtlicher ablegen zu können. In jedem Unterverzeichnis gibt es zwei spezielle Unterverzeichnisse, die man immer wie folgt ansprechen kann:

    .   aktuelles Unterverzeichnis
    ..   übergeordnetes Unterverzeichnis

Die folgenden Befehle zeigen, wie man Unterverzeichnisse anlegt oder löscht und ihren Inhalt anschaut, wobei ein zu löschendes Verzeichnis leer sein muß:

- Unterverzeichnisse erzeugen: `mkdir` *Verzeichnis-Name* (= **make dir**ectory)
- Unterverzeichnisse löschen: `rmdir` *Verzeichnis-Name* (= **rem**ove **dir**ectory)
- Unterverzeichnisse anschauen: `ls` (= **list**), z. B.:
    `ls -l` (= **l**ong):   Dateinamen mit Dateigröße und Zugriffsrechten anzeigen (Details siehe weiter unten)
    `ls -a` (= **a**ll):   alle Dateinamen anzeigen

Dateien: Die Befehle, die zum kopieren, verschieben (auch zum umbenennen) und löschen von Dateien verwendet werden, sind:

- Datei-Inhalt anschauen: `cat`, `less`, `more` *Dateiname*. Mit `cat` (= **concate**nate) können dabei zusätzlich Dateien aneinandergehängt werden.
    Beispiel: Der Befehl `less datei.m` zeigt den Inhalt von `datei.m` am Bildschirm an.
- Dateien kopieren: `cp` *Quelle Ziel* (= **copy**)
    Beispiel: Durch `cp datei.m Matlab/datei1.m` wird `datei.m` in das Unterverzeichnis `Matlab` unter dem Namen `datei1.m` kopiert.
- Dateien verschieben: `mv` *Quelle Ziel* (= **move**)
    Beispiel: Der Befehl `mv text.tex ../Latex/` verschiebt die angegebene Datei ins Unterverzeichnis `../Latex`.

- Dateien löschen: rm *Datei* (= **rem**ove)
  Beispiel: Durch `rm Matlab/datei.m` wird die Datei `datei.m` im Unterverzeichnis `Matlab` gelöscht.

Bei den genannten Befehlen können die „Joker" (*wildcard*) ? und * verwendet werden, um zusammenfassend mehrere Dateien anzusprechen. ? ersetzt dabei genau ein Zeichen, während * für eine beliebige Folge von Zeichen steht. Zum Beispiel kann man alle Dateien eines Unterverzeichnis, die die Endung `.tex` haben, durch den Befehl `ls *.tex` auflisten.

In UNIX gibt es verschiedene *Zugriffsrechte*, die Benutzer auf Dateien haben. Dabei unterscheidet man drei Klassen von Benutzern: u (= **u**ser, d. h. der Benutzer selbst), g (= **g**roup, d. h. eine Gruppe von Benutzern) und o (= **o**ther, d. h. alle übrigen Benutzer). Für diese drei Klassen können je drei verschiedene Zugriffsrechte gesetzt werden: r (= **r**ead, d. h. die Datei lesen), w (= **w**rite, d. h. die Datei schreiben) und x (= e**x**ecute, d. h. die Datei ausführen bzw. ins Unterverzeichnis wechseln). Der Status einer Datei, d. h. wer welche Rechte auf eine Datei hat, kann durch den Befehl `ls -l` angezeigt werden. Es erscheint zuerst eine Zeichenfolge aus 10 Zeichen gefolgt von weiteren Angaben zur Datei, beispielsweise:

```
-rw- r-- r--   1 nowottdh fak          1275 Jun 25 10:04 datei.m
```
  u   g   o   Benutzer u. Gruppe   Dateigröße Zeitangabe Dateiname

Das erste - bedeutet, daß es sich um kein Unterverzeichnis handelt (sonst steht hier ein d). Dann folgen drei Zeichen für die Zugriffsrechte des Benutzers, die hier angeben, daß er lesen und schreiben darf, und schließlich noch zwei Blöcke mit je drei Zeichen für die Rechte von `group` und `other`.

Die oben angezeigten Rechte `rw-r--r--`, die nur dem Benutzer selbst Schreibrechte, allen übrigen Benutzern jedoch nur Leserechte geben, sind der Standard für neu erzeugte Dateien. Man kann jedoch den Status einer Datei durch den Befehl `chmod` (= **change mode**) ändern, indem man explizit einer Benutzerklasse ein Zugriffsrecht mit + gibt oder mit - entzieht, zum Beispiel: `chmod o-r datei.m`, `chmod g+w datei.m`.

Häufig ist den oben beschriebenen Zugriffsrechten ein zusätzliches Dateisystem überlagert, das die Zugriffsrechte auf die Dateien noch genauer regelt. Ein solches System ist beispielsweise das AFS. Auf Details kann hier jedoch nicht eingegangen werden.

A.2.3 Hilfesystem

Mit dem Befehl `man` (= **man**ual) bekommt man Hilfe zu UNIX-Befehlen, z. B. `man ls` für den Befehl `ls`.

Diese Online-Hilfe ist zumeist sehr ausführlich und zeigt alle Optionen, mit denen ein Befehl aufgerufen werden kann (wie etwa `-a` bei `ls`). Das einzige Manko besteht darin, daß der Name des Befehls bekannt sein muß, um mit `man` Hilfe zu bekommen. Mit `man -k` besteht jedoch die Möglichkeit, in den Kurzbeschreibungen der Hilfeseiten nach speziellen Schlüsselwörtern zu suchen. Beispielsweise listet `man -k copy` alle Befehle auf, die etwas mit dem Kopieren zu tun haben.

Häufig gibt es auf einer Workstation zusätzlich eine komfortable menügesteuerte Benutzereinführung, die allerdings von Hersteller zu Hersteller sehr unterschiedlich ist.

A.2.4 Weitere nützliche Unix-Befehle

Aus der Fülle von Unix-Befehlen, die hier nicht alle im Detail vorgestellt werden können, werden jetzt noch einige Befehle aufgeführt, die man häufiger benutzt:

- **Dateien ausdrucken:** `lpr` (= off line **print**)
  `lpr` *Dateiname*, z. B.: `lpr Datei.ps`. Es kann noch genauer gesteuert werden, auf welchen Drucker die Ausgabe geschickt werden soll.
- **Suchen nach Text:** `grep`
  `grep` *Text Datei* sucht nach einer Zeichenfolge in einer oder mehreren Dateien, z. B. `grep hallo datei.txt` oder `grep Wort *.tex`
- **Suchen nach Dateien:** `find`
  Für die `find`-Anweisung gibt es viele mögliche Optionen. Eine häufig verwendete Variante ist z. B.: `find . -name` *Datei* `-print`. Dadurch wird im aktuellen Verzeichnis und rekursiv in allen Unterverzeichnissen nach der angegebenen Datei gesucht und das Auftreten am Bildschirm ausgegeben. Dabei darf auch ein Platzhalter wie * oder ? im Dateinamen verwendet werden.
- **Status von Prozessen:** `ps` (= **r**eport **p**rocess **s**tatus)
  `ps` liefert die aktuell auf dem Rechner laufenden Programme (*Prozesse*) mit Status und PID (Prozess-Identifikationsnummer). Verwendet man beim Aufruf zusätzliche Parameter (etwa `-aux`), kann man erkennen, welcher Anwender welche Prozesse laufen läßt und wieviel Rechenleistung sie beanspruchen. (Details sind der Hilfeseite zu `ps` zu entnehmen.)
- **Prozesse abbrechen:** Ctrl–C (evtl. auch Ctrl–D, Ctrl–Z)
  Ctrl–C ist eine übliche Tastenkombination, um ein Programm abzubrechen, etwa wenn es nicht mehr reagiert. Nochmals der Hinweis: Niemals den Rechner ausschalten, um einen Prozeß zu beenden!
- **Prozesse löschen:** `kill`
  Dieser Befehl stellt einen „letzten Ausweg" dar, um nicht mehr reagierende Anwendungen abzubrechen. Dazu braucht man die PID eines Prozesses (z. B. mit `ps`) und löscht gezielt diese Anwendung: `kill` *PID*, z. B.: `kill -9 17324`. Dabei gibt `-9` noch die höchste Dringlichkeit an.
- **Verkettung von Unix-Befehlen:** | (= „pipe")
  Der Befehl | nimmt die Ausgabe des ersten Befehls als Eingabe für den zweiten Befehl, z. B.: `ls -a | more`
- **Ein- und Ausgabe umleiten:** < und >
  Die Eingabe kann von der Tastatur umgeleitet werden, indem man < *Eingabequelle* an einen Befehl anhängt. Ein Beispiel findet man weiter unten

bei `mail`. Analog leitet man die Ausgabe durch > *Ausgabeort* um, z. B. leitet `ls -a > test` die Ausgabe von `ls` in die Datei `test` um.

- **Plattenplatz anzeigen:** du (= summarize disk usage)
  Je nach verwendetem Parameter wird für jede Datei oder jedes Verzeichnis der belegte Plattenplatz angezeigt, z. B.: `du -h *` zeigt für jede Datei des aktuellen Verzeichnisses die Größe in Kilobyte (Option `-h`) an.
- **Informationen zum Dateisystem:** df (= summarize free disk space)
  Durch `df` *Datei* erhält man Informationen, auf welcher Platte sich eine Datei befindet, und wie diese Platte ausgelastet ist.
- **Dateien aufspalten**: `split`
  Mit `split` kann eine Datei in mehrere kleine Dateien einer vorgeschriebenen Größe aufgespaltet werden, wobei man die Teile durch `cat` wieder zusammensetzen kann. Der Befehl ist beispielsweise sinnvoll, wenn eine Datei auf Diskette kopiert werden soll, die größer als 1.4 Megabyte ist. Dann spaltet `split -b 1400k datei teil` die Datei `datei` in Teile der Größe 1400 Kilobyte, die von UNIX mit `teilaa`, `teilab`, ... bezeichnet werden.

A.2.5 Einige hilfreiche Programme

UNIX stellt dem Anwender in der Regel Programme bereit, mit denen er weltweit auf Daten zugreifen oder Nachrichten versenden kann, beispielsweise einen Internet-Zugang und E-Mail.

- **Datei-Transfer:** ftp (= file transfer program)
  Ftp dient dazu, um Dateien weltweit zwischen verschiedenen Rechnern zu verschicken. Dazu muß man den „Namen" des Computers kennen, mit dem man Dateien austauschen möchte. Mit `ftp` *Rechnername* baut man die Verbindung zu dem Rechner auf. Als login ist häufig `ftp` und als Paßwort die eigene E-Mail-Adresse üblich.
  In `ftp` erhält man mit `?` eine Übersicht über die möglichen Befehle. Mit `cd` können auch hier die Unterverzeichnisse gewechselt werden. Dateien werden durch `get` geholt oder mit `put` verschickt.
- **Telnet:** Anmelden bei einem anderen Rechner
  Durch `telnet` *Rechnername* kann man sich bei einem fremden Rechner anmelden, falls man dort Account und Paßwort hat. (Allerdings ist die Datenübertragung zum anderen Rechner bei `telnet` in der Regel unverschlüsselt, weshalb besser mit `ssh` eine Variante mit höherer Sicherheit verwendet werden sollte.)
- **E-Mail:** `mail, elm`
  Jeder Anwender eines Rechnerpools hat eine weltweit eindeutige E-Mail–Adresse, z. B.: `nowottny@mathematik.uni-stuttgart.de`. Möchte man lediglich einem anderen Anwender eine Datei zuschicken, kann dies mit
  `mail` *Adresse* < *Datei*
  durchgeführt werden. In der Regel stehen dem Anwender komfortable Mail-Programme wie `elm` zur Verfügung, mit denen menügesteuert Nachrichten

verschickt werden können. Da sich diese Programme weitgehend selbst erklären, soll auf eine detaillierte Beschreibung hier nicht weiter eingegangen werden.

- **Internet-Zugang:**
  Üblicherweise bieten Rechnerpools den Anwendern einen Zugang zum Internet an. Dabei handelt es sich um ein Datennetz, in dem weltweit Informationen eingeholt werden können: von (sinnvollen) fachlichen Informationen über Fahrpläne oder Online-Zeitschriften bis zu sinnlosem „Schrott". In vielen Pools geschieht der Internet-Zugang durch das Programm `netscape`. Im Internet selbst sucht man am besten mit einer „Suchmaschine" nach den gewünschten Informationen oder klickt sich mit der Maus von einer Seite zur nächsten. Abbildung 2.3 auf S. 21 zeigt, wie ein solches Programm (*Web-Browser*) typischerweise aussieht.

A.3 Editoren

Ein Editor ist ein Hilfsprogramm, das verwendet wird, um Dateien zu erzeugen oder zu bearbeiten. In unseren Anwendungen benötigen wir einen Editor, um LaTeX-, MATLAB- oder Maple-Programme zu schreiben.

Die Anforderungen an einen Editor sind deshalb, daß man Text eingeben oder ändern kann. Optionen, um Dateien zu laden oder abzuspeichern, sind ebenfalls notwendig. Man sollte Text (etwa ein bestimmtes Wort) in der Datei suchen und evtl. ersetzen können. Schließlich ist auch eine komfortable Bedienung (möglichst mit Hilfe der Maus) wünschenswert.

A.3.1 Der vi-Editor

Der vi-Editor ist ein „Saurier": ein schon sehr lange existenter Editor, der nicht sonderlich benutzerfreundlich ist (z. B. bietet er keine Maus-Steuerung), der aber auf (fast) jeder Workstation vorhanden ist. Aus diesem Grund sollte jeder wenigstens einige Grundbefehle dieses Editors beherrschen. Inzwischen gibt es auch vi-Derivate, die mit Maus-Steuerung und weiterem Komfort aufwarten.

Der vi verfügt über einen sehr großen Befehlsumfang und zeichnet sich durch zwei Modi („Zustände") aus: den Eingabe-Modus und den Befehls-Modus. Der *Aufruf* des vi lautet:

    `vi` *Filename*

Dies bewirkt, daß der vi-Editor die Datei *Filename* editiert und im Befehls-Modus ist.

Eine kleine Auswahl von Befehlen, insbesondere auch das Umschalten zwischen beiden Modi, ist in Tabelle A.1 zusammengestellt. Auch aufwendigere Operationen (wie jedes Auftreten eines Textes oder Wortes in einer Datei durch einen anderen Text zu ersetzen) können in vi durchgeführt werden. Auf alle Details kann hier jedoch nicht eingegangen werden.

Tabelle A.1. Einige Befehle für den vi-Editor

Befehl	Aktion
`:q`	vi-Editor beenden (= **quit**)
`:q!`	vi beenden ohne zu speichern
`:w` bzw. `:w` *Name*	Datei speichern (= **write**)
`:wq` bzw. `:x`	Datei speichern und vi beenden
Pfeil-Tasten, oder	Cursor im Text bewegen
$\boxed{k}$, $\boxed{-}$ $\boxed{\text{BSpc}}$, $\boxed{h}$ ← ↑ → $\boxed{\text{Spc}}$, $\boxed{l}$ $\boxed{j}$, $\boxed{+}$	
$\boxed{0}$ bzw. $\boxed{\$}$	zum Anfang bzw. Ende der Zeile
$\boxed{H}$ bzw. $\boxed{L}$	zum Anfang bzw. Ende des Bildschirms
$\boxed{1}\,\boxed{G}$ bzw. $\boxed{G}$	zum Anfang bzw. Ende der Datei
$\boxed{n}\,\boxed{G}$	Zeile n der Datei
$\boxed{\text{Esc}}$	Eingabe-Modus $\Longrightarrow$ Befehls-Modus
$\boxed{i}$	Befehls-Modus $\Longrightarrow$ Eingabe-Modus Text vor Cursor einfügen (= **insert**)
$\boxed{a}$	Text nach Cursor einfügen (= **append**)
$\boxed{R}$	Text ab Cursorposition ersetzen (= **replace**)
$\boxed{x}$	aktuelles Zeichen löschen
$\boxed{J}$	nächste Zeile an aktuelle anfügen (= **join**)
$\boxed{u}$	letzte Anweisung rückgängig machen (= **undo**)
$\boxed{n}\,\boxed{x}$	n Zeichen löschen
$\boxed{d}\,\boxed{d}$	aktuelle Zeile löschen (= **delete**)
$\boxed{n}\,\boxed{d}\,\boxed{d}$	n Zeilen löschen
`/`*Text*	suche *Text* in der Datei

A.3.2 Emacs – mehr als ein Editor

Emacs zeichnet sich durch eine komfortable Bedienung aus, die auch mit
der Maus und mit Hilfe von Pull-Down-Menüs durchgeführt werden kann.
In Emacs können auch mehrere Dateien gleichzeitig bearbeitet werden. Ein
großer Vorteil ist, daß Emacs verschiedene Modi hat, was bedeutet, daß er
sich adaptiv an das Dateiformat anpaßt. So stehen beispielsweise ein LaTeX-
Modus, ein MATLAB-Modus, aber auch ein C-/C$_{++}$-Modus oder Mail-
Modus zur Verfügung. Im entsprechenden Modus werden die Pull-Down-
Menüs automatisch angepaßt: aus Emacs heraus kann LaTeX aufgerufen, com-
piliert oder Mail verschickt und empfangen werden. Zur leichteren Texterfas-

sung werden im jeweiligen Modus Schlüsselworte in verschiedenen Farben dargestellt. Schließlich kann man sogar im Emacs eine shell starten oder Unterverzeichnisse manipulieren. Emacs verfügt in der untersten Zeile über einen Minibuffer, in dem Befehle eingegeben werden können. Ein Nachteil ist jedoch, daß Emacs viel Speicher benötigt. Der *Aufruf* lautet:

    `emacs` oder `emacs` *Filename*

Um mit Emacs zu editieren, bedient man diesen Editor zunächst über die Pull-Down-Menüs. Für häufig verwendete Befehle (wie „Datei speichern“) lernt man dabei die wichtigsten Tastenkürzel (sie stehen im Menü neben dem Befehl). Emacs selbst verfügt über eine sehr gute Online-Einführung, die man im Pull-Down-Menü „Help“ unter „Emacs Tutorial“ findet. An dieser Stelle sollen deshalb nur noch drei Befehle erwähnt werden: man beendet Emacs durch ⎡Ctrl⎤–⎡x⎤ ⎡Ctrl⎤–⎡c⎤ (kurz: C-x C-c) oder durch Anwählen von „Exit Emacs“ im Pull-Down-Menü „Files“. Jeden Befehl, auch eine Eingabe im Minibuffer in der untersten Zeile, bricht man durch C-g ab. Mit C-x u wird die letzte Änderung rückgängig gemacht.

Übungen

A.1 Lassen Sie sich einen Account in Ihrem Rechnerpool einrichten. Loggen Sie sich ein und ändern Sie Ihr Paßwort. Machen Sie sich mit dem Window-Manager vertraut und versuchen Sie, ein weiteres Eingabe-Fenster zu erhalten. Loggen Sie sich wieder aus.

A.2 Legen Sie in Ihrem Home-Verzeichnis ein neues Unterverzeichnis mit dem Namen `MatheAmComputer` an, das seinerseits die Unterverzeichnisse `LaTeX`, `Matlab` und `Maple` erhalten soll. Bewegen Sie sich im Dateibaum. Prüfen Sie, welche Benutzer welche Dateirechte (und evtl. AFS-Rechte) in den einzelnen Verzeichnissen haben.

A.3 Untersuchen Sie, welche Prozesse gerade auf dem Rechner, an dem Sie arbeiten, laufen. Wie lautet eine Verkettung von Befehlen, die daraus alle Prozesse herausfiltert, die Ihnen gehören? (Hinweis: verwenden Sie den Befehl `grep` und eine Option von `ps`, die nicht nur Ihre eigenen Prozesse anzeigt.)

A.4 Informieren Sie sich, wie Ihre E-Mail-Adresse lautet. Erzeugen Sie mit Hilfe eines Mail-Systems eine E-Mail (unter Umständen benötigen Sie dazu einen Editor, z. B. `vi`). Schicken Sie diese Mail an sich selbst. Wie reagiert Ihr Rechner, um Ihnen anzuzeigen, daß Sie eine Mail empfangen haben?

A.5 Starten Sie einen Web-Browser. Unter der Internet-Adresse

    `http://www.mathematik.uni-stuttgart.de/HM/HMD/`

befindet sich eine Aufgabendatenbank zur Höheren Mathematik. Versuchen Sie, diese Seite zu laden und sich durch einige Aufgaben durchzuklicken.

A.6 Erzeugen Sie mit Hilfe eines Editors eine Datei `chinese.txt` mit dem Text des folgenden Kinderlieds:

```
        Zwei Chinesen mit dem Kontrabaß
        saßen auf der Straße und erzählten sich was.
        Da kam die Polizei: Ei was ist denn das?
        Zwei Chinesen mit dem Kontrabaß.
```

Üben Sie anhand dieser Datei, alle Vokale durch „a" zu ersetzen: Zwaa Chanasan mat dam Kantrabaß ...

B. Lösungen ausgewählter Übungen

B.1 Lösungen der Übungen zu LaTeX

2.4 Den Stundenplan kann man in LaTeX so erstellen:

```
\begin{center}
\begin{tabular}{|c||c|c|c|c|c|}\hline
  {\bf Zeit} & {\bf Montag}&{\bf Dienstag}&{\bf Mittwoch}
  &{\bf Donnerstag}&{\bf Freitag}\\ \hline\hline
  8$^{00}$--9$^{30}$
  & Analysis & & Analysis & & Analysis \\
  & Hörsaal 3& & Hörsaal 3& & Hörsaal 3 \\ \hline
  9$^{45}$--11$^{15}$
  & & Numerik  & Algebra  & Mathe am Comp. & Algebra \\
  & & Hörsaal 2& Hörsaal 2& Hörsaal 4       & Hörsaal 2
  \\ \hline
  11$^{30}$--13$^{00}$
  & Informatik & & Informatik & Numerik & \\
  & Hörsaal 1  & & Hörsaal 1  & Hörsaal 2 &
  \\ \hline\hline
  14$^{00}$--15$^{30}$
  & Übungen  & & & Übungen     & Übungen \\
  & Analysis & & & Informatik & Numerik \\ \hline
  15$^{45}$--17$^{15}$ & & Übungen & & & \\
                       & & Algebra & & & \\ \hline
\end{tabular}
\end{center}
```

2.6 Die Lösung sieht wie folgt aus:

```
Berechne den folgenden Grenzwert:
\[ \lim_{x\to\infty}
   \frac{\left(1+\frac{1}{x}\right)^x
       \left(2-\frac{ 3}{\sqrt{x}}\right)^3-1}
       {1+\frac{1}{2^x}-\frac{2}{\sqrt[4]{x}}}
\]
```

Erscheinen die Brüche in Zähler und Nenner zu klein, so kann man durch den Befehl \displaystyle erreichen, daß diese Ausdrücke größer gesetzt werden.

2.7 Den Satz von TAYLOR kann man wie folgt formulieren:

```
\begin{satz}[Satz von {\sc Taylor}]
  Die Funktion $f$ besitze auf dem kompakten Intervall
  $I := \langle x_0 , x \rangle$ eine stetige Ableitung
  $n$-ter Ordnung, während  $f^{(n+1)}$ wenigstens im
  Innern $I^\circ$ von $I$ vorhanden sei. Dann gibt es in
  $I^\circ$ mindestens eine Zahl $\xi$, so daß
  \[ f(x) = \sum_{k=0}^n \frac{f^{(k)}(x_0)}{k!}(x-x_0)^k
            + \frac{f^{(n+1)}(\xi)}{(n+1)!}(x-x_0)^{n+1}
  \]
  ist.
\end{satz}
```

Dabei muß im Vorspann des Dokuments \newtheorem{satz}{Satz} stehen.

2.8 Das Referenz-Konzept funktioniert auch für Regelsätze, wie das folgende Beispiel zeigt:

```
\begin{satz}\label{testlabel}
  Dieser Satz dient nur als Test.
\end{satz}
Wir verweisen auf Satz~\ref{testlabel}.
```

Es liefert das folgende Ergebnis:

Satz 4 *Dieser Satz dient nur als Test.*

Wir verweisen auf Satz 4.

Dabei wurde die Tilde ~ verwendet, um den Zwischenraum zwischen „Satz" und der Referenz in dem Sinne zu schützen, daß LATEX hier keinen Zeilenumbruch durchführt.

2.9 Der Befehl \kasten läßt sich so definieren:

```
\newcommand{\kasten}[1]{\par\centerline{\fbox{%
  \begin{minipage}{10cm}{\em #1}\end{minipage}}}\par}
```

Dabei wird der Text, der als Parameter #1 übergeben wird, in eine 10 cm breite Minipage gesetzt.

2.10 Um \hinweis zu definieren, benötigt man einen neuen Zähler, der zuerst auf 1 gesetzt und bei jedem Aufruf um 1 erhöht wird:

```
\newcounter{hinweis_counter}
\setcounter{hinweis_counter}{1}
\newcommand{\hinweis}[1]%
  {\par\centerline{\fbox{\fbox{\begin{minipage}{10cm}%
  {\bf Hinweis \arabic{hinweis_counter}:}%
```

```
\stepcounter{hinweis_counter}{\em #1}%
\end{minipage}}}}\par}
```

Durch die `\centerline`- und `\fbox`-Befehle entstehen am Ende die vielen schließenden Klammern.

2.11 Die neue Umgebung `info` kann so definiert werden:

```
\newenvironment{info}[2]%
  {\par\smallskip\noindent{\bfseries #1}
    (#2){\bfseries:}\em}%
  {\par\smallskip}
```

B.2 Lösungen der Übungen zu MATLAB

3.1 Die MATLAB-Lösung sieht so aus:

```
>> i = sqrt(-1);
>> A = [2 1/3 -1 1e-4;sqrt(2),2+i,-1/7,4];
>> A(2,2) = -3;
>> format short e,  A
A =
    2.0000e+00    3.3333e-01   -1.0000e+00    1.0000e-04
    1.4142e+00   -3.0000e+00   -1.4286e-01    4.0000e+00

>> format bank,  A
A =
          2.00          0.33         -1.00          0.00
          1.41         -3.00         -0.14          4.00

>> format
>> save datei A
>> clear
>> load datei
>> A
A =
    2.0000    0.3333   -1.0000    0.0001
    1.4142   -3.0000   -0.1429    4.0000
```

3.2 Die Matrizen werden mit dem dyadischen Produkt wie folgt aufgebaut, wobei die meisten MATLAB-Ausgaben aus Platzgründen durch ; unterdrückt wurden:

```
>> A1 = [4;3;2;1]*ones(1,4);
>> A2 = ones(4,1)*[1:4];
>> A3 = [1:5]'*[5:-1:1];
>> v = 2.^[0:5]
v =
     1     2     4     8    16    32
```

```
>> A4 = v'*v;
```

3.3 Die Gleichungssysteme (1.1) und (1.2) behandelt man wie folgt:

```
>> A1 = [3 6 0;2 4 -8;1 7 5];
>> b = [6;-12;17];
>> x = A1\b
x =
     0
     1
     2

>> A2 = [1 1 1;1 1 0;0 0 1];
>> b1 = [1;1;1]; b2 = [2;1;1];
>> x1 = A2\b1
Warning: Matrix is singular to working precision.
x1 =
   Inf
   Inf
   Inf

>> x2 = A2\b2
Warning: Matrix is singular to working precision.
x2 =
   Inf
   Inf
   Inf

>> rank(A2), null(A2)
ans =
     2
ans =
    0.7071
   -0.7071
    0.0000
```

3.4 Für reguläre Matrizen B ist $A := B^t \cdot B$ positiv definit. Schreibt man die normierten Eigenvektoren von A als Spalten in eine Matrix T, so wird A durch die Transformation $D = TAT^{-1}$ auf Diagonalgestalt transformiert, wobei auf der Diagonalen von D die Eigenwerte von A stehen. Speziell gilt sogar $T^{-1} = T^t$.

```
>> B = rand(3);
>> A = B'*B;
>> [EV,EW] = eig(A);
>> EV'*A*EV
ans =
    0.4614    0.0000    0.0000
```

```
    0.0000     0.0209     0.0000
    0.0000     0.0000     4.0275
```

3.5 Bezeichnet man die Einheitsmatrix mit E und den ersten Einheitsvektor mit $\mathbf{e}_1$, so wird durch die Matrix $Q = E - 2/(\mathbf{n}^t\mathbf{n})\mathbf{n}\mathbf{n}^t$ die Spiegelung an der Hyperebene $\mathcal{E} \ldots \{\mathbf{x} : \mathbf{n}^t\mathbf{x} = 0\}$ beschrieben. In der HOUSEHOLDER-Transformation wird der Normalenvektor $\mathbf{n}$ als $\mathbf{n} := \text{sign}(v_1)\|\mathbf{v}\|_2\mathbf{e}_1$ gesetzt.

```
>> dim = 3; v = rand(dim,1);
>> e1 = zeros(dim,1); e1(1) = 1;
>> n = v + sign(v(1))*norm(v,2)*e1;
>> Q = eye(dim) - 2/(n'*n)*n*n';
>> Q*v
ans =
   -0.8865
    0.0000
    0.0000

>> norm(v,2)
ans =
    0.8865
```

3.6 Um gerade Zahlen zu erzeugen, erzeugt man zunächst Zufallszahlen in $[-5,5)$, rundet diese und multipliziert dann mit 2:

```
>> A = 2*round(10*rand(5,6)-5)
A =
    -8    -6     0     4     6    -6
    -6   -10    -2     6     0    -6
    -6     4     6   -10     4     4
     2    -2     0     4    -2    -4
    -4     8    -6    -2    -4     0
```

3.7 Man verwendet $\text{rem}(\ldots,2)$, um mittels **find** die geraden und ungeraden Einträge des Vektors herauszufiltern. Diese werden getrennt mit **sort** sortiert und dann wieder zusammengesetzt:

```
>> dim = 10;
>> v = round(99*rand(1,dim))+1;
v =
    81    65    34    29    34    53    72    31    83    56

>> gerade = find(rem(v,2) == 0);
>> ungerade = find(rem(v,2) == 1);
>> v = [ sort(v(gerade)) , sort(v(ungerade)) ]
v =
    34    34    56    72    29    31    53    65    81    83
```

3.8 Man verwendet den Quantor `all`, um zu überprüfen, ob die geforderte Eigenschaft komponentenweise für alle Einträge des Testvektors erfüllt ist. Dabei ist aufgrund interner Rundungsfehler die Abfrage `==0` häufig numerisch nicht sinnvoll. Sie wird durch eine Abfrage der Form `abs(...) < c*eps` ersetzt. Dabei wird untersucht, ob der Betrag der Testgröße kleiner ist als eine kleine Konstante c multipliziert mit der Maschinengenauigkeit eps $\approx 2.22e - 16$.

```
>> dim = 1000;   i = sqrt(-1);
>> z = rand(1,dim) + i*rand(1,dim);
>> TEST = real(z) - 0.5*(z+conj(z));
>> all( TEST == 0 )
ans =
     1

>> TEST = imag(z) - 1/(2*i)*(z-conj(z));
>> all( TEST == 0 )
ans =
     1

>> TEST = abs(z) - sqrt(z.*conj(z));
>> all(TEST == 0)
ans =
     0

>> all( abs(TEST) < 10*eps )
ans =
     1

>> phi = rand(1,dim); n = 10;
>> TEST = (cos(phi)+i*sin(phi)).^n-cos(n*phi)-i*sin(n*phi);
>> all( TEST == 0 )
ans =
     0

>> all( abs(TEST) < 10*eps )
ans =
     0

>> all( abs(TEST) < 100*eps )
ans =
     1
```

3.9 Die HILBERT-Matrix läßt sich (ohne Verwendung des `hilb`-Befehls) so aufbauen:

```
>> n = 5;
>> HILF = [1:n]'*ones(1,n);
```

```
>> N = HILF + HILF' - 1;
>> H = ones(n)./N;
```

Man erhält beispielsweise folgende Konditionszahlen (bezüglich der 2-Norm): für $n = 3$ ist $\text{cond}(H) = 524.0568$, für $n = 5$ ist $\text{cond}(H) = 4.7661e + 05$ und für $n = 7$ ist bereits $\text{cond}(H) = 4.7537e + 08$.

3.10 Zur Konstruktion der VANDERMONDEschen Matrix wird eine Matrix B konstruiert, in deren Spalten jeweils **a** steht. Eine weitere Matrix E enthält komponentenweise die betreffenden Exponenten.

```
>> dim = 5; a = rand(1,dim)
a =
    0.6523    0.8716    0.8680    0.5298    0.9593

>> B = a(:)*ones(1,dim);
>> E = ones(dim,1)*[dim-1:-1:0];
>> V = B.^E
V =
    0.1811    0.2776    0.4255    0.6523    1.0000
    0.5770    0.6621    0.7596    0.8716    1.0000
    0.5676    0.6539    0.7534    0.8680    1.0000
    0.0788    0.1487    0.2807    0.5298    1.0000
    0.8469    0.8828    0.9203    0.9593    1.0000
```

3.11 Die Matrix M läßt sich (etwas trickreich) ohne Verwendung einer Schleife aufbauen. Dann läßt sich die zyklische Matrix leicht durch `C = a(M)` erstellen.

```
>> dim = 5; a = rand(1,dim)
a =
    0.5910    0.0233    0.1822    0.4675    0.6134

>> M = [1:dim]'*ones(1,dim) - ones(dim,1)*[0:dim-1]
M =
    1    0   -1   -2   -3
    2    1    0   -1   -2
    3    2    1    0   -1
    4    3    2    1    0
    5    4    3    2    1

>> ind = find(M <= 0);
>> M(ind) = M(ind) + dim
M =
    1    5    4    3    2
    2    1    5    4    3
    3    2    1    5    4
    4    3    2    1    5
    5    4    3    2    1
```

```
>> C = a(M)
C =
    0.5910    0.6134    0.4675    0.1822    0.0233
    0.0233    0.5910    0.6134    0.4675    0.1822
    0.1822    0.0233    0.5910    0.6134    0.4675
    0.4675    0.1822    0.0233    0.5910    0.6134
    0.6134    0.4675    0.1822    0.0233    0.5910
```

3.12 Wir erzeugen eine 4-zeilige Testmatrix aus Zufallszahlen in $[1, 10]$ und vergleichen die jeweilige Spaltensumme mit 10 bzw. 30.

```
>> n = 100000;
>> A = floor(10*rand(4,n))+1;
>> WK = sum( (sum(A)<10) + (sum(A)>30) )/n
WK =
    0.0843
```

Die gesuchte Wahrscheinlichkeit beträgt also ungefähr 8.5%.

3.14 Die Interpolationsbedingung $p(x_i) = f_i$ liefert das lineare Gleichungssystem

$$\begin{pmatrix} x_1^n & x_1^{n-1} & \cdots & x_1 & 1 \\ \vdots & \vdots & & \vdots & \vdots \\ x_n^n & x_n^{n-1} & \cdots & x_n & 1 \end{pmatrix} \cdot \begin{pmatrix} a_n \\ \vdots \\ a_0 \end{pmatrix} = \begin{pmatrix} f_1 \\ \vdots \\ f_0 \end{pmatrix}$$

Die Matrix des LGS ist die VANDERMONDEsche Matrix V aus Übung 3.10, die parallel aufgebaut werden kann.

```
>> n = 5;  x = rand(1,n+1);  f = rand(1,n+1);
>> B = x(:)*ones(1,n+1);
>> E = ones(n+1,1)*[n:-1:0];
>> V = B.^E;
>> a = V\f(:);
>> xplot = 0:0.01:1;
>> yplot = polyval(a,xplot);
>> plot(xplot,yplot, x,f,'*')
>> title('Polynomiale Interpolation')
```

Die Ausgabe des `plot`-Befehls ist in Abb. B.1 links abgedruckt.

3.15 Wählt man für die Hypozykloide beispielsweise $b = 5$ und $a = 1$, so erhält man 5 kongruente Bögen und Periode 10π. Das resultierende Bild findet man in Abb. B.1 rechts.

```
>> a = 1;  b = 5;
>> t = linspace(0,5*2*pi,500);
>> x = (b-a)*cos(t) + a*cos((b-a)*t/a);
>> y = (b-a)*sin(t) - a*sin((b-a)*t/a);
>> plot(x,y), title('Hypozykloide')
```

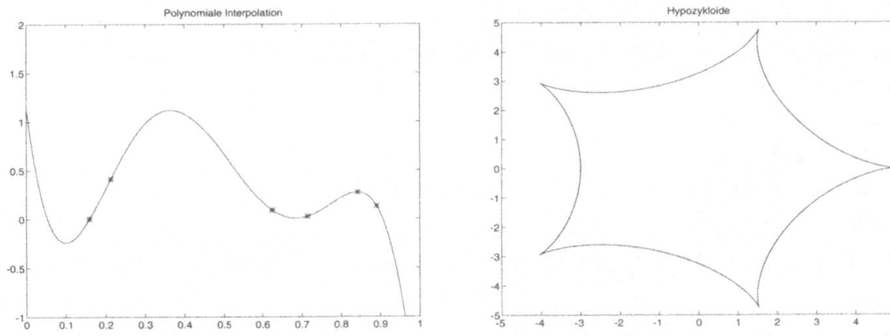

Abb. B.1. Polynomiale Interpolation und Hypozykloide

3.16 Wir stellen $z = f(x,y)$ als beleuchtete Fläche dar:

```
>> resolution = 0.05; v = -2:resolution:2;
>> [X,Y] = meshgrid(v,v);
>> R = sqrt(X.^2+Y.^2);
>> Z = exp(-R.^2);
>> surfl(Z), shading interp
```

Die Grafik ist hier nicht wiedergegeben.

3.17 Die Rotationsfläche hat die Parameterdarstellung

$$\mathbf{f}(z,\varphi) = \begin{pmatrix} p(z)\cos(\varphi) \\ p(z)\sin(\varphi) \\ z \end{pmatrix}, \quad (z,\varphi) \in [z_0, z_1] \times [0, 2\pi].$$

Für das Polynom $p(z) = z^3 - z$ erhält man:

```
>> p = [1,0,-1,0]; z0=-1.2; z1=1.2;
>> z = linspace(z0,z1,36);
>> phi = linspace(0,2*pi,36);
>> [Z,PHI] = meshgrid(z,phi);
>> VAL = polyval(p,Z);
>> X = VAL.*cos(PHI);
>> Y = VAL.*sin(PHI);
>> surfl(X,Y,Z), shading interp
```

3.18 Man benötigt eine Schleife, die jeweils eine neue Zeile der Matrix wie folgt berechnet: an den Vektor der untersten Zeile wird vorne bzw. hinten eine Null angehängt und beide resultierende Vektoren addiert. Somit lautet das Programm:

```
function A = PAS_DREI(n)
% function A = PAS_DREI(n)
% erzeugt das Pascal'sche Dreieck bis zum Exponenten n
```

```
% input:  n ... nat. Zahl
% output: A ... (n+1)x(n+1)-Matrix: Pascal'sches Dreiecks
A = 1;
for i = 2:n+1
  v = A(i-1,1:i-1);
  A = [ A zeros(i-1,1) ; [v 0]+[0 v] ];
end
```

Der Aufruf PAS_DREI(4) liefert dann genau die Matrix der Aufgabenstellung.

3.19 Das Kreuzprodukt der Vektoren **a** und **b** wird in der Form

$$\mathbf{c} := \mathbf{a} \times \mathbf{b} = \begin{pmatrix} a_2 b_3 - a_3 b_2 \\ a_3 b_1 - a_1 b_3 \\ a_1 b_2 - a_2 b_1 \end{pmatrix}$$

berechnet. Für die Spalten der Matrizen wird lediglich über $A(i,:)$ indiziert, und die Variante für die Matrizen A und B lautet somit:

```
function C = CROSS(A,B)
% Kreuzprodukt von Vektoren bzw. Matrixspalten
% input:  A, B ... zwei 3xn-Matrizen
% output: C ... 3xn-Matrix, Kreuzprod. von A(:,j) u. B(:,j)
[mA,nA] = size(A); [mB,nB] = size(B);
if mA==3 & mB==3 & nA==nB
  C = [ A(2,:).*B(3,:)-A(3,:).*B(2,:);...
        A(3,:).*B(1,:)-A(1,:).*B(3,:);...
        A(1,:).*B(2,:)-A(2,:).*B(1,:) ];
else
  disp('Error in CROSS: dimensions not correct!')
  C = [];
end
```

3.20 Das Programm ZAHL schreibt kann man rekursiv schreiben, indem man von n den Wert $b \cdot \lfloor n/b \rfloor$ abzieht und damit die nächste Ziffer bezüglich der neuen Basis b ausrechnet:

```
function c = ZAHL(n,basis);
% function c = ZAHL(n,basis);
% input:  n ... natuerliche Zahl (n >= 0)
%         basis ... Basis, in die n umgerechnet werden soll
% output: c ... neue Darstellung
if (0 <= n & n < basis)
  c = n;
else
  c = [ZAHL(floor(n/basis),basis), n-basis*floor(n/basis)];
end
```

Damit erhält man beispielsweise:

```
>> c = ZAHL(11,2)
c =
     1     0     1     1

>> c = ZAHL(11,3)
c =
     1     0     2
```

3.21 Mit dem folgenden Programm wird der fraktale Polygonzug berechnet:

```
function Q = FRACTAL(P,t,d,n)
% function Q = FRACTAL(P,t,d,n)
% input:  P ... Ecken eines Polygons
%         t ... Vektor von Zwischenpunkten
%         d ... Vektor von Hoehen an Zwischenpunkten
%         n ... Anzahl der Iterationen
% output: Q ... fractales Polygon
m = length(t);                   % Anzahl der Zwischenpunkte
k = length(P);                   % Anzahl der Pkte. des Polygons
for i = 1:n                      % Schleife ueber Iterationen
  k_neu = (k-1)*m + 1;           % neue Anz. Pkte. des Polygons
  P_neu = zeros(2,k_neu);
  for j = 1:k-1                  % Schleife ueber Segmente
    DIFF = P(:,j+1) - P(:,j);            % Differenz-Vektor
    ORTH = [ -DIFF(2) ; DIFF(1) ];       % Orthogonaler Vektor
    ind = (j-1)*m+1:j*m;         % Index im neuen Polygon
    P_neu(:,ind) = P(:,j)*ones(1,m) + DIFF*t + ORTH*d;
                                 % Punkte im neuen Polygon
  end
  P_neu(:,k_neu) = P(:,k);       % letzten Punkt uebernehmen
  k = k_neu; P = P_neu;          % Update
end
Q = P;
```

Möchte man die einzelnen Iterierten ausrechnen und wie in Abb. 3.7 einzeln grafisch darstellen, kann man folgendes Programm verwenden:

```
function Q = FRACPLOT(P,t,d,n)
% function Q = FRACPLOT(P,t,d,n)
% Ruft FRACTAL.m auf und plottet die einzelnen Iterierten
% Parameter wie bei fractal.m
plot(P(1,:),P(2,:)), axis equal
for i = 1:n
  disp('Taste druecken...'), pause
  P = FRACTAL(P,t,d,1);
  plot(P(1,:),P(2,:)), axis equal
end
```

```
Q = P;
```

Damit kann man Abb. 3.7 reproduzieren:

```
>> P = [0 0.5 1 0;0 sqrt(3)/2 0 0];  % Dreieck
>> t = [0 1/3 1/2 2/3 1]; d = [0 0 sqrt(3)/6 0 0];
>> FRACPLOT(P,t,d,5);  % Koch-Kurve
```

Für große Polygone P, d. h. bei vielen Iterationen, ist die Schleife über jedes Segment in MATLAB sehr zeitintensiv. Es gelingt jedoch, diese Schleife zu parallelisieren:

```
function Q = FRACTAL1(P,t,d,n)
% function Q = FRACTAL1(P,t,d,n)
% Input:  P ... Ecken eines Polygons
%         t ... Vektor von Zwischenpunkten
%         d ... Vektor von Hoehen an Zwischenpunkten
%         n ... Anzahl der Iterationen
% Output: Q ... fractales Polygon
m = length(t);
k = length(P);                      % Anzahl der Spalten
H = zeros(2*m,2);                   % Hilfsmatrix: m-mal die Ein-
H(1:2:2*m-1,1) = ones(m,1);        %   heitsmatrix untereinander
H(2:2:2*m,2) = ones(m,1);
T = [ t ; t ]; T = T(:);           % Werte verdoppeln fuer beide
D = [ d ; d ]; D = D(:);           %   Koordinaten
for i = 1:n                        % Schleife ueber Iterationen
  TT = T*ones(1,k-1);              % (2m,k-1)-Matrix mit t-Werten
  DD = D*ones(1,k-1);              % analog mit d-Werten
  DIFF = P(:,2:k)-P(:,1:k-1);      % Differenz-Vektoren
  ORTH = [ -DIFF(2,:) ; DIFF(1,:) ];   % Orthogonale Vektoren
  PP = H*P(:,1:k-1);              % (2m,k-1)-Matrix mit Punkten
  PP = PP + TT.*(H*DIFF) + DD.*(H*ORTH);% Displacement
  PP = [ PP(:) ; P(:,k) ];        % langer Spaltenvek. der Pkte.
  k = (k-1)*m + 1;                % neue Anzahl der Punkte
  P = zeros(2,k);
  P(:) = PP;                      % neues Polygon
end
Q = P;
```

3.22 Man verwendet eine Matrix Z mit den komplexen Zahlen des Gitters, in der die Iterierten z_ℓ gespeichert sind. Man berechnet eine Matrix W mit booleschen Einträgen, wobei ein Eintrag 0 bedeutet, daß das betreffende z_ℓ auch nach n Iterationen betragsmäßig kleiner als r blieb. Man beachte, daß die Iteration für großes r ($r \gg 1$) nur noch für diejenigen Indizes durchgeführt werden muß, für die alle bisherigen Folgenglieder betragsmäßig kleiner als r waren. Für die nach n Iterationen übriggebliebenen Indizes, für die alle Iterierten betragsmäßig unter der Schranke r blieben, wird dann der Wert in W auf 0 gesetzt. Folgendes Programm berechnet die Approximation der Mandelbrot-Menge:

```
function W = MANDEL(C,n,r)
% function W = MANDEL(C,n,r)
% Approximation der Mandelbrot-Menge
% input:  C ... Matrix von Gitterpunkten
%         n ... Anzahl der Iterationen
%         r ... Schranke
% output: W ... Boole'sche Matrix
[p,q] = size(C);
Z = 0*C;                       % Initialisierung
IND = logical(ones(1,p*q)); % noch zu betrachtende Indizes
for i = 1:n
  Z(IND) = Z(IND).*Z(IND) + C(IND);
  OVER = find(abs(Z) > r);  % Indizes der betragsmaessig zu
  IND(OVER) = 0*OVER;        % grossen Iterierten eliminieren
end
W = reshape(1-IND,p,q);
```

Mit dem folgenden Programm kann man die Mandelbrot-Menge darstellen:

```
function MANDPLOT(n,r,h)
% function MANDPLOT(n,r)
% Approximation der Mandelbrot-Menge
% Input: n ... Anzahl der Iterationen
%        r ... Schranke
%        h ... Aufloesung des Gitters
x = -2:h:1; y = -1.5:h:1.5;
[X,Y] = meshgrid(x,y);        % Gitter aufbauen
C = X+sqrt(-1)*Y;             % Startwerte
W = MANDEL(C,n,r);            % Iterationen durchfuehren
IND = find(W == 0);          % logische Matrix, 0 = gehoert zu M
x = real(C(IND)); y = imag(C(IND));
plot(x,y,'.')                % Ergebnis visualisieren
```

Beim Aufrufen wähle man die Schrittweite des Gitters zunächst klein, beispielsweise `MANDPLOT(40,100,0.02)`.

3.24 Auf der Kommadoebene muß durch `global counter, counter = 0;` die Variable `counter` global deklariert werden. Die Funktion lautet dann:

```
function GLOBTEST
global counter
counter = counter + 1;
```

B.3 Lösungen der Übungen zu Maple

5.1 Man gibt den Term ein, worauf Maple sofort einige Vereinfachungen vornimmt. Mit `simplify` kann man den Term zu 0 vereinfachen!

```
>  y := sin(x) - sin(3*x) - 2*cos(Pi/2+x)*cos(2*x);
```

$$y := \sin(x) - \sin(3\,x) + 2\sin(x)\cos(2\,x)$$

```
>  simplify(y);
```

$$0$$

5.2 Man verwendet `collect`, um geeignet auszuklammern:

```
>  p := a*t^2 + b*t - a + b*t^3 - 7*b*t^2 + 3*a*t + 5*b:
>  q := collect(p,t); # t ausklammern
```

$$q := b\,t^3 + (a - 7\,b)\,t^2 + (b + 3\,a)\,t - a + 5\,b$$

```
>  r := collect(p,a): # a ausklammern
>  s := collect(r,b); # noch b ausklammern
```

$$s := (-7\,t^2 + t + 5 + t^3)\,b + (t^2 + 3\,t - 1)\,a$$

5.3 Zuerst die Variante, bei der die Liste $[x, 2x, \ldots]$ erzeugt wird:

```
>  k := 5:    liste := [ i*x$i=1..k ];
```

$$\mathit{liste} := [x,\, 2\,x,\, 3\,x,\, 4\,x,\, 5\,x]$$

```
>  map(sin,liste);
```

$$[\sin(x),\, \sin(2\,x),\, \sin(3\,x),\, \sin(4\,x),\, \sin(5\,x)]$$

```
>  subs(x=phi, %);
```

$$[\sin(\phi),\, \sin(2\,\phi),\, \sin(3\,\phi),\, \sin(4\,\phi),\, \sin(5\,\phi)]$$

Und nun die zweite Variante:

```
>  [ sin(i*phi)$i=1..k ];
```

$$[\sin(\phi),\, \sin(2\,\phi),\, \sin(3\,\phi),\, \sin(4\,\phi),\, \sin(5\,\phi)]$$

5.5 Wir geben zuerst die Ebene und die Gerade ein:

```
>  E := x + 2*y + z = 0:
>  G := x=1-2*t, y=1, z=1+t:
```

Mit `solve` wird der Schnitt berechnet:

```
>  lsg := solve({E, G}, {x,y,z,t});
```

$$\mathit{lsg} := \{y = 1,\, z = 5,\, x = -7,\, t = 4\}$$

Also ist der Schnittpunkt $P = (-7, 1, 5)$. Wir führen noch eine Probe durch:

```
>  subs(lsg[1],lsg[2],lsg[3], E); # P in E einsetzen
```

$$0 = 0$$

5.6 Wegen $f(x) = \ln x$ treffen wir die Annahme $x > 0$ und definieren dann die Funktionen:

```
>  assume(x > 0);
>  f := x -> ln(x):
>  g := x -> sin(Pi*x):
```

Für den Schnitt von f und g rufen wir `solve` auf:

```
>  solve(f(x) = g(x));
```

$$\frac{\text{RootOf}(\_Z - e^{\sin(\_Z)}\,\pi)}{\pi}$$

Maple kann mit `allvalues` hier nur eine numerische Näherung ermitteln:

```
>  allvalues(%);
```

$$3.141592654\,\frac{1}{\pi}$$

```
>  evalf(%);
```

$$.9999999999$$

Um zu untersuchen, ob noch weitere Schnittpunkte möglich sind, zeichnen wir f und g sowie eine Vergrößerung des interessanten Bereichs (siehe Abb. B.2):

```
>  plot({f(x), g(x)}, x=0..4);
>  plot({f(x), g(x)}, x=2..3);
```

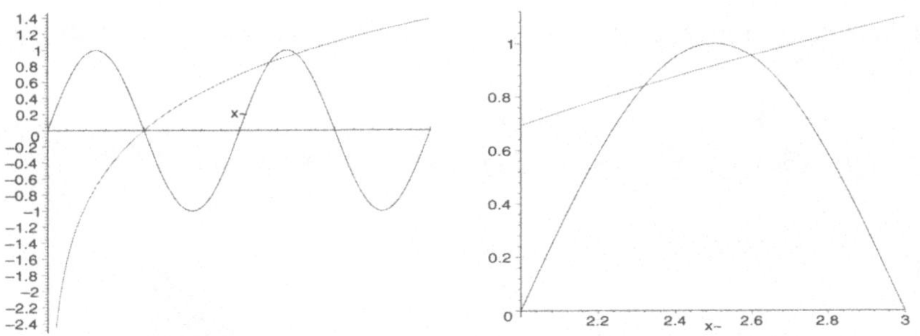

Abb. B.2. Schnitt von $f(x) = \ln x$ und $g(x) = \sin(\pi x)$

Nun können wir mit `fsolve` gezielt in Teilbereichen nach weiteren Schnittpunkten suchen:

```
>  fsolve(f(x) = g(x), x=2..2.5);
```

$$2.317811054$$

```
>  fsolve(f(x) = g(x), x=2.5..3);
```

$$2.596675543$$

5.8 Wir definieren die BERNSTEIN-Polynome:

```
>  B := (n,i,t) -> binomial(n,i)*t^i*(1-t)^(n-i):
```

Wir untersuchen $B_i^3(t)$:

```
>  seq(B(3,i,t), i=0..3);
```

$$(1 - t)^3,\ 3t\,(1 - t)^2,\ 3t^2\,(1 - t),\ t^3$$

Die Partition der Eins wird für $n = 3$ und für allgemeines n so nachgewiesen:

```
>   s := sum( B(3,i,t), i=0..3):
```

```
>  simplify(s);
```

$$1$$

```
>   s := sum( B(n,i,t), i=0..n);
```

$$s := (1 + \frac{t}{1 - t})^n\,(1 - t)^n$$

```
>  simplify(s);
```

$$(-\frac{1}{-1 + t})^n\,(1 - t)^n$$

Maple gelingt es jedoch nicht, diesen Term zu 1 zu vereinfachen. Wir zeichnen noch die BERNSTEIN-Polynome vom Grad $n = 3$ (siehe Abb. B.3 links):

```
>  plot({seq(B(3,i,t), i=0..3)}, t=0..1);
```

5.9 Wir definieren $f(x,y) := x^3 - 3y^2x$ und zeichnen mit Hilfe von `plot3d` (vgl. Abb. B.3 rechts):

```
>  f := (x,y) -> x^3 - 3*y^2*x:
```

```
>  plot3d(f(x,y), x=-3..3,y=-3..3,orientation=[54,76]);
```

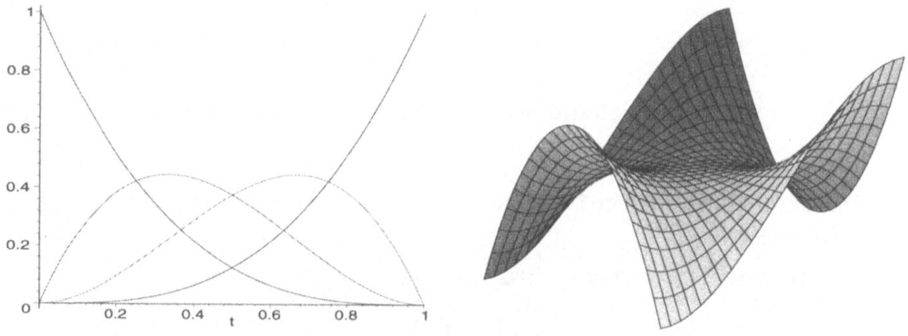

Abb. B.3. Die BERNSTEIN-Polynome $B_i^3(t)$ und der „Affensattel"

5.10 Wir parametrisieren die Rotationsfläche wie in Übung 3.17:

```
>  X := (z,phi) -> f(z)*cos(phi):
>  Y := (z,phi) -> f(z)*sin(phi):
```

Als Beispiel wählen wir $f(x) := x^3 - x$ und plotten:

```
>  f := x -> x^3 - x:
>  plot3d([X(z,phi),Y(z,phi),z], phi=0..2*Pi, z=-6/5..6/5);
```

Diese Maple-Grafik ist analog zum MATLAB-Bild in Abb. 3.6 (rechts).

5.11 Wir definieren die HILBERT-Matrix in Maple elegant über die Eigenschaft $H(i,j) = 1/(i+j-1)$ für allgemeines n:

```
>  with(linalg):
>  H := n -> matrix(n,n, (i,j) -> 1/(i+j-1) ):
```

Dann liefern die Aufrufe `H(3)` und `H(4)`:

```
>  H(3), H(4);
```

$$
\begin{bmatrix} 1 & \dfrac{1}{2} & \dfrac{1}{3} \\[2mm] \dfrac{1}{2} & \dfrac{1}{3} & \dfrac{1}{4} \\[2mm] \dfrac{1}{3} & \dfrac{1}{4} & \dfrac{1}{5} \end{bmatrix}, \quad
\begin{bmatrix} 1 & \dfrac{1}{2} & \dfrac{1}{3} & \dfrac{1}{4} \\[2mm] \dfrac{1}{2} & \dfrac{1}{3} & \dfrac{1}{4} & \dfrac{1}{5} \\[2mm] \dfrac{1}{3} & \dfrac{1}{4} & \dfrac{1}{5} & \dfrac{1}{6} \\[2mm] \dfrac{1}{4} & \dfrac{1}{5} & \dfrac{1}{6} & \dfrac{1}{7} \end{bmatrix}
$$

Für die Determinanten dieser Matrizen erhält man:

```
>  det( H(3) ), det( H(4) );
```

$$
\frac{1}{2160}, \quad \frac{1}{6048000}
$$

Invertiert man schließlich $H(3)$ und $H(4)$, erhält man ganzzahlige Matrizen:

```
>  inverse( H(3) ), inverse( H(4) );
```

$$
\begin{bmatrix} 9 & -36 & 30 \\ -36 & 192 & -180 \\ 30 & -180 & 180 \end{bmatrix}, \quad
\begin{bmatrix} 16 & -120 & 240 & -140 \\ -120 & 1200 & -2700 & 1680 \\ 240 & -2700 & 6480 & -4200 \\ -140 & 1680 & -4200 & 2800 \end{bmatrix}
$$

5.12 Wir geben das erste LGS ein und lösen es mit `linsolve`:

```
>  with(linalg):
>  A1 := matrix([[3,6,0],[2,4,-8],[1,7,5]]);
```

$$
A1 := \begin{bmatrix} 3 & 6 & 0 \\ 2 & 4 & -8 \\ 1 & 7 & 5 \end{bmatrix}
$$

```
>  b := vector([6,-12,17]):
>  x := linsolve(A1,b);
```
$$x := [0, 1, 2]$$

Für das zweite System hat die Matrix keinen vollen Rang und deshalb einen nicht-trivialen Kern:

```
>  A2 := matrix([[1,1,1],[1,1,0],[0,0,1]]);
```
$$A2 := \begin{bmatrix} 1 & 1 & 1 \\ 1 & 1 & 0 \\ 0 & 0 & 1 \end{bmatrix}$$

```
>  b1 := vector([1,1,1]):  b2 := vector([2,1,1]):
>  rank(A2), nullspace(A2);
```
$$2, \{[-1, 1, 0]\}$$

Das System $A_2\mathbf{x} = \mathbf{b}_1$ hat keine, $A_2\mathbf{x} = \mathbf{b}_2$ hingegen unendlich viele Lösungen:

```
>  x1 := linsolve(A2, b1);
```
$$x1 :=$$

```
>  x2 := linsolve(A2, b2);
```
$$x2 := [1 - {}\_t_1, {}\_t_1, 1]$$

5.13 Wir formulieren die Lösung zuerst allgemein, wozu wir die Vektoren $\mathbf{x}_i$ für Maple lediglich in ihrer Größe vorgeben:

```
>  with(linalg):
>  x1 := vector(4);
```
$$x1 := \mathrm{array}(1..4, [])$$

```
>  x2 := vector(4):  x3 := vector(4):
```

Wir bezeichnen die orthogonalisierten Vektoren mit $\mathbf{y}_i$:

```
>  y1 := x1/norm(x1,2):
>  y2 := x2 - dotprod(x2,y1)*y1:
>  y2 := y2/norm(y2,2):
>  y3 := x3 - dotprod(x3,y1)*y1 - dotprod(x3,y2)*y2:
>  y3 := y3/norm(y3,2):
```

Nun setzen wir speziell unsere Vektoren $\mathbf{x}_i$ ein:

```
>  x1 := vector([1,-2,0,2]):
>  x2 := vector([5,-5,2,6]):
>  x3 := vector([1,1,0,-1]):
```

Das Ergebnis lautet:

```
>  y1, simplify(evalm(y1));
```
$$\frac{1}{9}\,x1\,\sqrt{9},\ \left[\frac{1}{3}, \frac{-2}{3}, 0, \frac{2}{3}\right]$$

```
> y2, simplify(evalm(y2));
```

$$\frac{1}{9}\left(x2 - 3\,x1\right)\sqrt{9},\ \left[\frac{2}{3},\ \frac{1}{3},\ \frac{2}{3},\ 0\right]$$

```
> simplify(evalm(y3));
```

$$\left[\frac{2}{3},\ 0,\ \frac{-2}{3},\ \frac{-1}{3}\right]$$

5.14 Zuerst geben wir die drei Vektoren ein:

```
> with(linalg):
> v1 := vector([2,lambda,3]):
> v2 := vector([1,-1,2]):
> v3 := vector([-lambda,4,-3]):
```

Die Vektoren sind linear abhängig, wenn die Determinante der Matrix, in die man die Vektoren als Zeilen oder Spalten schreibt, Null ist:

```
> A := matrix([v1,v2,v3]);
```

$$A := \begin{bmatrix} 2 & \lambda & 3 \\ 1 & -1 & 2 \\ -\lambda & 4 & -3 \end{bmatrix}$$

```
> lsg := solve(det(A)=0, lambda);
```

$$lsg := 1,\ -1$$

Somit sind die Vektoren für $\lambda = \pm 1$ linear abhängig. Wir suchen für diese λ-Werte nach Koeffizienten a und b, so daß $a\mathbf{v}_1 + b\mathbf{v}_2 = \mathbf{v}_3$. Dazu wird ein lineares Gleichungssystem gelöst, zuerst für $\lambda = 1$:

```
> w1 := subs(lambda=lsg[1], evalm(v1));
```

$$w1 := [2,\ 1,\ 3]$$

```
> w3 := subs(lambda=lsg[1], evalm(v3));
```

$$w3 := [-1,\ 4,\ -3]$$

```
> B := transpose( matrix([w1,v2]) );
```

$$B := \begin{bmatrix} 2 & 1 \\ 1 & -1 \\ 3 & 2 \end{bmatrix}$$

```
> x := linsolve(B,w3);
```

$$x := [1,\ -3]$$

Also ist $a = 1$ und $b = -3$ für $\lambda = 1$. Wir gehen analog für $\lambda = -1$ vor und erhalten:

```
>  w1 := subs(lambda=lsg[2], evalm(v1)):
>  w3 := subs(lambda=lsg[2], evalm(v3)):
>  B  := transpose( matrix([w1,v2]) ):
>  x  := linsolve(B,w3);
```

$$x := [5, -9]$$

Wir wollen hier noch eine Probe durchführen:

```
>  evalm(x[1]*w1 + x[2]*v2 - w3);  # Probe
```

$$[0, 0, 0]$$

5.15 Wir bezeichnen die Aufpunkte von $\mathcal{G}_i$ mit $\mathbf{p}_i$ und die Richtungsvektoren mit $\mathbf{v}_i$:

```
>  with(linalg):
>  p1 := vector([3,2,-2]):   v1 := vector([1,2,1]):
>  p2 := vector([-1,-1,2]):  v2 := vector([4,-1,-2]):
```

Die Ebene $\mathcal{E}_1$ hat damit die Darstellung $\mathbf{p}_1 + \lambda\mathbf{v}_1 + \mu\mathbf{v}_2$, und $\mathcal{E}_2$ hat die Form $\langle \mathbf{v}_1, \mathbf{x} \rangle - d = 0$, wobei d durch Einsetzen von $\mathbf{p}_2$ bestimmt wird:

```
>  d := dotprod(v1,p2);
```

$$d := -1$$

```
>  x  := vector(3):
>  E2 := dotprod(v1,x) = d:
```

Zur Berechnung von $\mathcal{E}_1 \cap \mathcal{E}_2$ definieren wir $\mathbf{x}$ über die Parameterdarstellung von $\mathcal{E}_1$ und setzen in $\mathcal{E}_2$ ein:

```
>  x := vector(3, i -> p1[i]+lambda*v1[i]+mu*v2[i]);
```

$$x := [3 + \lambda + 4\mu,\ 2 + 2\lambda - \mu,\ -2 + \lambda - 2\mu]$$

```
>  lsg := solve(E2, {lambda,mu});
```

$$lsg := \{\mu = \mu,\ \lambda = \mathrm{RootOf}(6 + \overline{\_Z + 4\mu} + 2\,\overline{2\,\_Z - \mu} + \overline{\_Z - 2\mu})\}$$

```
>  assume(lambda, real); assume(mu, real);
>  lambda := allvalues(rhs(lsg[2]));
```

$$\lambda := -1$$

Somit ist für die Schnittgerade $\lambda = -1$ und μ beliebig, und man erhält:

```
>  G := p1 + lambda*v1 + mu*v2:
>  evalm(G);
```

$$[2 + 4\mu^{\sim},\ -\mu^{\sim},\ -3 - 2\mu^{\sim}]$$

Als Probe kann man die Schnittgerade noch in $\mathcal{E}_2$ einsetzen:

```
>  x := evalm(G):
>  E2;
```

$$-1 = -1$$

5.16 Wir geben zuerst die Punkte ein:
```
>  with(linalg):
>  p := vector([1,2,3]):    a := vector([1,3,2]):
>  b := vector([-2,1,-2]):  c := vector([5,-3,3]):
```
Der Normalenvektor der Ebene durch A, B, C steht senkrecht auf $\mathbf{b} - \mathbf{a}$ und $\mathbf{c} - \mathbf{a}$:
```
>  v1 := b-a:  v2 := c-a:
>  n := crossprod(v1,v2);  # Normale der Ebene
```
$$n := [-26, -13, 26]$$
Wir berechnen die HESSEsche Normalform (HNF) der Ebene:
```
>  n := evalm(n/norm(n,2));
```
$$n := \left[\frac{-2}{3}, \frac{-1}{3}, \frac{2}{3}\right]$$
```
>  d := dotprod(a,n);
```
$$d := \frac{-1}{3}$$
Wir erhalten den Abstand von P zur Ebene durch Einsetzen in die HNF:
```
>  dotprod(p,n) - d;   # Abstand von P zu E
```
$$1$$
Für den Lotfußpunkt schneidet man die Gerade $\mathbf{p} + \lambda\mathbf{n}$ mit der Ebene:
```
>  x := vector(3, i -> p[i] + lambda*n[i]);
```
$$x := \left[1 - \frac{2}{3}\lambda,\, 2 - \frac{1}{3}\lambda,\, 3 + \frac{2}{3}\lambda\right]$$
```
>  l := solve( dotprod(x,n)-d = 0, lambda );
```
$$l := -1$$
Somit erhält man für den Lotfußpunkt L:
```
>  L := subs(lambda=l, evalm(x));
```
$$L := \left[\frac{5}{3}, \frac{7}{3}, \frac{7}{3}\right]$$
Als Probe kann man L in die Ebene einsetzen:
```
>  dotprod(L,n) - d;
```
$$0$$

5.17 Wir geben f ein und berechnen die Ableitung f':
```
>  f := x -> x*(x-t)^2:
>  f1 := D(f);
```
$$f1 := x \rightarrow (x - t)^2 + 2\,x\,(x - t)$$

Gesucht ist eine Stelle b, so daß $f(b) = 4$ und $f'(b) = 0$:

```
> lsg := solve({f(b)=4, f1(b)=0}, {b,t});
```

$$lsg := \{b = 1, t = 3\},$$
$$\{b = \mathrm{RootOf}(\_Z^2 + \_Z + 1), t = 3\,\mathrm{RootOf}(\_Z^2 + \_Z + 1)\}$$

```
> allvalues(lsg[2]);
```

$$\{b = -\frac{1}{2} + \frac{1}{2}\,I\,\sqrt{3}, t = -\frac{3}{2} + \frac{3}{2}\,I\,\sqrt{3}\},$$
$$\{b = -\frac{1}{2} - \frac{1}{2}\,I\,\sqrt{3}, t = -\frac{3}{2} - \frac{3}{2}\,I\,\sqrt{3}\}$$

Da die zweite Lösung imaginär ist, erhalten wir $t = 3$.

5.18 Wir definieren die Funktion und berechnen ihre Ableitung:

```
> f := x -> 1 + (a-b*x)/x^3:
> f1 := D(f);
```

$$f1 := x \to -\frac{b}{x^3} - 3\,\frac{a - b\,x}{x^4}$$

Für die doppelte Nullstelle bei 1 muß $f(1) = f'(1) = 0$ gelten:

```
> lsg := solve({f(1),f1(1)}, {a,b});
```

$$lsg := \{b = 3, a = 2\}$$

Damit lautet unsere Funktion:

```
> g := x -> subs(lsg[1], lsg[2], f(x)):
> g(x);
```

$$1 + \frac{2 - 3\,x}{x^3}$$

Wir zeichnen die Funktion für $x > 0$ (siehe Abb. B.4 links):

```
> plot(g(x), x=0..10, y=0..6);
```

Wir bestimmen den Schnittpunkt mit $y = 1$:

```
> x0 := solve(g(x)=1);
```

$$x0 := \frac{2}{3}$$

Die Berechnung von A_c über ein Integral liefert:

```
> Ac := int(1-g(x), x=x0..c);
```

$$Ac := \frac{1}{4}\,\frac{4 - 12\,c + 9\,c^2}{c^2}$$

```
> limit(Ac, c=infinity);
```

$$\frac{9}{4}$$

5.19 Wir definieren die beiden Funktionen und zeichnen sie (vgl. Abb. B.4 rechts):

```
>  f := x -> 1 - (x-1)^2:
>  g := x -> x^3:
>  plot({f(x), g(x)}, x=-3..2, y=-10..5);
```

Wir berechnen die Schnittpunkte von f und g und berechnen die dazwischenliegende Fläche:

```
>  s := solve(f(x)=g(x));
```

$$s := 0, -2, 1$$

```
>  int(abs(f(x)-g(x)), x=-2..1);
```

$$\frac{37}{12}$$

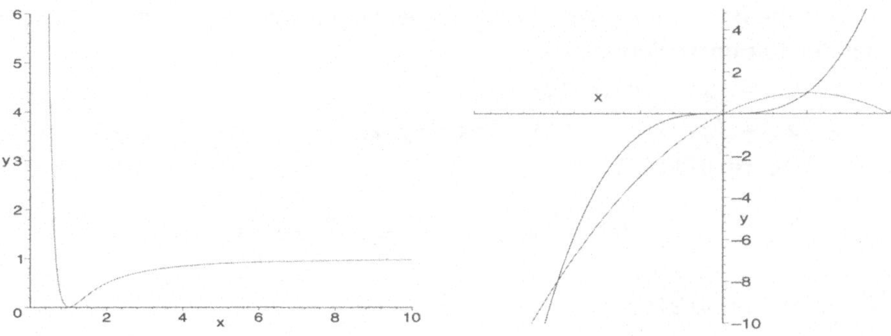

Abb. B.4. Die Funktionen aus Übung 18 und 19

5.20 Wir nehmen $R > 0$ an und berechnen das Volumen zuerst mit dem Schnittprinzip von CAVALIERI: schneidet man die Kugel mit Ebenen parallel zur xy-Ebene, ergeben sich Kreise mit Radius $R^2 - z^2$, und man erhält:

```
>  assume(R > 0);
>  V := int(Pi*(R^2-z^2), z=-R..R);
```

$$V := \frac{4}{3}\,\pi\,R^3$$

Alternativ kann man das Volumen auch über eine Parametrisierung der oberen Halbkugel mit Hilfe von Polarkoordinaten ausrechnen:

```
>  with(linalg):
>  z := (x,y) -> sqrt(R^2-x^2-y^2):
>  x := r*cos(phi):  y := r*sin(phi):
>  f := subs(x='X', y='Y', z(x,y)):
>  f := simplify(f);
```

$$f := \sqrt{R^2 - r^2}$$

Zur Substitution benötigt man noch die Determinante der JACOBI-Matrix der Transformation:

```
> J := jacobian( vector([x,y]), [r,phi] );
```

$$J := \begin{bmatrix} \cos(\phi) & -r\sin(\phi) \\ \sin(\phi) & r\cos(\phi) \end{bmatrix}$$

```
> d := simplify(det(J));
```

$$d := r$$

Nun können wir das Integral ansetzen und erhalten auch auf diesem Weg:

```
> V := 2*int( int(f*d, r=0..R), phi=0..2*pi);
```

$$V := \frac{4}{3}\,R^3\,\pi$$

Für die Berechnung der Oberfläche benötigen wir die partiellen Ableitungen der Parametrisierung:

```
> x := 'x':  y := 'y':
> z := (x,y) -> sqrt(R^2-x^2-y^2):
> Dx := D[1](z);
```

$$Dx := (x,\,y) \to -\frac{x}{\sqrt{R^2 - x^2 - y^2}}$$

```
> Dy := D[2](z);
```

$$Dy := (x,\,y) \to -\frac{y}{\sqrt{R^2 - x^2 - y^2}}$$

Der Integrand ist $\sqrt{1 + (\partial z/\partial x)^2 + (\partial z/\partial y)^2}$:

```
> f := sqrt(1 + Dx(x,y)^2 + Dy(x,y)^2):
> f := simplify(f);
```

$$f := R\,\sqrt{-\frac{1}{-R^2 + x^2 + y^2}}$$

Wir führen wieder Polarkoordinaten ein:

```
> x := r*cos(phi):  y := r*sin(phi):
> f := subs(x='X', y='Y', f):
> f := simplify(f);
```

$$f := R\,\sqrt{-\frac{1}{-R^2 + r^2}}$$

Nun kann man die Oberfläche ausrechnen und erhält:

```
> A := 2*int( int(f*r, r=0..R), phi=0..2*Pi);
```

$$A := 4\,R^2\,\pi$$

5.21 Um die Aufgabe elegant zu lösen, berechnet man die Tangentenfläche für eine allgemeine Kurve $c(t)$ und setzt erst später spezielle Werte ein:

```
> with(linalg):
> x := (t,v) -> c(t) + v*map(diff,c(t),t):
```

Wir zeichnen die Schraublinie:

```
> c := t -> vector([cos(t),sin(t),t]):
> plot3d(evalm(x(t,v)), t=0..4*Pi,v=0..2);
```

Nun erzeugen wir noch eine zweite Tangentenfläche:

```
> c := t -> vector([t,exp(t),sin(t)]):
> plot3d(evalm(x(t,v)), t=-Pi..Pi,v=-2..2,
     orientation=[-70,75]);
```

Die resultierenden Plots sind in Abb. B.5 dargestellt.

Abb. B.5. Zwei Tangentenflächen

5.22 Wir definieren f und berechnen die partiellen Ableitungen:

```
> f := (x,y) -> exp(y*sin(x)):
> fx := D[1](f);
```

$$\mathit{fx} := (x,\,y) \to y\cos(x)\,e^{(y\sin(x))}$$

```
> fy := D[2](f);
```

$$\mathit{fy} := (x,\,y) \to \sin(x)\,e^{(y\sin(x))}$$

```
> fxx := D[1$2](f);
```

$$\mathit{fxx} := (x,\,y) \to -y\sin(x)\,e^{(y\sin(x))} + y^2\cos(x)^2\,e^{(y\sin(x))}$$

```
> fxy := D[1,2](f);
```

$$\mathit{fxy} := (x,\,y) \to \cos(x)\,e^{(y\sin(x))} + \sin(x)\,y\cos(x)\,e^{(y\sin(x))}$$

```
> fyy := D[2$2](f);
```

$$\mathit{fyy} := (x,\,y) \to \sin(x)^2\,e^{(y\sin(x))}$$

Analog werden auch die Ableitungen dritter Ordnung mit

```
D[1$3](f), D[1$2,2](f), D[1,2$2](f), D[2$3](f)
```

berechnet.

Die JACOBI-Matrix von **g** berechnet man wie folgt:

```
> with(linalg):
> g := (x,y) -> vector([x*y,2*x,exp(x)*y-ln(2+sin(x))]):
> DG := jacobian( g(x,y), [x,y]);
```

$$DG := \begin{bmatrix} y & x \\ 2 & 0 \\ e^x\,y - \dfrac{\cos(x)}{2+\sin(x)} & e^x \end{bmatrix}$$

5.23 Wir nehmen an, daß alle Kanten > 0 sind, und definieren das Volumen $V := abc$ und die Oberfläche $A := 2(ab + ac + bc)$ des Quaders:

```
> assume(a>0, b>0, c>0, vol>0);
> V := a*b*c:
> A := 2*(a*b + a*c + b*c):
```

Wir minimieren A unter der Nebenbedingung $V = vol$ und stellen dazu die LAGRANGE-Funktion L auf:

```
> L := A + lambda*(V-vol);
```

$$L := 2\,a\,b + 2\,a\,c + 2\,b\,c + \lambda\,(a\,b\,c - vol)$$

Wir müssen L partiell nach a, b, c, λ differenzieren und alle partiellen Ableitungen Null setzen:

```
> L1 := diff(L,a):  L2 := diff(L,b):
> L3 := diff(L,c):  L4 := diff(L,lambda):
> lsg := solve({L1,L2,L3,L4}, {a,b,c,lambda});
```

$$lsg := \{c = \%1,\ \lambda = -4\,\frac{\%1^2}{vol},\ a = \%1,\ b = \%1\}$$

$$\%1 := \mathrm{RootOf}(\_Z^3 - vol)$$

Wir lösen den `RootOf`-Ausdruck auf:

```
> lsg := allvalues(lsg);
```

$$lsg := \{c = vol^{(1/3)},\ \lambda = -4\,\frac{1}{vol^{(1/3)}},\ a = vol^{(1/3)},\ b = vol^{(1/3)}\},$$

$$\{c = \%3,\ \lambda = -4\,\frac{\%3^2}{vol},\ a = \%3,\ b = \%3\},$$

$$\{c = \%2,\ \lambda = -4\,\frac{\%2^2}{vol},\ a = \%2,\ b = \%2\}$$

$$\%1 := I\,\sqrt{3}\,vol^{(1/3)},\quad \%2 := -\frac{1}{2}\,vol^{(1/3)} - \frac{1}{2}\,\%1,$$

$$\%3 := -\frac{1}{2}\,vol^{(1/3)} + \frac{1}{2}\,\%1$$

Nur die erste Lösung liefert reelle Kantenlängen, und man erhält $a = b = c = vol^{(1/3)}$, also einen Würfel. Dies liefert ein Minimum, da es sonst keine kritischen Punkte gibt und weil A beliebig wächst, wenn eine der Kanten sehr groß oder sehr klein wird. (Geht beispielsweise a gegen 0, wird $b \cdot c = 1/a$ groß, somit ist auch A groß.) Im Minimum hat man folgende Oberfläche A:

```
> subs(lsg[1], A);
```

$$6\, vol^{(2/3)}$$

5.24 Wir geben DGL und Anfangsbedingung ein und lösen mit `dsolve`:

```
> dgl := D(v)(t) = g - c*v(t)^2:
> ini := v(0) = 0:
> lsg := dsolve({dgl,ini}, v(t));
```

$$lsg := \mathrm{v}(t) = \frac{\mathrm{RootOf}(t\,\sqrt{g\,c} - \mathrm{arctanh}(\_Z))\,\sqrt{g\,c}}{c}$$

```
> lsg := allvalues(lsg);
```

$$lsg := \mathrm{v}(t) = \frac{\tanh(t\,\sqrt{g\,c})\,\sqrt{g\,c}}{c}$$

Wir weisen die Lösung mit `unapply` der Funktion $V(t)$ zu:

```
> V := unapply(rhs(lsg), t):
```

Unter der Annahme $c > 0$, $g > 0$ wollen wir untersuchen, ob die Geschwindigkeit beim freien Fall gegen eine Endgeschwindigkeit konvergiert:

```
> assume(c>0, g>0);
> limit(V(t), t=infinity);
```

$$\frac{\sqrt{g^{\sim}\,c^{\sim}}}{c^{\sim}}$$

Abschließend wird die Lösung gezeichnet, wobei wir für g die Erdbeschleunigung und für c unterschiedliche Luftwiderstandswerte einsetzen:

```
> g := 9.81: c := 0.29:
> plot( V(t), t=0..5);
> c := 0.8: plot( V(t), t=0..5);
```

Für die resultierenden Plots vergleiche man Abb. B.6. Man sieht, daß die Geschwindigkeit von c abhängig ist und gegen eine obere Grenze konvergiert.

5.25 Wir geben zuerst die Funktionen g_i ein und formulieren damit die Differentialgleichungen:

```
> with(DEtools):
> g1 := x -> x/(a1+b1*x):  g2 := x -> x/(a2+b2*x):
> dgl_x := D(x)(t) = r*(1-x(t))-y(t)*g1(x(t)):
> dgl_y := D(y)(t) = -r*y(t) + y(t)*g1(x(t))
                     -(1-x(t)-y(t))*g2(y(t)):
```

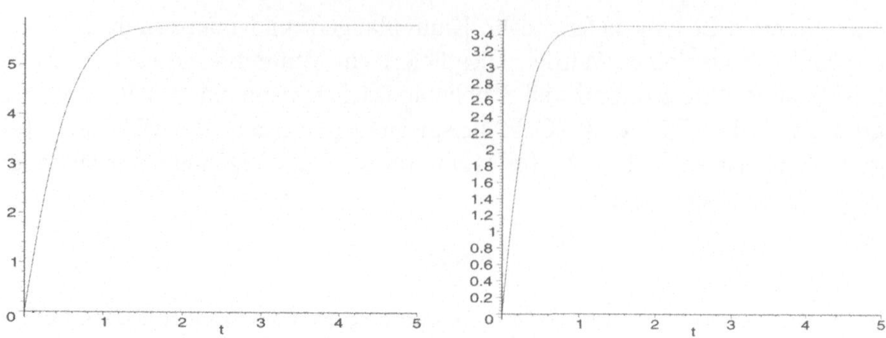

Abb. B.6. Geschwindigkeit beim freien Fall

Maple berechnet zwar mit **dsolve** ein Ergebnis, das aber keine explizite Lösung der DGL darstellt und deshalb auch nicht abgedruckt wird. Wir setzen die Werte für r, a_1, b_1, a_2 und b_2 fest und vereinfachen die DGL:

```
>   r:=3/10:   a1:=1/10:   b1:=1:   a2:=1/2:   b2:=1/2:
>   simplify(dgl_x);
```

$$D(x)(t) = -\frac{1}{10}\,\frac{-3 - 27\,x(t) + 30\,x(t)^2 + 100\,y(t)\,x(t)}{1 + 10\,x(t)}$$

```
>   simplify(dgl_y);
```

$$D(y)(t) = \frac{1}{10}\,\frac{y(t)\,(-23 + 17\,y(t) - 110\,x(t) + 270\,y(t)\,x(t) + 200\,x(t)^2)}{(1 + 10\,x(t))\,(1 + y(t))}$$

Wir geben die Anfangsbedingung ein und untersuchen, ob Maple eine Lösung berechnen kann:

```
>   ini := x(0)=1/2, y(0)=1/10:
>   lsg := dsolve({dgl_x,dgl_y,ini},{x(t),y(t)});
```

$$lsg :=$$

Da Maple keine Lösung findet, wird die numerische Approximation der Lösung mit der Funktion **DEplot** gezeichnet, und man erhält einen Grenzzyklus (siehe Abb. B.7):

```
>   DEplot({dgl_x,dgl_y},[x(t),y(t)], t=0..100, {[ini]},
        x=0..4/5, y=0..3/5, stepsize=0.05);
```

5.26 Wir definieren das LORENZ-Übystem:

```
>   with(DEtools):
>   dgl_u := D(u)(t) = -10*u(t) + 10*v(t):
>   dgl_v := D(v)(t) = -u(t)*w(t) + 28*u(t) - v(t):
>   dgl_w := D(w)(t) = u(t)*v(t) - 8/3*w(t):
>   ini := u(0)=1, v(0)=1, w(0)=1:
```

Mit **DEplot3d**, das analog zu **DEplot** aufgerufen wird, erhalten wir die in Abb. 5.18 dargestellte Figur:

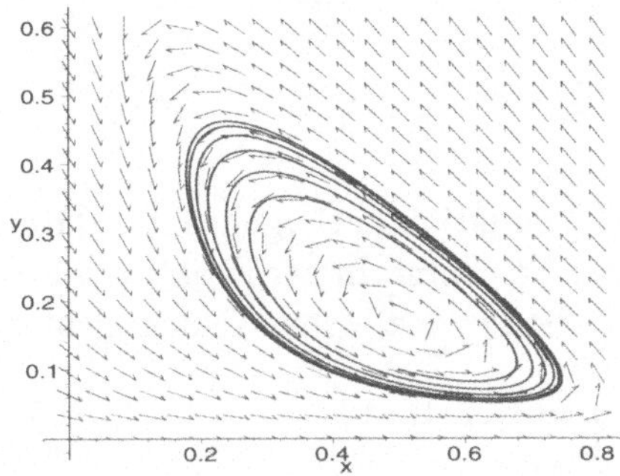

Abb. B.7. Grenzzyklus beim Räuber-Beute-Modell

```
>  DEplot3d({dgl_u,dgl_v,dgl_w },[u(t),v(t),w(t)], t=0..30,
      {[ini]}, stepsize=0.01, orientation=[-56,62]);
```

5.27 Wir schreiben im Editor eine Datei FAKULTAT.map, die beide Funktionen enthält:

```
fac1 := proc(n::posint) # Iterative Berechnung von n!
  local f, i;           # lokale Variablen
  f := 1:               # Initialisierung
  for i to n do
    f := f*i:           # Iteration
  od:
end:


fac2 := proc(n::posint) # Rekursive Berechnung von n!
  if n = 1 then 1:      # Rekursionsabbruch
  else n*fac2(n-1):     # Rekursionsaufruf
  fi:
end:
```

Nun wird die Datei und somit beide Funktionen geladen:

```
>  read 'FAKULTAT.map':
```

Wir zeigen die Wirkung jeweils anhand von 10! sowie einer Fehleingabe:

```
>  fac1(10);
```

$$3628800$$

```
>  fac1(-3);
```

```
Error, fac1 expects its 1st argument, n, to be of type posint, but
received -3
```

```
>  fac2(10);
```

$$3628800$$

```
> fac2(I);
```

```
Error, fac2 expects its 1st argument, n, to be of type posint, but
received (-1)^(1/2)
```

5.28 Wir schreiben die Funktion `orthogonalize`, die eine Liste von Vektoren als Übergabeparameter bekommt. In der Funktion wird dann (5.3) durch eine **for**-Schleife realisiert, die für den ersten Vektor nicht durchlaufen wird.

```
orthogonalize := proc(A::list)
  local n, i, k, B, v:
  n := nops(A):          # Anzahl der Vektoren
  B := [];               # Start mit leerer Liste
  for i to n do
    v := A[i]:           # i-ter Vektor aus A
    for k to i-1 do      # Orthogonalisierung
      v := v - dotprod(v,B[k])*B[k]:
    od:
    B := [ op(B), v/norm(v,2) ]: # Normierung
  od:
end:
```

Wir laden die Funktion und testen ihre Funktionalität anhand der Vektoren aus Übung 5.13:

```
> with(linalg):  read 'ORTHOGON.map';
> A := [[1,-2,0,2],[5,-5,2,6],[1,1,0,-1]]:
> B := orthogonalize(A);
```

$$B := [[\frac{1}{3}, \frac{-2}{3}, 0, \frac{2}{3}], [\frac{2}{3}, \frac{1}{3}, \frac{2}{3}, 0], [\frac{2}{3}, 0, \frac{-2}{3}, \frac{-1}{3}]]$$

Wir testen noch die Korrektheit von unserem Ergebnis. Dazu wird die Norm und das Skalarprodukt zwischen den neu berechneten Vektoren untersucht:

```
> norm(B[1],2), norm(B[2],2), norm(B[3],2);
```

$$1, 1, 1$$

```
> dotprod(B[1],B[2]),dotprod(B[1],B[3]),dotprod(B[2],B[3]);
```

$$0, 0, 0$$

5.29 Anhand des Hinweises aus der Aufgabenstellung programmiert man die Funktion so, daß in jedem Schleifendurchlauf genau die komplexen Zahlen des vorigen Durchlaufs genommen und ihre beiden Urbilder berechnet werden. Wir laden die Funktion und geben Sie mit **print** in Maple aus:

```
> read 'JULIA.map':
> print(julia);
```

```
proc(c, anz)
  local j, k, z, Z, Z_VEC, RT, IT, n;
```

$z := [1 + 1/2 \times \mathrm{sqrt}(1 + 4 \times c),\, 1 - 1/2 \times \mathrm{sqrt}(1 + 4 \times c)]\,;$

if $1 < \mathrm{evalf}(2 \times \mathrm{abs}(z_1))$ **then** $Z := z_1$ **fi** ;

if $1 < \mathrm{evalf}(2 \times \mathrm{abs}(z_2))$ **then** $Z := z_2$ **fi** ;

$Z\_VEC := \mathrm{array}(1..2^{anz} - 1,\, 1..2)\,;$

$Z\_VEC_{1,1} := \mathrm{evalf}(\Re(Z))\,;$

$Z\_VEC_{1,2} := \mathrm{evalf}(\Im(Z))\,;$

$n := 2\,;$

for k **to** $anz - 1$ **do for** j **from** $2^{(k-1)}$ **to** $2^k - 1$ **do**

$\quad Z := Z\_VEC_{j,1} + I \times Z\_VEC_{j,2}\,;$

$\quad Z := \mathrm{sqrt}(Z + c)\,;$

$\quad Z\_VEC_{n,1} := \Re(Z)\,;$

$\quad Z\_VEC_{n,2} := \Im(Z)\,;$

$\quad Z\_VEC_{n+1,1} := \Re(-Z)\,;$

$\quad Z\_VEC_{n+1,2} := \Im(-Z)\,;$

$\quad n := n + 2$

$\quad$ **od**

od;

$Z := \mathrm{convert}(Z\_VEC,\, \textit{listlist})\,;$

$\mathrm{plot}(Z,\, \textit{style} = \textit{point},\, \textit{symbol} = POINT,\, \textit{scaling} = \textit{constrained},$

$\quad \textit{axes} = BOXED)$

end

Die beiden folgenden Aufrufe erzeugen Abb. 5.19, (wobei dort mehr Punkte berechnet wurden):

```
>  julia(1,9);
>  julia(I,9);
```

C. Befehlsübersicht

In den folgenden Abschnitten werden die wichtigsten Befehle von LaTeX, MATLAB und Maple tabellarisch zusammengestellt und kurz erläutert. Diese Nachschlagehilfe soll der schnellen Orientierung dienen. Für eine vollständige Befehlsübersicht muß jedoch auf das Referenzhandbuch oder auf die Online-Hilfesysteme in MATLAB und Maple verwiesen werden.

C.1 LaTeX-Befehlsübersicht

Tabelle C.1: LaTeX-Befehlsübersicht

Befehl	Bedeutung
$	Umschalten in math. Modus (Textformel)
$$	Umschalten in math. Modus (abgesetzte Formel)
%	Kommentar bis zum Ende der Zeile
\$	erzeugen von $
[ ]	Mathematik: erzeugen von [ ]
\[\]	Umschalten in math. Modus (abgesetzte Formel)
{ }	Umgebung erzeugen
\{ \}	erzeugen von { }
\\	Zeilen trennen
\"	Erzeugung deutscher Umlaute: \"a = ä
^	Mathematik: Hochstellung in Formeln
_	Mathematik: Tiefstellung in Formeln
~	geschützter Wortzwischenraum
\addtolength	Maß erhöhen
\alpha	Mathematik: erzeugen von α
\approx	Mathematik: erzeugen von $\approx$

Fortsetzung auf der nächsten Seite

Tabelle C.1:LaTeX-Befehlsübersicht, Fortsetzung

Befehl	Bedeutung
\arctan	Mathematik: erzeugen von arctan
array	Mathematik: Umgebung für Felder und Matrizen
\begin{...}	Beginn einer Umgebung
\beta	Mathematik: erzeugen von β
\caption	Überschrift in figure-Umgebung
\cdots	Mathematik: erzeugen von $\cdots$
center	Umgebung für zentrierten Text
\centerline	einzelne Zeile zentrieren
\chapter	Gliederung: Kapitel
\cos	Mathematik: erzeugen von cos
\documentclass	Begin eine LaTeX-Documents
\ddots	Mathematik: erzeugen von $\ddots$
description	Umgebung für Aufzählungen
displaymath	Umgebung für abgesetzte Formeln
document	Umgebung für den Textteil des LaTeX-Documents
\em	umschalten auf *hervorgehobene* Schrift
\emptyset	Mathematik: erzeugen von $\emptyset$
\end{...}	Ende einer Umgebung
enumerate	Umgebung für Aufzählungen
\epsfig	EPS-Bild einbinden
equation	Umgebung für numerierte Formeln
\equiv	Mathematik: erzeugen von $\equiv$
\exists	Mathematik: erzeugen von $\exists$
\exp	Mathematik: erzeugen von exp
\fbox	gerahmten Text erzeugen
figure	Gleitumgebung für Bilder
flushleft	Umgebung für linksbündigen Text
flushright	Umgebung für rechtsbündigen Text
\footnotesize	Umschalten auf andere Schriftgröße
\forall	Mathematik: erzeugen von $\forall$
\frac	Mathematik: erzeugen eines Bruchs
\Gamma	Mathematik: erzeugen von Γ
\gamma	Mathematik: erzeugen von γ

Fortsetzung auf der nächsten Seite

Tabelle C.1:LaTeX-Befehlsübersicht, Fortsetzung

Befehl	Bedeutung
`\geq`	Mathematik: erzeugen von $\geq$
`\gg`	Mathematik: erzeugen von $\gg$
`\Huge`	Umschalten auf andere Schriftgröße
`\huge`	Umschalten auf andere Schriftgröße
`\Im`	Mathematik: erzeugen von $\Im$
`\in`	Mathematik: erzeugen von $\in$
`\infty`	Mathematik: erzeugen von ∞
`\int`	Mathematik: erzeugen von $\int$
`itemize`	Umgebung für Aufzählungen
`\label`	unsichtbare Markierung setzen
`\lambda`	Mathematik: erzeugen von λ
`\LARGE`	Umschalten auf andere Schriftgröße
`\Large`	Umschalten auf andere Schriftgröße
`\large`	Umschalten auf andere Schriftgröße
`\ldots`	erzeugen von ...
`\left`	Mathematik: erzeugen von (in variabler Größe
`\leftarrow`	Mathematik: erzeugen von $\leftarrow$
`\leq`	Mathematik: erzeugen von $\leq$
`\lim`	Mathematik: erzeugen von lim
`\ll`	Mathematik: erzeugen von $\ll$
`\log`	Mathematik: erzeugen von log
`\mathbb`	Mathematik: *Blackboard*-Symbole wie $\mathbb{N}$
`\max`	Mathematik: erzeugen von max
`\mbox`	Box erzeugen
`minipage`	Umgebung für Teilseiten
`\mu`	Mathematik: erzeugen von μ
`\neg`	Mathematik: erzeugen von $\neg$
`\neq`	Mathematik: erzeugen von $\neq$
`\newcommand`	eigene Befehle und Makros definieren
`\newcounter`	neuen Zähler definieren
`\newenvironment`	eigene Umgebungen definieren
`\newtheorem`	neue Struktur für Lehrsätze, etc.
`\ni`	Mathematik: erzeugen von $\ni$

Fortsetzung auf der nächsten Seite

Tabelle C.1:LaTeX-Befehlsübersicht, Fortsetzung

Befehl	Bedeutung
\normalsize	Umschalten auf andere Schriftgröße
\oddsidemargin	Maßzahl für den linken Rand
\Omega	Mathematik: erzeugen von Ω
\pageref	Seitenbezug auf eine Markierung
\par	neuen Absatz beginnen (Wirkung wie Leerzeile)
\parallel	Mathematik: erzeugen von $\parallel$
\parindent	Maßzahl für den Absatzeinzug
\partial	Mathematik: erzeugen von ∂
\Phi	Mathematik: erzeugen von Φ
\pi	Mathematik: erzeugen von π
\pm	Mathematik: erzeugen von $\pm$
pmatrix	Mathematik: Umgebung für Matrizen
\Re	Mathematik: erzeugen von $\Re$
\ref	Bezug auf eine Markierung
\right	Mathematik: erzeugen von) in variabler Größe
\Rightarrow	Mathematik: erzeugen von $\Rightarrow$
\scriptsize	Umschalten auf andere Schriftgröße
\section	Gliederung: Abschnitt
\setcounter	Zählerstand neu setzen
\sin	Mathematik: erzeugen von sin
\small	Umschalten auf andere Schriftgröße
\sqrt	Mathematik: erzeugen von $\sqrt{}$
\stepcounter	Zählerstand um 1 erhöhen
\subsection	Gliederung: Unterabschnitt
\subset	Mathematik: erzeugen von $\subset$
\subsubsection	Gliederung: Unter-Unterabschnitt
\sum	Mathematik: erzeugen von $\sum$
\supset	Mathematik: erzeugen von $\supset$
\tableofcontents	Inhaltsverzeichnis einfügen
tabular	Umgebung zur Erstellung von Tabellen
\text	Mathematik: Einfügen von Text in Formeln
\textbf	Umschalten auf **Boldface**
\textheight	Maßzahl für die Texthöhe auf der Seite

Fortsetzung auf der nächsten Seite

Tabelle C.1:LaTeX-Befehlsübersicht, Fortsetzung

Befehl	Bedeutung
\textit	Umschalten auf *Italic*
\textrm	Umschalten auf Roman
\textsc	Umschalten auf SmallCaps
\textsf	Umschalten auf SansSerif
\textsl	Umschalten auf *Slanted*
\textwidth	Maßzahl für die Textbreite auf der Seite
\tiny	Umschalten auf andere Schriftgröße
\to	Mathematik: erzeugen von $\to$
\topmargin	Maßzahl für den oberen Rand
\usepackage	Erweiterungspaket einbinden
\vdots	Mathematik: erzeugen von $\vdots$
\xi	Mathematik: erzeugen von ξ

C.2 MATLAB-Befehlsübersicht

Tabelle C.2: MATLAB-Befehlsübersicht

Befehl	Bedeutung
&, |, ~	logische Operatoren: und, oder, Negation
'	transponieren einer Matrix ($A' = \overline{A}^t$)
( )	Indizierung von Matrizen
+, -, *, /, ^	arithmetische Operatoren
.*, ./, .\, .^	komponentenweise Operatoren
:	Aufzählungsoperator, Indizierung
;	Unterdrückung der Ausgabe
<, <=, >, >=	Vergleichsoperatoren (größer, kleiner)
=	Zuweisungsoperator
==, ~=	Vergleichsoperatoren (gleich, ungleich)
[ ]	Erzeugung von Matrizen
\	lineare Gleichungssysteme lösen
abs	komponentenweiser Betrag einer Matrix
all	Quantor „$\forall$" für logische Abfragen

Fortsetzung auf der nächsten Seite

Tabelle C.2: MATLAB-Befehlsübersicht, Fortsetzung

Befehl	Bedeutung
angle	Winkel komplexer Zahlen
any	Quantor „∃" für logische Abfragen
axis	Grafik: Achsen skalieren
break	Aussprung aus innerster Schleife
ceil	komponentenweise nach oben runden
clear	Variablen aus Arbeitsspeicher löschen
colormap	Grafik: Farben setzen
conj	komplexe Zahlen konjugieren
contour	Grafik: Höhenlinien zeichnen
conv	Polynome: Multiplikation von Polynomen
cumprod	spaltenweise kumuliertes Produkt einer Matrix
cumsum	spaltenweise kumulierte Summe einer Matrix
deconv	Polynome: Division von Polynomen
demo	interaktive Online-Einführung
det	Determinante einer Matrix
diag	Diagonale einer Matrix, Diagonalmatrizen erzeugen
diff	Differenz zwischen den Zeilen einer Matrix
disp	Text am Bildschirm ausgeben
eig	Eigenwerte, Eigenvektoren einer Matrix berechnen
end	letzte Komponente bei der Indizierung
eye	Einheitsmatrix erzeugen
fclose	Datei schließen
feval	String als Funktionsname auswerten
find	Einträge in Matrizen suchen
fix	komponentenweise Nachkommastellen abschneiden
fliplr	Spalten einer Matrix von links nach rechts tauschen
flipud	Zeilen einer Matrix von unten nach oben tauschen
floor	komponentenweise nach unten runden
fopen	Datei öffnen
for	Konstruktion von Schleifen
format	Ausgabeformat setzen
fprintf	formatierte Ausgabe in eine Datei
function	Schlüsselwort am Anfang einer Funktion

Fortsetzung auf der nächsten Seite

Tabelle C.2: MATLAB-Befehlsübersicht, Fortsetzung

Befehl	Bedeutung
`fwrite`	Daten in eine Datei schreiben
`global`	Variablen global deklarieren
`grid`	Grafik: Gitterlinien zeichnen
`help`	Hilfesystem aufrufen
`helpdesk`	HTML-Hilfesystem aufrufen
`helpwin`	MATLAB-Hilfefenster öffnen
`hold`	Grafik: mehrere Zeichnungen in ein Bild setzen
`i, j, I, J`	vordefiniert als $\sqrt{-1}$
`if`	Konstruktion von Verzweigungen
`imag`	Imaginärteil von komplexen Zahlen
`input`	interaktive Eingabe von Daten
`inv`	Matrix invertieren
`length`	Länge eines Vektors
`linspace`	linear unterteilten Vektor erzeugen
`load`	Daten aus Datei laden
`logical`	booleschen Vektor erzeugen
`logspace`	logarithmisch unterteilten Vektor erzeugen
`magic`	Matrix mit magischem Quadrat aufstellen
`max`	Maximum komponenten- bzw. spaltenweise berechnen
`mean`	arithmetisches Mittel
`median`	mittlerer Wert
`mesh`	Grafik: Liniennetz zeichnen
`meshc`	Grafik: Liniennetz mit Höhenlinien zeichnen
`meshgrid`	Grafik: Gitter zur Auswertung erstellen
`min`	Minimum komponenten- bzw. spaltenweise berechnen
`nargin`	Anzahl der übergebenen Eingabeparameter
`nargout`	Anzahl der übergebenen Ausgabeparameter
`null`	Kern einer Matrix
`ones`	Matrix aus Einsen erzeugen
`pause`	Berechnung anhalten, bis eine Tasten gedrückt wird
`plot`	Grafik: 2D-Grafiken erstellen
`poly`	Polynome: Polynom über seine Nullstellen aufbauen
`polyval`	Polynome: Polynom auswerten

Fortsetzung auf der nächsten Seite

Tabelle C.2: MATLAB-Befehlsübersicht, Fortsetzung

Befehl	Bedeutung
print	Grafik abspeichern oder ausdrucken
prod	Produkt in den Spalten einer Matrix bilden
quit	MATLAB beenden
rand	Zufallsmatrix erzeugen
rank	Rang einer Matrix
real	Realteil von komplexen Zahlen
rem	Rest bei der Division
reshape	Matrix-Dimension transformieren
return	Aussprung aus einer Funktion
roots	Polynome: Nullstellen ausrechnen
rot90	Matrix im Gegenuhrzeigersinn drehen
round	komponentenweise runden
save	Daten abspeichern
shading	Grafik: Farbverlauf festlegen
sign	komponentenweise das Vorzeichen bestimmen
sin, cos, ...	mathematische Funktionen
size	Dimension einer Matrix abfragen
sort	Einträge einer Matrix spaltenweise sortieren
sqrt	komponentenweise Wurzel ziehen
sum	Summe in den Spalten einer Matrix bilden
surf	Grafik: 3D-Grafik als Fläche darstellen
surfl	Grafik: Flächen beleuchtet darstellen
switch	Konstruktion von Verzweigungen
tic, toc	Stoppuhr starten und anhalten
title	Grafik: Titel über Grafik setzen
trace	Spur einer Matrix ausrechnen
tril	linke untere Dreiecksmatrix
triu	rechte obere Dreiecksmatrix
while	Konstruktion von Schleifen
who, whos	Information über Variablen ausgeben
xlabel	Grafik: x-Achse beschriften
ylabel	Grafik: y-Achse beschriften
zeros	Matrix aus Nullen erzeugen

C.3 Maple-Befehlsübersicht

Tabelle C.3: Maple-Befehlsübersicht

Befehl	Bedeutung
#	Kommentar bis zum Ende der Zeile
$	Sequenzoperator
%	Ergebnis der letzten Anweisung
%%	Ergebnis der vorletzten Anweisung
&*	Matrix-Multiplikation (Paket `linalg`)
+, -, *, /, ^	arithmetische Operatoren
,	erzeugen einer Folge von Ausdrücken
->	Pfeiloperator zur Definition von Funktionen
..	Bereichsoperator
::	Typkontrolle bei Maple-Prozeduren
:=	Zuweisungsoperator
<, <=, >, >=	Vergleichsoperatoren (kleiner, größer)
=, <>	Vergleichsoperatoren (gleich, ungleich)
?	Aufruf der Online-Hile
[ ]	erzeugen einer Liste, Indizierung von Folgen und Listen
{ }	erzeugen einer Menge
abs	Betrag einer Zahl
allvalues	auflösen von `RootOf`-Ausdrücken
argument	Winkel einer komplexen Zahl
assign	Ausdruck an eine Variable zuweisen
assume	Annahmen für Variablen festlegen
augment	Spalte an eine Matrix hinzufügen (`linalg`)
backsub	Lösen eines LGS durch Rückwärtseinsetzen (`linalg`)
charpoly	charakteristisches Polynom einer Matrix (`linalg`)
collect	Ausdruck nach Termen sortieren
conjugate	konjugiert komplexe Zahl
convert	Ausdruck in eine andere Darstellung umwandeln
convertsys	DGL höherer Ordnung in System transform. (`DEtools`)
crossprod	Kreuzprodukt von Vektoren (`linalg`)
D	Differentiationsoperator
denom	Nenner eines rationalen Ausdrucks

Fortsetzung auf der nächsten Seite

Tabelle C.3: Maple-Befehlsübersicht, Fortsetzung

Befehl	Bedeutung
DEplot	Differentialgleichung grafisch darstellen (DEtools)
det	Determinante einer Matrix (linalg)
DEtools	Paket für Differentialgleichungen
dfieldplot	Phasenebene zeichnen (DEtools)
diff	Diefferentiation
Digits	Anzahl der Ziffern in Gleitpunktdarstellung
display	mehrere Grafiken kombinieren (plots)
dotprod	Skalarprodukt von Vektoren (linalg)
dsolve	Differentialgleichungen lösen
eigenvals	Eigenwerte einer Matrix (linalg)
eigenvects	Eigenvektoren einer Matrix (linalg)
evalf	Ausdruck numerisch auswerten
evalm	Ausdruck als Matrix auswerten
expand	Klammern ausmultiplizieren
factor	Ausdruck faktorisieren
for	Konstruktion von Schleifen
fsolve	Gleichung(en) numerisch lösen
gausselim	GAUSS-Elimination (linalg)
global	Variable global definieren
grad	Gradienten ausrechnen (linalg)
has	Test, welche Teile eines Ausdrucks eine Eigenschaft haben
hessian	HESSE-Matrix ausrechnen (linalg)
if	Konstruktion von Verzweigungen
Im	Imaginärteil einer komplexen Zahl
Int	Integrationsoperator
int	Integration: Stammfunktion oder bestimmtes Integral
intersect	Schnitt von Mengen
inverse	Inverse einer Matrix (linalg)
jacobian	JACOBI-Matrix ausrechnen (linalg)
lhs	linke Seite einer Gleichung
Limit	Grenzwertoperator
limit	Grenzwert von Ausdrücken bestimmen
linalg	Paket für Lineare Algebra

Fortsetzung auf der nächsten Seite

Tabelle C.3: Maple-Befehlsübersicht, Fortsetzung

Befehl	Bedeutung
`linsolve`	lineare Gleichungssysteme lösen (`linalg`)
`local`	lokale Variablen in einer Maple-Prozedur
`map`	Kommando auf Elemente einer Liste anwenden
`matrix`	Matrizen erzeugen (`linalg`)
`maximize`	Funktion maximieren
`middlebox`	RIEMANN-Summe darstellen (`student`)
`middlesum`	RIEMANN-Summe berechnen (`student`)
`minimize`	Funktion minimieren
`mtaylor`	TAYLOR-Entwicklung für multivariable Funktionen
`nops`	Anzahl der Operanden eines Ausdrucks
`norm`	Norm von Vektoren oder Matrizen (`linalg`)
`normal`	rationale Ausdrücke auf Hauptnenner bringen
`nullspace`	Kern einer Matrix bestimmen (`linalg`)
`numer`	Nenner eines rationalen Ausdrucks
`odeplot`	Lösung einer DGL zeichnen (`plots`)
`op`	Operand eines Ausdrucks
`options`	Optionen für Maple-Prozeduren
`Order`	Anzahl der Glieder der TAYLOR-Entwicklung
`Pi`	Konstante für π
`plot`	2D-Grafiken
`plot3d`	3D-Grafiken
`print`	Ausdrücke am Bildschirm ausgeben
`proc`	Schlüsselwort für Maple-Prozeduren
`Re`	Realteil einer komplexen Zahl
`Re`	Realteil einer komplexen Zahl
`read`	Maple-Prozedur laden
`RETURN`	Rücksprung aus Maple-Prozedur, evtl. mit Rückgabewert
`rhs`	rechte Seite einer Gleichung
`save`	Maple-Prozedur speichern
`select`	Terme aus einem Ausdruck auswählen
`seq`	Sequenz erzeugen
`simplify`	Ausdruck vereinfachen
`sin, cos, ...`	mathematische Funktionen

Fortsetzung auf der nächsten Seite

Tabelle C.3: Maple-Befehlsübersicht, Fortsetzung

Befehl	Bedeutung
`solve`	Gleichung(en) symbolisch lösen
`sqrt`	Wurzel ziehen
`subs`	Wert für Variable in einen Ausdruck einsetzen
`taylor`	TAYLOR-Entwicklung
`transpose`	Matrix oder Vektor transponieren (`linalg`)
`unapply`	Ausdruck in funktionalen Operator umwandeln
`unassign`	Zuweisungen an einzelne Variablen löschen
`union`	Vereinigung von Mengen
`vector`	Vektoren erzeugen (`linalg`)
`while`	Konstruktion von Schleifen
`with`	Laden zusätzlicher Pakete wie `linalg`, `plots`, `DEtools`

Kontaktadressen

Software	Kontaktadresse
LaTeX	DANTE Deutschsprachige Anwendervereinigung TeX e.V. Postfach 101840 69008 Heidelberg, Deutschland Telefon: +49–6221–29766 Fax: +49–6221–167906 E-Mail: dante@dante.de Internet: http://www.dante.de
MATLAB®	The MathWorks, Inc. 3 Apple Hill Drive Natick, MA, 01760–2098, USA Telefon: 508–647–7000 Fax: 508–647–7101 E-Mail: info@mathworks.com Internet: http://www.mathworks.com
Maple®	Waterloo Maple Inc. 57 Erb Street W. Waterloo, Ontario, N2L 6C2, Canada Telefon: 519–747–2373 Fax: 519–747–5284 E-Mail: info_web@maplesoft.com Internet: http://www.maplesoft.com
Octave	John W. Eaton University of Wisconsin Department of Chemical Engineering Madison, WI, 53719, USA Internet: http://www.che.wisc.edu/octave/

Literaturverzeichnis

1. Farin G. (1990) Curves and Surfaces for Computer Aided Geometric Design, A Practical Guide. 2nd ed. Academic Press, Boston
2. Gander W., Hřebíček J. (1997) Solving Problems in Scientific Computing Using Maple and MATLAB. 3rd ed. Springer, Berlin Heidelberg New York
3. Goossens M., Mittelbach F., Samarin A. (1995) Der LaTeX-Begleiter. Addison-Wesley, Bonn
4. Höllig K. (1998) Grundlagen der Numerik. MathText, Zavelstein
5. Kofler M. (1996) Maple V Release 4, Einführung und Leitfaden für den Praktiker. Addison-Wesley, Bonn
6. Kopka H. (1996) LaTeX Bd. 1 – Einführung. 2. Auflage. Addison-Wesley, Bonn
7. Kopka H. (1997) LaTeX Bd. 2 – Ergänzungen. Mit einer Einführung in Metafont. 2. Auflage. Addison-Wesley-Longman, Bonn Reading Mass.
8. Kopka H. (1997) LaTeX Bd. 3 – Erweiterungen. Addison-Wesley-Longman, Bonn Reading Mass.
9. Preparata F.P., Shamos M. (1988) Computational Geometry, An Introduction. Springer, New York
10. The MathWorks Inc. (1999) The Student Edition of MATLAB® Version 5.3. Prentice-Hall, London
11. Waterloo Maple Inc. (1999) Maple V® Release 5 Student Version. Springer, New York

Sachverzeichnis

#, 153
$, 15
$, 108, 130
$$, 15
&*, 118
', 32, 46
( ), 28
,, 27, 108
.-Operationen, 42
.., 108
:, 37, 103
::, 154
;, 27, 103
=, 27
==, ~=, 42
?, 103
[ ], 27, 108, 118
\\, 11
{ }, 109
~, 19
0-1-Indizierung, 39

abs, 28, 46, 106
account, 195
\addtolength, 9
Affensattel, 158
AFS, 199
all, 44
allvalues, 112
AMS-LaTeX, 16
angle, 46
ans, 29
any, 44
Approximation, 79
Arbeitsblatt, 103
Arbeitsplatz-Rechner, 195
argument, 106
arithmetisches Mittel, 47
assign, 111
assume, 127
Aufzählung, 11
Ausgabeformat, 31

axis, 50

\begin{...}, 9, 11
Bézier-Kurve, 190
Beleuchtung, 52
Bernstein-Polynome, 158, 190
Betriebssystem, 197
Bilder, 13
Billard, 176, 189
Binomialkoeffizient, 65
Bolzano-Weierstraß, 12
Box, 12
break, 55
Bruch, 17

cat, 198
Cauchy-Schwarzsche Ungleichung, 18
cd, 198
ceil, 45
center, 11
\centerline, 11
\chapter, 10
charpoly, 120
Chinese Postman, 192
chmod, 199
clear, 30
clf, 79
collect, 107
colormap, 52
conj, 46
conjugate, 106
contour, 51
conv, 49
convert, 107
convertsys, 144, 168
cp, 198
crossprod, 119
cumprod, 48
cumsum, 48

D, 124
Datei-Ausgabe, 59

Dateibaum, 197
deconv, 49
denom, 181
DEplot, 143
DEplot3d, 234
description, 12
det, 35, 119
Determinante, 35, 119
DEtools, 143
df, 201
dfieldplot, 145
diag, 40
diff, 48, 123
Differentialgleichung, 139
Differentiation, 123
Digits, 103
disp, 79
display, 179
displaymath, 15
Dokument-Untergliederung, 10
Doo-Sabin-Algorithmus, 190
dotprod, 119, 138
Dreiecksform, 3
dsolve, 140
du, 201
dyadisches Produkt, 34

E-Mail, 202
Editor, 202
eig, 36
eigenvals, 120
eigenvects, 120
Eigenvektoren, 36, 120
Eigenwerte, 36, 120
Eispack, 25
elm, 202
Emacs, 203
emphasize, 10
end, 39, 152
\end{...}, 9, 11
Endlosrekursion, 57
Endlosschleife, 55
enumerate, 12
Epizykloide, 183
EPS, 13
epsfig, 14
equation, 15
evalm, 117
expand, 107
Extrema
– lokale, 134
– mit Nebenbedingungen, 137
eye, 40

factor, 107
Fakultät, 57, 161
false, 39, 42
\fbox, 12
fclose, 60
feval, 61
Fibonacci-Zahlen, 67, 152
figure, 14
find, 44, 200
fix, 45
fliplr, 41
flipud, 41
floor, 45
flushleft, 11
flushright, 11
\footnotesize, 11
fopen, 59
for-Schleife, 53, 148
format, 31
Fortsetzungspunkte, 17
fprintf, 60
\frac, 17
Fraktal, 156
freier Fall, 160
fsolve, 110
ftp, 201
function, 57
Funktion, m-File, 56
Funktionsnamen, 16, 106
fwrite, 59

Gauss-Algorithmus, 3, 4, 83
Geländeprofil, 79
Gleitobjekt, 14
global, 60
globale Variablen, 60
Gnuplot, 53
Goldene Suche, 94
Goldener Schnitt, 70, 94
Gradient, 131
Gram-Schmidt, 159, 161
Grenzwert, 122
grep, 200
grid, 50
griechische Buchstaben, 15

has, 182
help, 31
Hervorhebung, 10
Hesse-Matrix, 130
Hilbert-Matrix, 63, 158
Hilfesystem, 31, 103
Höhenlinie, 51

hold on, off, 79
Horner-Schema, 72
Householder-Transformation, 63
HTML, 20
\Huge, 11
\huge, 11
Hypozykloide, 64, 185

if-Anweisung, 54, 151
Im, 106
imag, 46
implicitplot, 139
Inf, 29
Inhaltsverzeichnis, 10
input, 58
\int, 16
int, 126
intersect, 109
Int, 126
Integral, 16
Integration, 88, 126
Internet, 202
Interpolation
– polynomial, 64
– radialsymmetrische Basis, 79
Intervallschachtelung, 94
inv, 35
Inverse, 35, 119
inverse, 119
\item, 11
itemize, 12
Iteration, 68

Jacobi-Matrix, 132
Julia-Menge, 161

Kalaha, 193
Kern, 36
kill, 200
Koch-Kurve, 14, 65
Kommentar, 9, 32, 153
komplexe Zahlen, 30, 45, 104, 106
Kreuzprodukt, 65, 119

\label, 19
Lagrange-Funktion, 138
\LARGE, 11
\Large, 11
\large, 11
latex2html, 20
\left, 17
length, 39
less, 198
lhs, 171

Limes, 122
Limit, 128
limit, 122
lineares Gleichungssystem, 34, 121
linksbündig, 11
Linpack, 25
linsolve, 121
linspace, 37
Liste, 108
load, 32
logical, 39
login, 195
logout, 196
logspace, 37
Lorenz-System, 160
lpr, 200
ls, 198

magic, 43
magisches Quadrat, 43
mail, 202
Makros, 19
man, 199
Mandelbrot-Menge, 1, 66
map, 109
Matrix
– addieren, 33, 118
– Determinante, 35, 119
– Eigenvektoren, 36, 120
– Eigenwerte, 36, 120
– eingeben, 17, 27, 117
– Indizierung, 28, 118
– Inverse, 35, 119
– Kern, 36, 122
– multiplizieren, 34, 118
– potenzieren, 34
– Rang, 36, 122
– Spur, 35
– transponieren, 32, 118
max, 47
maximize, 124
\mbox, 12
mean, 47
median, 47
Menge, 109
– Schnitt, 109
– Vereinigung, 109
mesh, 51
meshc, 81
meshgrid, 51
middlebox, 127
middlesum, 127
min, 47

Minimierung, 94
minimize, 124
minipage, 12
mkdir, 198
Möbiusband, 114
more, 198
multi-tasking, 195, 197
multi-user, 195, 197
mv, 198

NaN (Not a Number), 29
nargin, 72
nargout, 72
Netzwerk, elektrisches, 73
\newcommand, 19
\newcounter, 20
\newenvironment, 20
\newtheorem, 12
\normalsize, 11
nops, 108
normal, 180
null, 36
numer, 180

\oddsidemargin, 9
Ohmsches Gesetz, 74
ones, 40
Online-Hilfe, 31, 103
op, 108, 181
Orthogonalisierung, 159, 161

\pageref, 19
\par, 20
\parindent, 9
\parskip, 9
partielle Ableitung, 129
Partition der Eins, 158
Pascalsche Schnecke, 26, 179
Pascalsches Dreieck, 65
Paßwort, 195
passwd, 196
pause, 79
Pendel, 167
Pivotisierung, 4
plot, 50, 114
plot3d, 114
poly, 35, 49
Polygone, 189
Polynom, 48
– Auswertung, 49, 72
– charakteristisches, 35
– Differentiation, 71
– Division, 49
– Integration, 72

– Interpolation, 64
– Multiplikation, 49
polyval, 49
PostScript, 13
Primzahl, 70
print, 52, 154, 179
proc, 152
prod, 48
ps, 200
pwd, 198

quad, quad8, 88
quit, 32

radialsymmetrische Basisfunktion, 79
rand, 40
Rang, 36, 122
rank, 36, 122
Räuber-Beute-Problem, 160
Re, 106
read, 153
readlib, 132
real, 46
rechtsbündig, 11
\ref, 19
Rekursion, 57, 67
rem, 43
reshape, 41
RETURN, 152
return, 55
Reversi, 194
rhs, 171
Richtungsableitung, 131
Riemann-Summe, 127
\right, 17
rm, 199
rmdir, 198
Roboter-Kinematik, 163, 191
RootOf, 112
roots, 49
rot90, 40
Rotationsfläche, 64, 158
round, 45
Runden, 45
Runge-Kutta-Verfahren, 143

save, 32, 153
Schleife, 53, 54, 148
Schriftart, 11
Schriftgröße, 11
\scriptsize, 11
\section, 10
select, 182

Sequenzen, 108
\setcounter, 20
shading, 52
shell, 197
Shift, 57
Sieb des Eratosthenes, 70
Sierpinski-Dreieck, 156
sign, 45
simplify, 107
size, 39
Skalarprodukt, 34, 119
\small, 11
solve, 110
Sombrero, 26, 55
sort, 44
Sortieren, 44
split, 201
Sprungbefehle, 55
Spur, 35
\sqrt, 17
ssh, 201
Stabtragwerk, 75
Stammfunktion, 126
steilster Abstieg, 96
\stepcounter, 20
Stromstärke, 73
Subdivision, 190
\subsection, 10
\subsubsection, 10
\sum, 16
sum, 48
Summe, 16
surf, surfl, 51
switch-Kommando, 54
Symbole, mathematische, 15

Tabelle, 13
\tableofcontents, 10
tabular, 13
Tangentenfläche, 160
Taylor-Reihe, 125, 132
telnet, 201
\text, 17
Textbezug, 19
\textbf, 11
\textheight, 9
\textit, 11
\textrm, 11
\textsc, 11
\textsf, 11

\textsl, 11
Textteil, 9
\texttt, 11
\textwidth, 9
tic, toc, 69
\tiny, 11
title, 50
\topmargin, 9
trace, 35
transpose, 118
Trapezregel, 88
Travelling Salesman, 191
Triangulierung, 189
tril, 41
triu, 41
true, 39, 42
Typkontrolle, 154

Umlaute, 10
unapply, 123
union, 109
Unterverzeichnis, 197, 198

Vandermondesche Matrix, 63
Variablennamen, 29
Vektor, 17, 118
\verb, 143
Vergleichssymbole, 15
vi-Editor, 202
Vorspann, 9

Web-Browser, 202
while-Schleife, 54, 149
who, whos, 30
with, 116
Worksheet, 103
Workstation, 195
Wurzel, 17

Xdvi, 8
xlabel, 50

ylabel, 50

Zahlumwandlung, 65
zentriert, 11
zeros, 40
Zugriffsrechte, 199
zyklische Matrix, 64